WILEY

[英] 戴维·考克斯（David Cox） 著

周在莹　译

试验设计

Planning
of Experiments

清华大学出版社

北京

内 容 简 介

本书是试验设计方面的必备经典书籍,它介绍了现代试验设计在统计方面应用的基本思想,不同于大部分统计学专业教材,作者尽可能地避免了统计和数学上的技术细节,而是结合实例,专注于实验工作者直觉上可以接受的处理方法,因此非常适合实验工作人员以及学习实验设计课程的师生作为参考书或教材使用。

其中,第 1~9 章介绍了试验设计中重要的概念和设计,包括后续对观测结果进行全面的统计分析时所必需的关键假设、减小对比误差的一些设计方法(具有里程碑意义的是随机区组设计和拉丁方设计)、如何使用补充的伴随观测来减小误差、随机化的合理性及执行方法、因子和效应的概念分类以及析因试验的基本思想和设计中需要考虑的实际问题、从试验单元数量与处理效应估计精度之间的关系角度考虑观测次数的选择、试验单元、对比处理和观测类型的选择等;其余章节(即第 10~14 章)简要介绍了更高级的主题,包括正交拉丁方设计、不完全非析因设计、部分复制和混杂设计、交叉设计,以及其他一些特殊问题等。

北京市版权局著作权合同登记号 图字:01-2023-5221

Copyright © First published 1958 in New York by John Wiley & Sons, INC.
All Rights Reserved. This translation published under license. Authorized translation from the English language edition, entitled Planning of Experiments, ISBN 978-0-471-57429-3, by David Cox, Published by John Wiley & Sons. No part of this book may be reproduced in any form without the written permission of the original copyrights holder.

本书封面贴有 John Wiley & Sons 防伪标签,无标签者不得销售。
版权所有,侵权必究。举报:010-62782989, beiqinquan@tup.tsinghua.edu.cn。

图书在版编目(CIP)数据

试验设计 / (英)戴维·考克斯(David Cox)著;
周在莹译. -- 北京:清华大学出版社,2024. 10.
ISBN 978-7-302-66491-8

Ⅰ. O212.6
中国国家版本馆 CIP 数据核字第 2024UK6074 号

责任编辑:佟丽霞 赵从棉
封面设计:常雪影
责任校对:欧 洋
责任印制:丛怀宇

出版发行:清华大学出版社
   网 址:https://www.tup.com.cn, https://www.wqxuetang.com
   地 址:北京清华大学学研大厦 A 座 邮 编:100084
   社 总 机:010-83470000 邮 购:010-62786544
   投稿与读者服务:010-62776969, c-service@tup.tsinghua.edu.cn
   质量反馈:010-62772015, zhiliang@tup.tsinghua.edu.cn
印 装 者:三河市龙大印装有限公司
经 销:全国新华书店
开 本:185mm×260mm 印 张:14   字 数:339 千字
版 次:2024 年 10 月第 1 版   印 次:2024 年 10 月第 1 次印刷
定 价:49.00 元

产品编号:096985-01

Preface to the Chinese translation of "Planning of Experiments" by D. R. Cox, Wiley 1958.

"*This book is about the planning of experiments in which the effects under investigation tend to be masked by fluctuations outside the experimenter's control.*" So begins the book you are reading.

Why planning of experiments? Because in the thirty years leading up to this book, statisticians had created a body of experience, methods and theory showing that with good planning, experimenters could deal with those fluctuations. In other words, with good planning, and appropriate analyses, experimenters *can* unmask the effects they are investigating. This was, and still is an outstanding success story for Statistics, one that needs to be told to every generation of experimenters and statisticians.

Why D. R. Cox's book? Firstly, Cox was a superb expositor. The evidence lies in over 20 books which he authored, co-authored or edited, and his many papers. This book was his first. Secondly, although there have been many valuable developments in the field since 1958, the key ideas for the *planning* of experiments have not changed since he wrote his book. Thirdly, Cox really does focus on the planning of experiments, while most other books before and since his place a much greater emphasis on the *construction* of designs and the *analysis* of planned experiments. And fourthly, it was and still is rare among such books to see that statistical and mathematical technicalities largely avoided in order to keep the book accessible to its primary audience, which is *experimenters*. Although statisticians and data scientists (see below) may well have the mathematical and statistical knowledge used in the design and analysis of comparative experiments, the more they understand and appreciate the concrete issues facing experimenters, the better they will be at carrying out their role. That is why this book is for them too.

Why read a 1958 book now? It is always good to know the history of the ideas you study and the methods you use. Cox's book was written close enough in time to the foundational work in experimental design, and it cites seminal early work, that you can experience the history. However, the field of Statistics has changed enormously in the almost seventy years since Cox's book was published. Indeed, in many places around the world, *Statistics* has essentially been replaced by *Data Science*, with much of the material in this book left unmentioned in undergraduate and graduate courses on this topic. Nevertheless, the issues this book deals with remain fundamental to agricultural, industrial and psychological experiments, and to those in many other fields. Designing for the reduction of error at the planning stage (Cox, Chapter 3), using supplementary observations to reduce error at the analysis stage (Cox, Chapter 4), randomization (Cox, Chapter 5) and factorial experiments (Cox, Chapter 6) are perennial themes, and they are not obvious ones. This material will not be readily rediscovered by modern data scientists, no matter how bright. Modern students of Statistics or Data Science need to know them. This is a book of a modest length, but it packs a punch, and demands close reading. The benefits of doing so are enormous.

Why a Chinese translation now? First, we should all feel indebted to Dr Zhou for carrying out the translation. There is no doubt that China is at the forefront of data science, including big data and AI. I am less confident that courses on Applied Statistics in China routinely cover material in the first half of Cox's book. It should be clear from my earlier remarks that I think this is highly desirable. Sixty years ago, Pao-Lu Hsu (Xu Bao-Lu), the first scholar to offer courses on probability and statistics in China, gave informal seminars on the design of experiments from his home in the years before he died in 1970. He published in the area using the pseudonym BanCheng, which was meant to cover himself and his collaborating students. The topic of this publication, though not the particular work, is discussed in section 11.4 of Cox's book. I have little doubt that Hsu would join me in urging all Chinese statisticians and experimenters to read this Chinese translation. I close with a significant recommendation published soon after the book was published, and we are greatly indebted to Dr Zhou for providing this translation.

In summary, wrote the eminent English-American statistician, Colin L. Mallows, in his 1959 *Biometrika* review of Cox's book, ***this is a book about real statistics... it should be made required reading for all students of statistics.***

Terence P. Speed,
July 2024

D. R. Cox 的《试验设计》(Wiley,1958 年)

　　"实验者无法控制的诸多变动往往遮蔽了所观测到的效应,而本书正是关于如何在这种情况下设计试验的。"您正在阅读的这本书就从这句话开始了。

　　为什么要设计试验? 因为在这本书出版之前的 30 年里,统计学家创造了一系列经验、方法和理论,表明通过良好的设计,实验者可以应对这些波动。换句话说,通过良好的规划和适当的分析,实验者可以揭示他们正在研究的效应。这曾经是,现在仍然是,统计学的一个杰出的成功故事,需要告诉每一代实验者和统计学家。

　　为什么是 D. R. Cox 的书? 首先,Cox 是一位出色的"解经家"。证据存在于他撰写、合著抑或编辑的 20 多本书及他的许多论文中。此书是他的第一本著作。其次,尽管自 1958 年以来试验设计取得了许多有价值的发展,但自他写书以来,该领域的关键思想并没有改变。第三,Cox 确实专注于试验的设计规划,而在他之前及之后的大多数其他书籍都更加强调设计的构建以及对设计过的试验的分析。第四,在此类书中,为了让主要读者(即实验者)能够理解书籍内容而很大程度上避免统计和数学技术细节的做法,在过去和现在都很少见。尽管统计学家和数据科学家(见下文)很可能拥有用于设计和分析对比试验的数学和统计知识,但他们越了解和重视实验者所面临的具体问题,就越能更好地履行自己的职责。这是为什么这本书也适合他们的原因。

　　为什么现在要读一本 1958 年的书? 了解您所研究的思想及所使用的方法的历史总是有好处的。Cox 的书的写作时间与试验设计的基础性工作的形成时期非常接近,并且它引用了开创性的早期工作,因此您可以体验历史。自 Cox 的书出版以来的近 70 年里,统计学领域发生了巨大的变化。事实上,在世界上许多地方,统计学基本上已经被数据科学所取代,本书中的大部分内容在本科生和研究生课程中都没有提及。尽管如此,本书讨论的问题对于农业、工业和心理实验以及许多其他领域的实验仍然至关重要。在规划设计阶段进行设计以减少误差(Cox,第 3 章),在分析阶段使用补充观测来减少误差(Cox,第 4 章),随机化(Cox,第 5 章)和析因试验(Cox,第 6 章)是长期存在的、却并非显而易见的主题。无论这些素材本身多么光芒万丈,现代数据科学家们都不会轻易重新发现它们。学习现代统计学或数据科学的学生需要了解它们。此书篇幅适中,但内容丰富,需要仔细阅读。这样做将会获益良多。

　　为什么现在要翻译成中文呢? 首先,我们都应该感谢周教授完成了这本译作。毫无疑问,中国在数据科学,包括大数据和人工智能方面走在最前沿。我不太相信中国的统计学教学通常会涵盖 Cox 的书(例如)前半部分的内容。如上所述,可以清楚地看出,我认为教学内容包含它们是非常可取的。60 年前,许宝騄(Xu Bao-Lu),中国第一位开设概率和统计课程的学者,于 1970 年去世之前的几年中,在家里举办了关于试验设计的非正式研讨会。他在该领域发表论文时使用笔名"班成",以包括他自己和他的合作学生。那篇论文(虽然并非特殊的工作)的主题在 Cox 的书的 11.4 节中进行了讨论。我毫不怀疑许先生会和我一起敦促所有中国统计学家和实验者阅读这份中文译本。

以这本书出版后不久所发表的一条重要的推荐作为收尾。

总而言之,英裔美国统计学家 Colin L. Mallows 1959 年在 Biometrika 上对 Cox 这本书的评论中写到,*这是一本关于真实统计学的书……它应该成为所有统计学学生的必读读物。*

2024 年 7 月

序　二

　　作为对统计学大师 David Cox 先生的致敬,清华大学出版社即将出版先生的经典著作 *Planning of Experiments* 中译本,我欣然应允了译者周在莹教授请我为该书作序的邀约。

　　在当今的数据科学和人工智能时代,数据的重要性愈益凸显。而试验设计是有效获取数据的重要手段之一,也是统计学中最重要的分支之一,为现代统计学的建立打下了基础。现代统计学最重要奠基人之一的伟大统计学家 R. A. Fisher,于 1919 年至 1933 年在英国 Rothamsted 农业试验站从研究农业试验设计开始研究统计学,为建立现代统计学进一步奠定了基础。现代试验设计从此诞生,后来得到迅速发展,成为统计学中开发最早、影响最大的分支之一,至今已形成广泛的理论和应用体系,并已经广泛应用于几乎所有自然科学、社会科学以及工程技术领域,发挥着重要的作用。一个精心设计的试验是认识世界的有效方法。通过合理的试验设计与数据分析,可以使得试验安排最科学、实施试验最经济、效率最高、精度最好,并且经分析得出的决策会最优。因而借助于试验设计的统计理论和方法,会大大加速科学的新发现、新技术的顺利诞生,使新产品更加完美。

　　试验设计进入我国要追溯到 20 世纪 50 年代。作为第一位在国内主持开设概率统计专业(当时称"专门化")课程的学者,许宝騄先生(1910—1970 年)从 1956 年开始主持开设的课程中包括了试验设计,并且直到他去世前一直带病组织包括试验设计主题在内的学术讨论班,其中部分成果是以"班成"的笔名写成论文发表。试验设计在国内得到推广是在 20 世纪 70 年代。1978 年 7 月,张里千、孙长鸣、刘婉如、汪仁官和杜林芳五人联名给邓小平同志写信,反映推广正交试验法对国民经济的重大意义,很快得到批示。随后,国家科委和中国科协领导分别接见张里千等人,并建议成立一个研究会。同年 10 月,上述五人联系著名统计学家魏宗舒、林少宫及杨纪柯等,倡议成立中国现场统计研究会,以便团结国内同行,推广正交试验法。倡议于同年 12 月获中国科协批准。1979 年 8 月 22 日中国现场统计研究会成立。试验设计专家张里千、刘婉如、汪仁官三位在该学会的成立过程中发挥了重要作用,而中国现场统计研究会试验设计分会也是该学会下最早成立的二级分会。四十多年来,无论是各种试验设计理论和方法的研究,还是各种试验设计的应用,在国内都得到了长足的发展,并与国际试验设计领域接轨。同时,国内也有不少关于试验设计的专著、译著和教材出版。

　　David Cox 的 *Planning of Experiments* 是一本与 R. A. Fisher 的 *Statistical Methods for Research Workers* 风格一致的著作。诚如 R. A. Fisher 的著作对科学界的深远影响,David Cox 此书也为不要求数学基础的科学试验工作者详细介绍了现代试验设计在统计

方面需要考虑的问题和方法。因此这是一本可读性极强、极具参考价值的试验设计类参考书。本书的中译本《试验设计》与读者见面了，该书可以很好地与国内现有的试验设计著作和教材互补，非常适合试验工作人员以及学习试验设计课程的师生作为参考书或教材使用。

刘民千

2024 年 5 月于天津

谨以此译作致敬我爱戴的父亲周文浩先生以及大师 Sir David Roxbee Cox。

2022 年 1 月，惊闻 Sir David Roxbee Cox 去世，此前一直在跟 David 邮件往来商议翻译事宜，还打算翻译工作整个完成之后拜托他给中文版写序言的，突逢此变故，不胜唏嘘嗟叹人生无常。之前看过 *Significance* 杂志（创刊于 2004 年，是牛津大学出版社代表英国皇家统计学会、澳大利亚统计学会和美国统计学会出版的双月刊杂志）上一篇 David 接受采访的文章《无意间成就的统计学家》(*The Accidental Statistician*)。在面对"怎么向大众说明统计学家不是简单的枯燥乏味的数字处理机器，而本身就是有活力的、有创造力的科学家"这个问题时，Cox 的回答简单明了："做出好的工作并确保让人们了解。坚持不懈就好。在电视上进行大规模的广告宣传是行不通的。这不是传福音的问题，而是要安静地与人合作、间接说服他们融入统计思维。"

这也是以正确的方式向学生介绍统计学的问题。"首先必须保证学生在大学里学习的第一门统计学课程确实很受欢迎。但这是非常困难的。你会强调什么呢？强调数学吗？那会吸引一些人而让另一些人望而却步。强调应用吗？那会吸引很多人。强调计算吗？那会吸引一些人。哲学呢？那会吸引另外一些人。

"我个人的感觉是，你应该考虑你所面对的特定学生群体，为他们量身定制。还有，让统计学狂热爱好者来教第一门课程。能这样做是一个漫长的过程，但我认为英国有决心如此。有时你会发现不良的制度，例如在美国，大量的入门课程交给了缺乏经验的教师，而资深的教师教授专业课程——这往往是错误的。大体说来，年轻人应该教授专业课程，而更有经验的人应该教授入门课程，因为如果学生在任何一个选课系统中开局不顺，他们可能永远不会去上第二门课程。"

深以为然，我一直认为自己就是他口中的"enthusiast"——至少是热爱教学、热爱统计教育的人，我也相信自己的热情会感染学生，点燃学生对统计学这门学科的兴趣，来学习更多的统计学知识。在得知要为清华大学统计学（辅修）专业开设"实验设计和分析"课程后，我大量调研了国内外高校相关的教学情况，研读了相关著作，学习了优秀同行的讲课视频，于 2019 年春季学期如期开课。2020 年的备课工作包括了精读 Cox 教授这本经典名著，越读越喜欢，于是打算"顺便"翻译成中文推荐给广大的国内读者。试验设计方面的教材很多，选取这本书的原因诚如 Amazon 网站上网友 Stuart Hurlbert（美国圣地亚哥州立大学生物学荣休教授、内陆水域中心前主任）所发表的评论：

"标题：仍然是该主题中最具有说服力及最清晰的入门读物之一

"详情：在任何技术学科中，半个多世纪前编写的教科书仍然大有用处是很不寻常的情况，更不用说还在同类中名列前茅了。然而 D. R. Cox 的《试验设计》恰好就是这样一本书。该书于 1958 年出版，从未修订过。这本书是 Cox 三十岁出头时写的，显然他太天真了，无法理解其中包含足够多的错误、不合逻辑的论点和其他废话以证明后来推出第二版、第三版和第四版的合理性对长期销量最大化的重要性。

"这本书仍然是聚焦试验设计概念的最佳入门教材之一。作者旨在"与统计分析教科书相结合……来提供一门全面关于试验设计和分析的非数学课程……以避免统计和数学的技术细节，专注于实验工作者直观上可以接受的处理方式，这本书主要就是为他们而写的。"**刚开始从事任何学科（生物学、心理学、工业生产过程、医学等）实验工作的新手最好尽早消化这本薄薄的专著。对于学生来说，如果你的老师指定了另一本统计或设计教科书，那么先阅读这一本可能会非常有帮助，让你抢占先机。**直到 1988 年 Roger Mead 的《试验设计》出版之前，我一直使用这一本《试验设计》以及一些补充读物作为我自己给生物学研究生开设试验设计课程的教材。

"许多近期的试验设计书籍忽视或误解了经典的试验设计概念和术语框架。相比之下，Cox 非常清晰地呈现了这些内容。尤为宝贵的是他特别关注试验单元这一核心概念（这个术语被许多更具数学倾向的近期试验设计书籍所忽视）。他对随机化、区组设计、伴随观测、交叉设计和裂区设计等其他核心概念的处理也同样清晰明了了。"

2021 年年初的寒假，我一个人热火朝天地在北京全身心翻译书稿。电话里听到父亲嘶哑的声音，追问下方知他已多日吞咽困难且咯血。由于他平时苦读医书、勤做笔记、对医治自己很是自信，因此不以为意。拖了数日不见好转，彼时疫情防控，去医院手续繁琐，花五十元请人陪同终于成行，竟然得到肿瘤的诊断……大年三十，父亲得以在上海住院，叮嘱不要耽误我的备课，只允许他的弟弟妹妹们偶尔去医院探访。因此这本译作是在巨大的心理压力下面世的。对癌症的恐惧、对科技的希望和对现实的无奈反复横跳、啃噬着我的心。春季学期转眼就开始了，父亲的身体状况急转直下。疫情期间，由于返京需要隔离至少两周，势必影响教学效果，而我的工作尚未"站稳脚跟"，从来不敢生病、不敢请假。父亲是典型的中国家长，为了孩子奉献了一辈子。他担心我丢了工作，因此坚决反对我去上海探望他。他封锁了一切坏消息，在他痛到不断增加吗啡剂量的时候仍然叮嘱我："安心备课，爸爸没事！"我的亲戚朋友大多不能理解，斥责我"不孝"，只有同事懂得这万般无奈，安慰我说："咱们清华的传统，舍小家为大家"。我太自责了，没有伺候过父亲一天，没有给他享过一天有女儿的福啊，总是让他焦虑和担忧……我跟父亲许诺等六月份结课之后第一时间就去医院照顾他。还以为癌症病人会住院很久的，岂料仅仅一个月，父亲就病危、撒手人寰……我谨以此书的出版献给父亲，期盼他在九泉之下会感到欣慰。如果这本书能帮助到读者，那么我对父亲的愧疚或许可以在另一个时间空间稍稍得以舒缓。

因为是出于备课的目的翻译此书，整部译稿是由我一人完成的。我完全低估了翻译一部作品的工作量，未承想竟需历时数年。尽管咬文嚼字、斟酌润色又大修三番，我仍恐怕有所疏漏之处。本人对书中可能出现的所有不妥之处全权负责。本来严格遵照原著翻译，在审稿期间被告知"口语化过于明显"，被修改了。我个人是偏爱口语化风格的，理由是它模拟了答疑解惑的真实情景，便于读者理解和接受。然而作为教材，确实严谨、正式一些更符合期待。这本书内容经典，风格类比于 Sir R. A. Fisher 那本 1925 年出版的、被认为是 20 世纪关于统计方法最有影响力的书籍之一、将统计学推而广之到各门学科之中的巨著《研究工作者的统计方法》（*Statistical Methods for Research Workers*），因此非常适合给数理基础较弱或是工科方向只需要实践好用而无需花费精力在琢磨理论的兄弟专业、院校讲授"试验设计"课程做教材。同时，本书对概念的正本溯源和实际应用中的注意事项交代是极具启发意义的，值得面向任何水平阶段的"试验设计"相关课程作为参考书。书中的案例丰富，也很适合相关课程的老师整理制作出课程思政的元素。

除了感谢已然仙逝的 Cox 教授和我的父亲，我还要由衷感谢恩师杨瑛教授和我的 mentor 及挚友 Terry Speed 教授（即 Terence P. Speed），感谢他们自始至终对我求学和工作上的大力支持，感谢 Terry 欣然答应我代替 David 为这本书写中文序。诚挚地感谢翻译此书期间给我支持理解的家人以及选修我相应课程的学生们。由于本人能力有限，如有任何问题恳请各位读者不吝批评指正。

周在莹

2023 年 8 月于清华园

<<<<

本书介绍了现代试验设计在统计方面应用的基本思想。我已经尽可能地避免了统计和数学上的技术细节，且专注于实验工作者直觉上可以接受的处理方法，而这本书主要就是为实验工作者准备的。尽管有些部分极具争议，不一定容易阅读，本书的大部分内容不需要专业知识就可以理解。特别是，我试图以一种谨慎且简单的方式处理一些在其他关于试验设计的书中没有特别突出的主题。这些主题包括随机化的合理性和实际困难、随机化区组与协变量的关系以及计算处理效应的调整、析因试验中可能出现的因子的不同类型、试验规模的选择，以及观察的不同目的等。

本书第 1~9 章描述了一般概念和诸如随机区组及拉丁方等关键设计。其余章节简要介绍了更高级的主题，如不完全区组设计、部分复制等。复杂设计的目的是指出哪些类型可用，以及它们何时可能有用，而不是提供关于其特性的全面研究。认为这些设计可能对自己有用的实验人员可以查阅高等教科书或寻求专家的帮助。

大多数讨论，尤其是本书的前半部分，都是以来自于许多应用领域的例子展开的。获得合适的例子并不容易。现实中的试验很少能足够简单到只说明了讨论的单一要点，我们也经常需要做出相当可观的过度简化，以便清楚地指出问题所在，并使整个试验对一般读者而言是可以理解的。只要有可能，描述了原始试验的参考依据都会给出。

统计分析的详细方法，特别是方差分析，只是偶尔被提及。这样做的原因有两个。将诸如对统计技术的充分说明之类的内容包括在内会大大增加本书的篇幅，而且意味着与任何优秀的现代统计方法教科书中的材料重复。此外，在我看来，虽然本书的主题与方差分析密切相关，但对于尚未完全掌握高等统计方法的人来说，最好从直观上的合理性出发使用现代设计，而不是因为现代设计在某种程度上实质性地依赖于方差分析。

本书首先旨在供个人阅读与参考。不过，我希望它也可以作为统计学课程的补充读物。还可以将本书与统计分析教科书结合使用，以提供一门有关试验设计和分析的综合性的非数学类课程。若果真如此，则有必要根据学生的特殊兴趣相当仔细地选择材料，因为该学科不同部分的实际重要性在不同的应用领域之间差异较大。

我要感谢 S. L. Anderson、J. D. Biggers、W. G. Cochran 和 D. V. Lindley 先生极其有益的评论。当然，我个人对依然存在的事实和判断上的错误完全负责。

感谢相关作者和 Biometrika 受托机构允许我使用 E. S. Pearson 和 H. O. Hartley 的《统计学家的 Biometrika 表格》表 1 和表 12 的部分内容，感谢相关作者和伦敦大学学院许可我刊载 M. G. Kendall 和 B. Babington Smith 发表在 *Tracts for Computers* 第二十四卷上

的《随机抽样数表》中的节选内容。还要感谢 W. G. Cochran 教授和 G. M. Cox 小姐，以及 John Wiley & Sons 公司允许我刊载他们的著作《试验设计》中随机排列表的一部分。

第 4 章和第 5 章的部分内容是我在普林斯顿大学所著。感谢美国海军研究办公室的支持。

D. R. Cox

1958 年 7 月

目 录

第1章

预 备 知 识

1.1 对比试验

实验者无法控制的诸多变动往往遮蔽了所观测到的效应,而本书正是关于如何在这种情况下设计试验的。大量不可控的变化在科技试验和多种类型的生物科学工作中普遍存在,也正是在这些领域中本书描述的方法使用最为频繁。不过,了解其中一些简单的方法对于绝大多数的实验科学分支而言都是很有价值的。

以下给出一些大量难以预测的变化存在的典型例子。

例 1.1 大多数农业产量试验的目的是比较某种农作物的若干品种,或者若干可选的施肥方式,或者若干管理体系,等等。试验区域被划分成地块,不同品种或任何需要比较的对象被一一分配到每一个地块上。通过测量或估计每个地块的产量(或其他属性),人们可以凭借这些观测值进行不同品种之间的比较。根据经验可知,即使每一个地块上种植的都是同一个品种,地块与地块之间的产量也可能有很大的差异,这种差异的主要特点如下:

(1) 邻近地块的产量相比于间隔较远地块的产量更为相仿;

(2) 田地上可能存在系统性的变化趋势或者局部的周期性变化;

(3) 如果在不同的田地上或不同的年份重复该试验,平均产量可能会大不相同。

田地中单个地块的产量与总体平均值的偏差高达$\pm 30\%$都可能是常见的,而品种之间5%的系统性差异就可能具有相当大的实际意义了。我们将关注安排试验的方法,以便可以自信而准确地将我们感兴趣的品种差异与不感兴趣的不可控差异区分开。

这种试验的目的是比较不同品种,而不是在指定条件下确定某种品种每英亩地可能的绝对产量。这么说有两个原因。首先,品种之间的差异决定了基于试验的任何可能的实际建议,换言之,选择两个品种中的哪一个并不取决于绝对产量,而是取决于一个品种的产量比另一个高多少,以及在其他认为重要的特性上的不同。其次,即使(3)中提到的平均产量出现了实质性的变化,品种之间的差异通常也保持相对恒定。这意味着直接比较品种比在单独的试验中为每个品种估计代表性条件下的平均产量然后再比较估计值要经济得多。

总结本例的讨论,在一个试验中我们需要考虑以下几方面的内容:

(1) 目的是比较一些品种(或处理方法);

(2) 在没有品种差异的情况下,不同地块上的产量也有很大差异;

(3) 品种之间的差异相对稳定,即使平均响应水平可能会有所波动。

为方便起见,我们引入一些标准术语。这些地块被称为**试验单元**(experimental unit),或更简洁地称为**单元**(unit),将想要比较的品种、肥料等称为**处理**(treatment)。试验单元的正式定义是：它对应于试验材料的最小划分，使得任何两个单元在实际试验中都可以接受不同的处理。例如，假设为了估计地块上的产量，在每个地块上分别选取两个子区域，其上的农作物被收割且称重。这些子区域不是试验单元，因为一个地块上的两个子区域始终接受相同的处理。

例 1.2 工业技术中的许多试验都具有与例 1.1 相似的形式，目的可以是比较几个可选的处理方法，或者是评估对标准处理方法进行修改后的效果。此类试验包括将原料分为若干批，然后在第一个周期（天、小时等）用一种处理方法处理一个批次，在下一个周期一般使用另一种处理方法来处理另一个批次，以此类推；或者也可能使用多套设备同时处理。对每个批次进行观测（平均强度、产品的产量等）。在不考虑处理方法的不同所带来差异的情况下，观测值也会因批次而异，除了显然存在的随机变化外可能还会出现某些稳定的变化趋势，例如，温度和相对湿度依每小时、每天的变化以及由于加入刚运来的原料所产生的突然间断。

例 1.3 当藤壶（Balanus balanoides）附着的板岩暴露在海水中时，同类的藤壶会迅速附着上来。Knight-Jones(1953)在研究附着的机理时，分别使用了未经处理的板岩和多种化学试剂处理过的板岩。通过探究哪种试剂可使附着量大大减少，他可以对涉及的化学过程做出部分推断。

这个试验与例 1.1 和例 1.2 相比增加了一个特征：只有当比较不同处理方法有助于揭示所研究现象的本质时，这种比较才有意义。该试验是关于比较的，因为它明智地包含了一系列未经处理的板岩以作为对照。这是为了确保经过处理后所观测到的附着速率的任何下降都不是由于自然附着速率的变化而引起的，后者属于不稳定的波动。

这里的试验单元是板岩，观测的是在三天的时间内藤壶附着的数量，处理指的是对照和各种化学试剂。

例 1.4 确定药物效力的一种方法是通过以下方式与公认的标准品进行直接比较：将药物以恒定速率作用于受试动物，并记录下发生动物死亡或其他可识别事件时的剂量。该临界剂量称为耐受量或阈值。分别使用待分析的药物和标准品对一些动物重复此步骤。尽管耐受性因动物而异，但是通过比较药物和标准品的平均对数耐受性（参阅 2.2 节）可以确定效力。在这里，每只动物都是接受两种可能的处理方法（待分析的药物和标准品）之一的试验单元。

一种替代方法是无须使用标准品而直接使用平均对数耐受性来测量药效。这通常是不能令人满意的，因为不同动物组之间的耐受性差异很大，因此在不同实验室和不同时间进行的试验结果只能大致作对比。经验表明，药物和合适的标准品之间的对数耐受性差异通常很少受到动物组之间系统性差异的影响，因此如果将标准品引入试验，则不同时间、地点重复试验所得到的药效量度变化不大。

Finney(1952)充分讨论了这种比较生物测定的简单形式。

例 1.5 使用新药物的临床研究提出了类似的试验设计问题。在研究中除了新的治疗方法，把对照治疗也包含进来几乎永远是明智之举，因为除了极个别的病例外，治愈比例的较小改变往往就能展现新方法的疗效。之所以将确定对照治疗的治愈比例作为试验的一部分而不是仅仅基于过去的经验，是有令人信服的理由的，我们将在后文详细讨论。在此应用中，每个患者都是一个试验单元，他们接受两种或多种可能的治疗方法之一。

在严重疾病的治疗中有一个复杂的问题，即不提供可能会增加生存机会的治疗被认为是不道德的。因此,一旦存在合理的证据表明某种特定的治疗方法实际上是优越的,就必须立即结束试验(Armitage,1954)。

上述试验与许多物理或化学试验之间的本质区别在于,对于后者,一旦掌握了试验技术并且仪器工作正常,就能获得几乎可重复的结果。更准确地说,与对系统进行更改时预期产生的效果相比,不可控的变化很小。因此,如果系统发生更改并且观测值出现变化,则可以安全地假定所进行的更改是引起观测值变化的原因。在这种情况下,本书描述的方法几乎没有什么价值,除非作为防止设备缺陷引起误差的保护措施。但是,一旦所关心的效应与不可控的变化大小具有可比性,我们将要考虑的问题就变得很重要。

例 1.1~例 1.5 都是相同的形式。我们有一些试验单元和一些可供选择的处理方法。试验包括对每个单元应用一种处理方法并进行一次(或多次)观测,处理方法在单元上的分配受实验人员控制。当这种试验的目的是比较不同处理而不是确定绝对值时,该试验称为**对比**(comparative)。*

不是对比试验的有计划的观测主要与探究已定义事物的性质有关,例如,一批羊毛的平均纤维直径,或特定区域中甲虫的种类数量,或某地区儿童看电视的特点(经常看与不经常看)等。

区分上述最后一个例子中涉及的比较(看电视频次的对比)和在对比试验中要进行的比较尤其重要。关键的区别点在于,对比试验中每个单元的处理是由实验者选择的,而在有计划的调查中,观测者根本无法对使得特定个体归为某一组而不是另一组的原因进行控制。从有计划的调查中可以得出有趣的结论,特别是在相似个体的群组之间进行比较,例如在相同年龄、受教育背景、社会阶层等的儿童群体中进行比较时。不过,从对比试验中得到的结果比从有计划的调查中得到的结果在因果关系上具有强大得多的说服力。基于此,我们后面几乎完全将注意力集中在对比试验上。

讨论对比试验的设计分为两个几乎完全不同的部分,其处理准则应考虑以下问题:

(1) 选择要比较的处理方法、要进行的观测以及要使用的试验单元;

(2) 将处理方法分配到试验单元的方法,以及决定应使用多少个单元。

本书的大部分内容是关于问题(2)的,但是在第 9 章中试着对问题(1)进行了讨论。

为方便起见,我们首先讨论能够成为好试验的要求。

1.2 好试验的要求

在本节中我们假定已经确定了处理、试验单元和观测属性。那么,一个好试验的要求是处理的对比应尽可能没有系统性误差且足够准确,结论应具有广泛的有效性,试验安排应尽可能简单,并且结论的不确定性应可以评估。

下面依次讨论这些要求。

(i) 没有系统性误差

这意味着,如果使用大量试验单元进行指定设计的试验,则几乎肯定可以给出每个处理

---

* 所有测量(包括计数)在某种意义上都是对比,但这不会影响对比试验与其他试验之间的区别,因为在特定试验的框架内,通常可以将测量视为绝对测量。

对比的正确估计。下面这些例子可以说明此点。

例 1.6 考虑一个工业试验,在同一台机器上比较两个略有不同的过程 A 和 B,其中 A 总是在上午使用,B 总是在下午使用。无论处理多少批次,都不可能仅凭试验结果就将过程 A 和 B 之间的差异与单纯上午较之下午机器性能或操作人员的任何系统性变化区分开来,以示两者无关。有时确实存在这种系统性的变化。计算统计显著性时倒是不会遇到困难;它可能告诉我们,A 和 B 之间的表观差异并不像是纯粹随机的,但也无法确定对差异的两种或多种可能的解释中哪一种是正确的。

当然,认为这样的试验无用是不明智的。先前的试验工作,或者关于该过程的一般认知,或者对相关变量(例如温度、相对湿度)的补充测量可能说明,上午和下午的任何差异都不重要。于是,只要清楚地了解到试验的解释基于此额外的假设,就不会造成太大的问题。但是,假设试验获得了令人惊讶的结果,或者与以后的试验结果明显矛盾呢?那么除非存在强有力的证据证明上午和下午没有差异,否则该试验的说服力就可能大打折扣。

因此,一条合理的原则就是规划试验以尽可能地规避这种困境,即,确保接受一种处理的试验单元与接受另一种处理的试验单元不存在系统性的差别。

每当待检验的对比与试验材料的不同批次、不同观测者、不同试验方法之间的差异完全混杂在一起时,就会出现与刚才讨论相类似的难题。当所有接受同一种处理的单元被集中在一组,而不是独立进行响应时,这种问题也很容易发生。

例 1.7 在动物饲养试验中,一个可行的计划是让同一个围栏中的所有动物一起接受同一种处理。这在一定程度上模拟了实际条件,且试验工作组织起来也非常方便。但是如果我们让一大围栏的动物接受试验规定的量,则不可能将定量差异与围栏之间的系统性差异区分开,比如某一围栏中存在某些完全与试验处理无关的疾病时。

例如,Yates(1934)描述了在猪身上进行的试验,其中猪被分成单独饲养的小群,使得每种喂养方式都能在几组完全独立的猪身上进行测试。试验中发现没吃绿色食物的猪生病了。Yates 指出,如果当初没吃绿色食物的猪被养在了同一个围栏中,那得出的结论很可能就是疾病是由外来原因引起的,特别是先前试验表明了绿色食物并不是必需的。但是,相互独立的几组没有吃绿色食物的猪生病了,而其他的猪并没有生病,这一事实就有力地证明了是该喂养方式致病。

采用另一种方式来说明困难:在单一围栏试验中,根据 1.1 节的定义,试验单元是一围栏的动物,而不是单独的每一个动物。因此,这是一个没有重复的试验,在得出有效结论之前需要作进一步的假设。

在这种试验中做出使用哪种设计方法的决定并不容易,引用该例主要是为了说明所涉及的逻辑要点。Lucas(1948)和 Homeyer(1954)对动物饲养试验进行了进一步的讨论。

一类常见的试验(以例 1.3 为例)包括:实施处理方法,注意观测值与不进行这种处理时预期的观测值之间的差别,从而得出是处理方法引起了该差别的结论。为了使这种试验本身具有说服力,必须将处理过的单元与一系列对照单元进行比较,其中对照单元不经过任何处理,但要在与接受处理单元相同的条件下进入试验,使两者没有系统性的差别。例如,过去已经获得了某种观测值,而现在处理单元给出了不同的观测值,这本身并不一定是处理效应非零的有力证据,因为试验单元之间可能存在系统性的差异或者外部条件发生了系统性的变化。如果过去的经验表明在未经处理单元上的观测值以稳定的方式变化,则该经验

(特别是在前期工作中)可能是为了省去特殊的对照单元。但是,这种做法等同于允许试验中各单元之间存在可能的系统性差异,例如例 1.6,在大多数情况下最好避免。

下面给出一个经典的由于缺少对照而在很大程度上无效的试验范例。

例 1.8　McDougall(1927)训练了一些大鼠在有灯和没有灯的出口之间进行选择以检验大鼠中可能存在的拉马克效应(Lamarckian effect)。然后,他繁育了这些大鼠,并测量了之后的每一代大鼠学会上述任务的速度。如果拉马克效应显现,则学习速度会随着遗传代数而稳定增加,且实际发现确实如此。试验排除了其他某些解释(例如选择),然而没有对照单元,即没有在相同条件下由未经训练的大鼠所繁殖的后代进行试验。因此,这种效应可能是由于试验条件中系统性的不受控制的变化所致。

Crew(1936)用对照单元重复了该试验,未发现明显的拉马克效应。Agar 等(1954)在一项持续了 20 年的试验中,发现了类似于 McDougall 的初始速度增加,但对照组和受训大鼠的情况相同。他们得出的结论是,这种效应是由于鼠群健康状况的长期变化所致。

我们可以总结如下:接受一种处理的试验单元与接受包括对照在内的任何其他处理的单元应仅显示出随机性差异,并应允许彼此独立做出反应。当此举不可能或不可行时,应明确辨认任何关于不存在系统性差异的假设,并尽量通过补充测量或以往的经验加以核实。

稍后我们将介绍,随机化手段是如何确保消除系统性误差的主要来源的。

(ii)　精度

如果通过随机化(第 5 章)实现了没有系统性误差,则从试验中获得的处理对比的估计值与其真实值[*]的差异仅仅来自随机误差。应当注意,术语"随机"在其严格的统计学意义下将被广泛使用。大致说来,这意味着它指的是那种不具有可再现模式的变异。如例 1.1 中简短描述的田地产量的变化不是随机的,因为它具有变化趋势以及相邻地块的产量之间具有相关性等。

通常可以使用**标准误差**(standard error)来量度处理的对比估计值中随机误差的可能大小。对此的精确定义和计算方法在关于统计方法的教科书中有所描述,例如文献(Goulden,1952,p.17-20),但就眼前的目标而言,以下的说法就足以使人理解其意了:

在大约 1/3 的情况下,估计值的误差将超过正负一个标准误差;

在大约 1/20 的情况下,估计值的误差将超过正负两个标准误差;

在大约 1/100 的情况下,估计值的误差将超过正负 2.5 个标准误差。

这些叙述需要一定的限定条件,具体取决于误差分布的形式和标准误差的准确性,而标准误差本身也必须进行估计。对这些问题目前我们还不需要关注。

标准误差的取值——由此任何一个指定试验的精度——取决于:

(1) 试验材料的内在差异性和试验工作的准确性;

(2) 试验单元的数量(以及对每个试验单元重复观测的数量);

(3) 试验的设计(如果效率不高,还取决于分析方法)。

在统计设计能够提供帮助的大多数试验中,改进试验材料或提高测量设备的精度只能实现非常有限的精度提高。其原因一部分是通常存在很难消除的固有变异性,一部分是在

---

[*]　第 2 章将精确地定义真实值。

极度受控条件下的试验将不再能代表实际条件,例如在温室、小规模工厂等。这一点将于第9章再进行讨论。

如果每个试验单元观测到一个观测值,则在其他条件相同的情况下,两种处理之间差异估计值的标准误差与每种处理的单元个数的平方根成反比。实际上,标准误差为

$$标准差 \times \sqrt{\frac{2}{每种处理包含的单元数}} \tag{1.1}$$

若 A、B 两种处理得到的观测个数不同,则为

$$标准差 \times \sqrt{\frac{1}{A的单元数} + \frac{1}{B的单元数}} \tag{1.2}$$

这里的标准差(standard deviation)是经过相同处理的试验单元上的观测值的随机散度的统计量度(Goulden,1952,p.17)。*

由式(1.1),可通过增加到 4 倍数量的试验单元来使标准误差缩小一半,而要想将标准误差缩小为原来的 1/10,则需要将单元数量增加到原来的 100 倍。尽管理论上可以通过增加单元数量来使标准误差任意减小,但这样提高精度的方法代价太大。

对试验单元进行重复观测而获得的收益小于或等于单元数量相应增加所产生的收益。其可以根据类似于式(1.1)和式(1.2)但稍微复杂一点的公式进行评估。

提高精度的第三种方法是通过改进设计,这正是我们最应该关注的。总体思路是,应使用任何有关试验单元的可用信息来减小式(1.1)和式(1.2)中的有效标准差。这种方法有时候有可能达到与大规模增加试验单元数量相当的精度提高。

大体说来,我们对精度的要求是标准误差应该足够小,以使得我们能够得出有说服力的结论,但标准误差又不能太小。如果标准误差很大,则试验本身几乎是无用的,而不必要的过小标准误差则意味着试验材料的浪费。在大多数情况下,目标是对处理差异的估计,此时,利用式(1.1)和式(1.2)能够在设计试验时预测出任何指定数量的单元将会达到的精度,或者指定精度时所需的单元数。为此,我们必须了解一些有关标准差的信息,即单元间的变异性,不过近似信息通常是可以从先前的类似试验中获得的。有时候目标不是估计处理差异,而是做出一个不可更改的决定,例如确定哪一种处理方法是最佳的。在这种情况下,如果一种处理方法比其他处理方法好得多,且单元是依次进行测试的,那么即使估计的准确性低也可以在少量观测后结束试验。这带来了一些特殊的问题。单元个数的选择问题将在第8章详细讨论。

(iii) 有效范围

当我们估计两种处理之间的差异时,得出的结论是基于试验所使用的特定单元以及试验所考察的条件。如果希望将结论应用于新的条件或单元,则除了标准误差所测得的不确定性以外,还涉及其他一些不确定性。此说法的唯一例外是当试验单元通过合适的统计抽样过程选取自定义明确的单元总体时。

试验所考察的条件范围越广,我们对结论进行外推的信心就越大。因此,如果能够在不降低试验准确性的情况下安排考察大范围的条件会是很理想的。这在决定某些实际操作过

---

* 应注意,标准差是指各个单元上观测值的变化;而标准误差是指从整个试验得到估计值的随机变化。

程的试验中尤其重要,而在目标纯粹是要了解某种现象的试验中则没那么重要。

例 1.9 "Student"(1931)提到了爱尔兰农业部做的与引进 Spratt-Archer 大麦有关的一些试验。引入工作几乎在所有地方都取得巨大的成功,但是一个地区的农民却拒绝种植,声称自己的本地大麦更加优良。 段时间后,农业部为了展示 Spratt Archer 大麦的优越性,在相应地区以单行的形式种植了本地大麦,并与 Spratt-Archer 大麦进行了对比。"Student" 报道说,令农业部惊讶的是,农民们完全正确:当地的大麦产量更高。同时,原因很明显:本地大麦生长更快,能够消灭在该地区盛行的杂草;但是 Spratt-Archer 大麦从一开始就没有那么强大,于是成了杂草的受害者。因此,最初在良田上进行的试验,当结论应用于其他地方时肯定会产生误导。

其他类型的试验也会得出类似的观点。一种在特定条件下效果很好的新试验技术可能不适合常规使用。试验过程中,在特殊监管下效果良好的新工业流程也可能无法在常规生产中获得成功。举一些具体的例子,在一批同源原料上测试的纺织工艺的改良实际上可能关键取决于原料的含油量;小麦品种之间的差异可能取决于土壤和天气条件;等等。

这些说法将得到以下结果。首先,即使是在纯粹的技术性试验中,重要的也不仅是关于处理差异为多少的经验知识,还有对差异产生原因的理解。这些认知将表明结论的哪些外推是合理的。其次,如果可以人为改变条件而不增大误差的话,我们应该在设计试验时这么做。例如,在比较两种拉伸羊毛的方法时,有时可能会期望这两种方法之间的差异不受羊毛含油量的影响。通常有利的做法是在试验中同时使用含油少的羊毛和含油多的羊毛,以直接检验拉毛方法的差异和含油量之间是否独立。症结所在当然是如果要包含几个这样的补充因子,试验就可能会变得难以组织。此外存在这样的可能性:如果系统很复杂,由于没有一组试验条件能得以完全考察,因此无法得出任何明确的结论。这导致了第三点:重要的是要明确认识到对任何特定试验结论的限制有哪些。

这些考虑因素在纯科学工作中不太重要,通常最好的办法是设法对某些非常特殊的情况获得透彻的理解,而不是一次试验就得出广泛的结论。

(iv) 简单性

这是一个非常重要的、必须牢记的问题,但是很难做出概括性的评述。它涉及多个注意事项。如果试验是由相对不熟练的人员完成的,则可能难以确保遵循复杂的变更计划。如果要在生产条件下进行工业试验,则重要的是尽可能少地干扰生产,即,对不同的工序进行长时间的操作,而不是频繁地进行更改。在科学工作中,尤其是在研究的初期阶段,保持灵活性可能很重要;试验最初可能会提出一系列有希望的好问题,因此,获得任何有价值的结果之前如果必须完成一个大型试验可不是好事。不过,当然存在某些情况下,相当复杂的安排是有好处的,只是要决定在任何特定应用中安排得多复杂为好则需要判断力和经验。

以上说明适用于简化设计。简单的分析方法也是人们想要的。幸运的是,高效设计和简便分析的要求是高度相关的,对于本书中的几乎所有方法,只要满足稍后描述的某些假设,完整统计分析的简单方案都是可供选用的。如果仅需要估计处理差异而无须估计精度,那么很少见设计除了简单平均以外有其他更多的要求了。

使用计算机来分析试验结果是最近的一项重要进展,特别是对于涉及大量数据或试验工作所花费的时间等于或小于用常规方法分析结果所需时间的领域。如果编写的程序合适,在计算机上进行统计分析所需的时间一般都非常短。

(v) 不确定性的计算

前述的要求都不是统计学上的,最后介绍的不确定性的计算是统计学上的。我们希望,如果可能的话从数据本身出发,能够计算出估计处理差异时的不确定性。这通常意味着估计出差异的标准误差,由此可以在任何所需的概率水平上计算出真正差异的误差范围,并由此可以量度处理之间差异的统计显著性。

为了能够进行严格的计算,必须有一组试验单元对一种处理独立地做出响应,并且与接受其他处理的其他组单元之间仅存在随机性的差异。对接受相同处理的单元进行观测值的比较(不一定是直接的)可以得出误差的有效量度。使用随机化(在第 5 章中将详细讨论)以消除不同处理单元之间的系统性差异,会自动使差异随机化,并在较弱假设下证明统计分析的合理性。应当仔细注意这种分析与例 1.6 之间的区别。

在试验单元数量很少的试验中,可能无法由观测值本身获得对误差标准差的有效估计。在这种情况下,有必要使用先前试验的结果来估计标准差(参见 8.3 节)。这样做的缺点是我们需要假设随机变异的大小保持不变。

本书的一般原则是不介绍统计分析方法。其原因一方面是有许多关于此类方法的出色描述,另一方面是将其包括在内不仅会大大增加本书的篇幅,而且还会分散人们在设计方面进行考虑的注意力。

概　　要

我们主要分析以下形式的试验:有多种可选的**处理**,在每个**试验单元**上应用其中一种,然后进行**观测**。目的在于能够从假定存在的不可控变异中分离出处理之间的差异;当然,这可能只是向着了解所研究现象迈出的第一步。

一旦定下了处理、试验单元和观测的属性后,则主要的要求如下:

(1) 接受不同处理的试验单元之间不应存在系统性的差异,即至少从切实可行的角度,应尽可能避免假设某些变异来源不存在或可忽略不计;

(2) 估计的随机误差应适当小,这应当以尽可能少的试验单元来实现;

(3) 结论应当具有广泛的合理性;

(4) 试验的设计和分析应当简单;

(5) 在没有人为假设的情况下应当能够对结果进行适当的统计分析。

参 考 文 献 [*]

Agar,W. E. ,F. H. Drummond,O. W. Tiegs, and M. M. Gunson. (1954). Fourth (final) report on a test of McDougall's Lamarckian experiment on the training of rats. *J. Exp. Biol.* ,31,307.

Armitage,P. (1954). Sequential tests in prophylactic and therapeutic trials. *Q. J. of Medicine* ,23,255.

---

[*] 这些在文中明确提及。另有一些一般性的参考见本书"一般参考书目"部分。

Crew，F. A. E. (1936). A repetition of McDougall's Lamarckian experiment. *J*. *Genet*. ，33，61.

Finney，D. J. (1952). *Statistical method in biological assay*. London：Griffin.

Goulden，C. H. (1952). *Methods of statistical analysis*. 2nd ed. New York：Wiley.

Homeyer，P. G. (1954). Some problems of technique and design in animal feeding experiments. Chapter 31 of *Statistics and Mathematics in Biology*. Ames，Iowa：Iowa State College Press. Edited by O. Kempthorne et al.

Knight-Jones，E. W. (1953). Laboratory experiments on gregariousness during setting in *Balanus balanoides* and other barnacles. *J*. *Exp*. *Biol*. ，30，584.

Lucas，H. L. (1948). Designs in animal research. *Proc*. *Auburn Conference on Applied Statistics*，77.

McDougall，W. (1927). An experiment for testing the hypothesis of Lamarck. *Brit*. *J*. *Psychol*. ，17，267.

"Student" (1931). Agricultural field experiments. *Nature*，127，404. Reprinted in "*Student's*" *collected papers*. Cambridge，1942.

Yates，F. (1934). A complex pig-feeding experiment. *J*. *Agric*. *Sci*. 24，511.

Green, J. W. & Chealc, A. Lupton et al. (Melbourne) hand-brush, 6 minutes ffetes.

Ahlin, G., et al., Lee Hobelyn machine. Auburn Mat 5 tfr. R-Jay

Koughton, Koler

Layea, James, W. (1964) Estimates of precision (Nantuc saragru and bobbus bodum).
Agric biochemuals Jv Soc. 55.

Mex, F. (1951) Designing efwment expenne. Annual Loudon per Loyal Stat.
Stuckdard 25. Agricutur Junat experunntis. Mowis, 156 New-Logisheal an S. Tiwng, of an
Agrica

amumuer for b. ince squeut bl, J. Agric experunent.

第 2 章

一些关键假设

2.1 引言

在许多试验中,对每个试验单元会进行好几种类型的观测。例如,在比较甜菜的品种时,可以测量根的产量、顶部的产量、糖的产量以及(如果有可能的话)植物的数量,或许还可以观测疾病的发生率、抽薹的频率以及对糖的化学分析。在比较羊毛纱线的纺纱方法时,通常会测量纱线的不规则性、纱线强度和纺纱时的断头率,并可能对用纱线织造的织物进行测试。在初步的描述中,可以方便地假设每个试验单元上仅进行一次观测。该观测结果可以通过一些试验读数计算得出。例如,纱线不规则性的量度通常是通过沿着纱线长的厚度变化轨迹中计算出所谓的变异系数来获得的。再者,在实验心理学的学习试验中,待分析的观测通常是对学习速度的一种量度。这是从原始数据中得出的,原始数据包括如每次尝试完成试验任务时成功或失败的记录。

以下假设(或对其的一些简单修改)构成了本书中介绍的大多数设计的基础。假定将特定处理应用于特定试验单元时获得的观测值是

$$(只取决于特定试验单元的量)+(取决于使用处理的量) \qquad (2.1)$$

且不受其他单元对处理的特定分配的影响。可以更生动地描述如下:用符号 $T_1, T_2, \cdots,$ T_t 表示可选的处理;假定使用 T_1 在任何一个单元上获得的观测值与使用 T_2 时获得的观测值相差一个常数 $a_1 - a_2$。每种处理对应 $a_1, a_2, \cdots, a_t$ 中的一个常数,试验的目的是估计形如 $a_1 - a_2$ 的差异,我们称这种差异为**真实的处理效应**(true treatment effect)。

这个假设的要点是:

(1) 式(2.1)中处理所在项加到单元所在项上,而不是其他(如相乘);

(2) 处理效应是恒定的;

(3) 一个单元上的观测不受其他单元如何处理的影响。

这三个要点将在后文分别讨论。

对观测结果进行全面的统计分析时以上假设尤其重要。即使仅通过计算简单的平均值来分析试验,这些假设仍然是必需的,因为与假设的重大背离将影响对结果的整体定性解释。通常可以从数据中对假设进行一定程度的检查,但永远无法完全避免做出这些或那些假设。读者初读时不必过多注意以下部分的细节。

2.2 可加性

可加定律式(2.1)的第一个结果是,两种处理方法(比如 T_1 和 T_2)之间的差异通常*通过以下方式合理得以估计:

$$（使用 T_1 的全体观测的平均）-（使用 T_2 的全体观测的平均） \qquad (2.2)$$

如果处理效应和不可控的变异都相对较小,则将单元所在项和处理所在项组合在一起的任何函数定律在一阶近似下都将等效于可加定律式(2.1)。不过在其他情况下,可能值得考虑其他某种形式是否更合适。最重要的替代形式是乘法,将式(2.1)替换为

$$（只取决于特定试验单元的量）×（取决于使用处理的量） \qquad (2.3)$$

如果这个形式恰当,我们将使用原始观测值的对数。由于 $\log(xy)=\log x+\log y$,式(2.3)可转化为式(2.1)。

例 2.1 在例 1.4 中,我们讨论了一种简单的比较试验,通过与标准品比较来测量药物的效力。一个自然可行的假设是,试验药物的任何剂量 x 在所有相关方面都等同于标准品剂量 ρx,其中常数 ρ 是药物相对于标准品的效力。换言之,动物对试验药物的耐受性(以 mg 为单位)是对标准品耐受性的 $1/\rho$ 倍。这是式(2.3)的形式,通过使用对数耐受性而不是耐受性本身可简化为式(2.1)。

例 2.2 考虑进行一个田间试验以比较多种可选处理方法对某种病害发生率的影响。对每个地块进行一种处理,并在适当时长后观测病害情况,例如可计算每个地块上每一百株植物中患病的数量。可以合理地预计,如果患病比例在整个试验中有明显变化,那么就两种处理方法所得到的患病比例之间的差异而言,病害水平很高时的差异会比病害水平较低时大。如果病害水平过高,则可能所有处理均将无效,因此处理之间的差异会再次降低。

无论如何,似乎都没有普适性的理由期望一种处理比另一种处理具有恒定的可加效应。对此有几种应对方式。如果将试验分为几个部分,每个部分中的病害自然水平比较稳定,则分别估计每个部分的处理差异是合理的。然后,通过将估计值与该部分病害的总体水平进行比较,处理效应如果有差异,可以评估出处理效应差异随病害水平的变化情况。如果行得通,这可能是最好的应对方式;它等于允许用数据来确定适当的测量范围。或者,如果患病比例的变化处于(例如)5%~50%之间时,则可能假设差异比值为常数较为合理,因此可取对数。再或者偶尔有些时候,更复杂的假设似乎是合理的,例如处理在患病比例的 probit 尺度上具有常值效应。[probit 是通过对比例的特定数学变换得到的量,(Goulden,1952,p.395)。]

例 2.3 一个类似的例子是饲养或管理猪的试验。假设正在比较两种处理方法 A 和 B,在试验结束时,由一位评判人员对这些猪进行检查,并给每只猪评分,其中满分为 100 分。由于分数有上限,可能会发生以下情况:某只猪在 A 处理中得分为 50,在 B 处理中得分为 70;而一只非常好的猪,在 A 处理中得分为 85,在 B 处理中得分为 90。也就是说,处理效应在我们的测量范围内是不可加的。尝试解决此问题的常规方法是不使用总分 x,而使用 $\log\left[\left(x+\dfrac{1}{2}\right)\Big/\left(100\dfrac{1}{2}-x\right)\right]$,这样就会使得范围的上下限无效。因为具有相同原始

---

* 例外是不完全区组设计(见第 11 章)和某些类型的混杂设计(见第 12 章)。

距离的两对数,变换之后的距离是靠近测量范围两端的那对比位于中间的那对要大。

在所有这些例子中,只有当均值的差式(2.2)能估计出试验中针对所有单元的平均处理差值时,该对比方法才是有效的,换言之,假想将 T_1 作用在所有单元上获得的平均观测值减去假想将 T_2 作用在所有单元上获得的平均观测值。但是如果假设式(2.1)不成立,则该差异就不过是人为虚构的量罢了。因此,在例 2.1 中,平均耐受性的差异取决于特定的动物,而如果不同实验室的动物在耐受性方面有显著差别,则平均耐受性的比较将依赖于实验室。此外,即使均值差异是可重现的,可能也没有像可估计 $\log\rho$ 的平均对数耐受的差异所具有的简单物理解释。

再举一个极端的例子,假设例 2.2 中的试验恰好分为两个大致相等的部分:

(1) 平均患病率为 10%,T_1 平均患病率为 8%,T_2 平均患病率为 12%;

(2) 平均患病率为 50%,T_1 平均患病率为 40%,T_2 平均患病率为 60%。

于是,从平均患病比例上计算得出 T_2 和 T_1 之间的差异为 $36\%-24\%=12\%$。但这显然是一个虚构的数字,依赖于试验中遇到的特定疾病发生率。在这种情况下,更应指出的是 T_1 对应的患病比例为 T_2 的 $2/3$。

当然,这是一个极端且过于简化的例子,上述讨论意在强调可加假设的重要性与统计技术的细节并无本质相关。但是经常会发生这样的情况:如果试验分为具有不同处理效应的部分,则不同部分中不可控变异的大小和分布会有所不同。全面的统计分析将包括对各部分取不同的权重,这里暂不考虑。

幸运的是,我们提到的这些复杂情况通常并不重要,因为诚如上述,如果讨论的变异相对较小,则可加法则式(2.1)、乘法法则式(2.3)和其他类似法则几乎等效。在许多应用中,考虑式(2.3)和式(2.1)中的哪一个更合适,并相应地采用或不采用对数,可能就足够了。

2.3 处理效应的一致性

在上一节中,我们讨论了这样的假设:量度观测值的尺度是处理效应以某些合适的量通过**加法**(addition)(而不是其他例如乘法等函数形式)表示的。本节我们通过考虑处理效应可以不是常数的其他方式从实质上继续进行讨论。

首先应注意,添加到式(2.1)中处理所在项的额外的完全随机的部分与添加到第一项(即单元所在项)的随机的部分是无法区分的,因此,只要随机部分的分布对于每个处理是相同的,这个额外的随机部分就可以忽略不计。对这种可能性不再展开讨论。我们将详细介绍当处理效应依赖于可对每个单元进行的一些补充测量时该如何处理。

例 2.4 假设需要比较两种备选加工工艺 A 和 B,以便从含 P 量较少的原料中提取产品 P。试验单元是不同批次的原料,观测的是产品的产量 y。此外,补充观测 x 是在处理之前估计每个批次中 P 的百分比含量。有可能工艺的差异取决于 P 的含量,例如,可能当原料中富含 P 时 A 的效果相对好很多。此类信息可能不仅对决定采取何种实际操作极为重要,还对揭示工艺差异的根本原因有所启发。进一步地,这些信息可能有助于将结果与以前的工作联系起来,其中原材料中 P 的含量可能存在系统性的差异。

将使用工艺 A 的那些单元得到的 y 平均值与使用工艺 B 的那些单元得到的 y 平均值进行比较,在正确的设计下,总可以估计出试验中用在原材料上的两种工艺的平均差别。尽管该做法通常令人感兴趣,但是从上文中可以明显看出,这种总体之差可能只是对工艺之间差异的局部描述。除非有很好的先验理由以期望工艺的差别为常数,否则应该区分两种工艺得到的结果,将 y 关于 x 作图来分析数据。如果需要,可以通过适当的统计计算,例如拟合回归线,来补充这种图形分析。要注意 y 的随机变化中 x 的任何变化。

处理该试验结果的另一种方法是使用 y/x,它与工艺中要提取的原料中 P 的含量成正比;如果两种工艺之间的比例差异预计保持恒定,这就是很自然的处理方法。只是关于处理效应恒定的一般性评注仍然是相关的。

此例展示了如何使用补充观测来检验处理差异是否为常数。补充观测的进一步用途是提高精度,这将在第 4 章中详细讨论。

例 2.5 Jellinek(1946)描述了一个试验,将用于缓解头痛的三种药物 A、B、C 与无药理作用的对照组 D 进行比较。每个受试者分别持续使用每种药物两周时间,观测之一是成功率,即缓解头痛的次数除以两周内接受治疗的头痛总次数。此处不考虑需要采取的预防措施以消除药物使用顺序所产生的任何影响。表 2.1 的第一行显示了所有受试者的平均成功率。他们认为 A、B、C 并没有明显不同,都明显高出 D 的成功率。

表 2.1　平均成功率

	A	B	C	D
所有受试者	0.84	0.80	0.80	0.52
对 D 无反应的受试者	0.88	0.67	0.77	0
对 D 有反应的受试者	0.82	0.87	0.82	0.86

但是,受试者明确归为两类,一类对 D 没有反应,一类对 D 做出了反应。表 2.1 的第二行和第三行显示了相应的平均成功率。对 D 有反应的受试者中,这四种药物的成功率实际上是大致相同的;而那些对 D 没有反应受试者中,A 的成功率比 C 高,而比 B 的成功率高得多。因此建立在全体受试者的平均值上的对比很容易引起误解。这两组对药物反应的差异也可能源于头痛类型的不同。

此例中使用对 D 是否有反应类似于例 2.4 中使用补充观测来划分试验单元的方式。

从这些例子中得出的一般性结论是在处理效应的变化可能很重要的时候我们希望能够检测出来。这意味着在适当的情况下进行补充观测,其他情况下在单元上分配处理以使得变化可以得到检测。操作方法稍后再讨论。然而根据式(2.1),本书的大部分内容都假定处理效应是常数。

2.4　不同单元之间的干扰

假设式(2.1)需要讨论的最后一个方面是要求对一个单元的观测不应受到特定处理如何在其他单元上分配的影响,即不同单元之间不存在"干扰"。在许多试验中,不同单元在物理上是不同的,于是自动满足了该假设。但是如果同一对象多次被用作单元,或者不同的单元之间发生了物理接触,则可能会出现困难。下面通过一些例子加以说明。

例 2.6　在称为梳理的纺织过程中,纠缠的纤维团通过带有齿的卷绕圆柱体从而使纤维拉直。考虑进行一项试验,研究不同用量的油脂施加到原料上的效果。处理方法是使用

4 种不同含量的油脂,试验单元是成批的原料。当梳理一批含油量高的原料时,有些油脂会残留在齿上,因此,下一批(至少下一批中首先进行梳理的部分)实际上会接受比其处理名义上标示的更多的油脂。换句话说,对任何单元的观测不仅可能取决于对该单元进行的处理,而且还可能取决于对先前单元进行的处理,甚至在某些情况下还可能取决于之前两个单元的处理。

规避这种困境的一种方法是,在每个试验批次之后接着进行一个对照批次,该对照批次应大到足以将油量恢复到标准值,或者使用较大的试验批次并仅对每个批次的后期进行观测,这就不太可能受到先前处理的影响。但是,这两种试验方法(尤其是第一种方法)通常都不经济。相反,可能最好是接受处理效应的重叠并在设计和分析试验中对其进行处理。只要引入对式(2.1)的简单修改是合理的,这就是可行的,例如对任何单元的观测值都是

(仅取决于单元的量)+(取决于使用处理的量)+(取决于前面单元使用处理的量)

$$(2.4)$$

在本例中,只要所研究的油脂含量不会在太大的范围内变化,上式就是合理的。如果接受了式(2.4),则会很自然地把每个处理安排在相同次数的每个其他处理(或每个处理)之后。这样一来,紧跟最高含油量引起的系统性变化会同等地影响所有处理。此类设计将在第 13 章中讨论。

例 2.7 考查不同饲料对牛产奶量的影响时也会出现类似的问题。如果以固定不变的饲料喂养每只动物倒是没问题,但是实际情况是最好在试验过程中改变饲料,而且如果可能的话,每种饲料给每只动物使用一次。这将消除动物之间系统性差异的影响。

因此,在有三种饲料的情况下,一只动物可能在前两周接受饲料 A,在第二个两周时间内接受饲料 B,而在第三个两周时间内接受饲料 C。要分析的主要观测是牛奶产量,定为每两周期末的两到三天的平均产量。通过这样在每个试验期的末尾进行观测,希望可以得到仅刻画了该时期内所进行的处理的一个值;然而,处理效应的重叠可能仍然会发生,由此会出现与上一个例子相同的困境,于是假设式(2.4)可能仍是合理的。此外,还必须确保对于一组动物而言,每种处理在每个时期内的使用频率相等。

上面例子中不同单元之间的干扰可以解决,因为它的形式很简单。不过,通常最好是花点功夫将不同的单元隔离开来,而不是允许干扰并尝试通过更精细的设计来弥补。例如,农业田间试验中在不同地块之间留有保护行。再如,在一个试验中,某些地块接种了携带病毒的蚜虫,而其他地块未经处理,这时重要的不仅是在处理过的地块与未经处理的地块之间留有足够的空间,还应尽可能检测有没有病害从一个地块直接传播到另一个地块。

竞争可能在一个试验单元内发生,但是只要它代表的是所研究的条件,就不会造成任何问题。例如,在禽鸟饲养试验中,每个单元可能由许多饲养在一起的禽鸟组成。如果食物有限,那么健康的大鸟可能会占有其他鸟的食物。但是,这不会使假设式(2.1)中所涉及的不同组的鸟之间没有干扰的假设无效。

在实验心理学中,经常需要多次将同一对象用作试验单元。然而,在该领域中常出现的情况是,一种处理对随后观测的影响并不会简单地像式(2.4)那样用添加单个常数来表示。Babington Smith(1951)描述了关于缪勒-莱尔错觉(Müller-Lyer illusion)的试验,该试验表明,响应以相当复杂的方式取决于之前发生的所有情况。Welford 等(1950)在对机组人员进行的一些疲劳试验中指出,首次在疲倦时完成任务的受试者在清醒时仍会表现得很差,而

首次在清醒时完成此任务的受试者在疲倦时仍会做得很好。文献中给出了其他类似的效应。在这些情况下，要么建立特殊的合适假设以取代式(2.4)，要么必须将整个刺激序列视为处理。此处提到这些试验是为了强调简单定律式(2.4)可能存在不足之处。

在本书的其余部分中，除非另有明确说明，否则将假定不同单元之间不存在干扰。如果怀疑可能会产生类似干扰，例如当同一对象多次用作试验单元时，或者当不同的单元发生物理接触时，则应该采取试验预防措施以避免干扰，或者在设计和分析试验时作特殊考虑。

概　　要

在大多数情况下，我们通过对整个试验的平均观测来估计处理差异。进行此操作时需要注意三点：

（1）应在与处理**差异**(difference)有关的尺度上分析观测。

（2）或者只需要知道平均处理效应，或者处理效应为常数。如果预期处理效应会在很大程度上取决于某些补充观测，或者对于不同组的单元会不同，则应采取特殊的预防措施。

（3）在一个单元上进行处理获得的观测不应受其他单元上处理的影响。

通常假定不存在第(2)种和第(3)种复杂情况，但是如果对此有怀疑，则应在设计和试验分析中都加以考虑。

参 考 文 献

Babington Smith, B. (1951). On some difficulties encountered in the use of factorial designs and analysis of variance with psychological experiments. *Brit. J. Psychol.*, 42, 250.

Goulden, C. H. (1952). Methods of statistical analysis. 2nd ed. New York: Wiley.

Jellinek, E. M. (1946) Clinical tests on comparative effectiveness of analgesic drugs. *Biometrics*, 2, 87.

Welford, A. T., R. A. Brown, and J. E. Gabb. (1950) Two experiments on fatigue as affecting skilled performance in civilian aircrew. *Brit. J. Psychol.*, 40, 195.

第 3 章

减小误差的设计

3.1 引言

在本章中,我们采用一些方法来减小不可控变异对处理对比的误差所产生的影响。总体的想法是常识性的,将单元划分为组,每组中的所有单元尽可能相似,分配每个处理在每组中出现一次。于是所有比较都是在一组相似单元内部进行的。该方法在减小误差方面的成功取决于使用试验材料方面的常识以将单元适当地进行分组。这种方法及其各种推广方法主要通过例子加以介绍。

3.2 成对比较

我们首先考虑仅对两种处理方法进行对比的试验。

例 3.1 Fertig 和 Heller(1950)讨论了一个试验,用于比较两种处理方法 T_1 和 T_2 对污水的影响。两种处理都涉及 100% 氯化;使用 T_2 时没有特殊的混合,使用 T_1 时有最初 15s 时长的快速混合。处理后在每个单元上观测每毫升大肠菌群密度的对数,需要估计的是由处理 T_1 中快速混合所造成的大肠菌群密度的额外下降。

除了大肠菌群密度测定中的随机抽样误差外,不可控变异的主要来源是处理前污水的不同。因此,要获得尽可能相似的成对单元,自然每批污水要在同一天取,并且时间上要尽可能地接近。这样,试验几天内就会完成,将得到一系列成对的相似单元,然后在每一对上都安排 T_1 和 T_2。这涉及顺序为 $T_1 T_2$ 或 $T_2 T_1$ 的一系列选择。在当前的例子中,没有理由预期每对中的第一个和第二个单元之间会有系统性的差异,于是适当的操作是将处理顺序**随机化**(randomize),即使用诸如随机数表等客观设施在每一对中分别从 $T_1 T_2$ 和 $T_2 T_1$ 之间以等概率进行选择。关于随机化过程的详细讨论见第 5 章。

表 3.1 给出了这种随机化处理的典型安排以及得到的虚拟的观测值。对于每对单元,我们计算了在 T_2 上的观测值与在 T_1 上的观测值之间的差。处理效应的估计是这些差的平均值 $\bar{d}$,$\bar{d}$ 的标准误差估计以及 $\bar{d}$ 的统计显著性检验均可通过简单的、标准的统计计算得到,见文献(Goulden,1952,p.51),不可控变异的大小是根据表 3.1 最后一列中观测到的差异的离散情况估计的。

表 3.1 成对对比试验

第几天	第一个单元	第二个单元	差别,d
1	T_1: 2.8	T_2: 3.2	0.4
2	T_2: 3.1	T_1: 3.1	0.0
3	T_2: 3.4	T_1: 2.9	0.5
4	T_1: 3.0	T_2: 3.5	0.5
5	T_2: 2.7	T_1: 2.4	0.3
6	T_2: 2.9	T_1: 3.0	-0.1
7	T_2: 3.5	T_1: 3.2	0.3
8	T_1: 2.6	T_2: 2.8	0.2
均值,$\bar{d}=0.262$			
估计标准误差$=0.078$			

很显然,在这个设计中,一天到另一天的变化对试验没有影响,即,如果一天中的两个观测值都改变了相同的量,则处理差异的估计值及其误差均不受影响。利用这种方法消除部分不可控变异的影响是单元配对的目的。

请注意我们计算的是本身为对数的观测值之间的差。这暗含的假设是,在相同的试验材料下使用 T_1 与使用 T_2 在大肠菌群密度上的变化**比值**(fractional)是常数。

对表 3.1 的设计中所使用的随机化的一个自然的反对意见是,T_2 在第一列中出现了 5 次,在第二列出现了 3 次,最好安排每个处理在每一列中以均等频率出现。这一点将在后面进行详细讨论,但是与此同时应该指出的是,只有在有理由预期第一个单元与第二个单元之间存在系统性差异时,反对实际上才是合理的,而在本试验中却并非如此。

这个例子类似于许多应用领域中的情形。通用方法是简单地获得多对试验单元,其中在不存在处理差异的情况下,每对中的两个单元预计将得到尽可能相同的观测值。然后将处理方法 T_1 和 T_2 按随机顺序分配给每对单元。无论具体使用什么样的配对,该方法都将无系统性误差地比较两种处理方法,但是该方法在减小误差方面的成功取决于巧妙的单元分组。

以下介绍一些可用于获得合适配对方法的例子。通常如例 3.1 所示,在空间或时间上以某种自然排列紧密靠近的试验单元倾向于更相似,这个一般性的事实指明了一种适当的配对方法。因此,田间相邻的地块往往比相距较远的地块具有更相似的收成,一台机器上间隔较短时间内的产品往往比间隔较长时间后的产品或不同机器上的产品更相似,等等。如果可以获得有关单元之间差异的更明确的信息,则当然应该加以使用。在有关老鼠的试验中,每对可能是相同性别、大约相同的体重,并尽可能地取自同一窝。在一些动物试验中,每对可以使用双胞胎,尤其是同卵双胞胎。在其他相关的动物工作中,可以使用同一动物的成对器官(肾脏、眼睛等)。James(1948)提出了一种植物试验上类似的想法,他将三叶草植物从主根的中部分开,并将两半作为配对单元使用。另一种有时候很有价值的方法是将同一物理对象作为一个单元使用两次。这在试验心理学和那些治疗属性相对次要的临床试验(因此每个受试者可以被治疗一次以上)中经常发生。在这样的试验中,即使处理效应的重叠没有造成并发症,也可能第一单元和第二单元之间出现系统性的差异。此时,需要一些对随机化的限制来平衡系统性差异。对此将在后文讨论。

在生物学工作中经常提倡使用动植物近交系作为确保材料一致的方法。这种做法受到了质疑,例如 Biggers 和 Claringbold(1954)举了一些例子,说明近交系材料并不比随机繁殖的材料更同质。他们认为近交系之间的 F1 代杂交可能比近交系本身更合适。

最后一种方法取决于在试验开始之前对每个单元进行的补充观测。例如,在动物试验中,补充观测可以是初始体重。此时,两只体重最小的动物作为一对,两只体重次小的动物作为另一对,以此类推。假设省略了体重极端的情况且最终观测与初始体重高度相关,那么这就提供了一种令人满意的成对分组。若有两个或多个补充测量可用,则分组方法将在后文讨论。

涉及使用人为认定为一致的材料时,一般的警告是必要的。通过使用这种材料,有可能会大大提高精度,只是有时候的代价会是得出的结论不能代表更广泛的单元种类(另请参阅9.2 节)。在这种情况下应采取的措施取决于调查研究的目的。例如,如果希望得出可立即在工业或农业上实际应用的结论,则需要使用具有代表性的材料。

3.3 随机化区组

(i) 引言与范例

如果我们要比较两种以上的处理,则可以直接扩展上述方法。有 t 种可选处理,我们将单元以 t 个归为一组,如果每个处理的效应相同,则预期每组中的单元得到几乎相同的观测值。通常将每组 t 个单元称为一个**区组**(block)。处理的顺序在每个区组内部被独立地随机分配,安排为每个处理在每个区组中只出现一次。就处理效应而言,正如在 3.2 节中讨论的成对单元之间差异的影响被消除了一样,在当前情况下区组之间差异的影响也被消除了。

当区组的差异被通过上述方式消除时,我们称这个试验被安排为随机化区组。

例 3.2 在 Cochran 和 Cox(1957,4.23 节)* 讨论的一项试验中,处理方法分别是在每英亩(acre)**棉花地上以五个水平之一施用钾肥:36、54、72、108 和 144 磅(lb)***氧化钾(K_2O)。待分析的一项观测是以任意单位量度的单纤维强度,通过对每个地块上的棉花进行多次测试取平均值获得。

有三个区组,每个区组包含五个地块。在上面的参考文献中给出了观测结果,但是没有给出类似地块内处理安排的完整细节等。根据将地块分为区组的一般原则,一个区组中的五个地块的选取应最大限度地减少区组内地块与地块之间不可控的变异,而这经常是通过将一个区组中的地块安排成紧凑排列的近似正方形区域来实现的。这种安排以及区组内部对处理的随机化允许了对由于地块差异所产生结果中的不可控变异进行统计评估。但这当然不是误差可能发生的唯一途径。三个可能的其他不稳定变异来源涉及:

(1) 作物的种植和收获;

(2) 测试纤维的选择;

(3) 强度测试。

---

 * 这本书经常被引用。因为两个版本的章节编号相同,所以我们给出章节而不是页码。

 ** 1 acre = 0.004 047 km^2。

 *** 1 lb = 0.453 59 kg。

以下简要讨论。

通常认为与地块种植或收获顺序有关的变化可以忽略不计。但是,如果收割需要一天以上的时间,则有用的预防措施是同区组的地块在同一天内收割。这样,收割日子之间的常值差异将被识别为区组差异,不会成为试验误差的一部分。

强度测试中只使用了一小部分的纤维。在选择纤维时使用可靠的抽样方法是测试方法中至关重要的部分,此处不再讨论。

测试机的工作、测试室的温度或湿度以及测试操作者都可能存在不可控的变化。这里最好的办法通常是在尽可能短的时间内以随机顺序在一个区组中测试棉花。如果在整个试验中使用几名操作员或几台测试机,通常希望每个区组的结果应由一名操作员在一台机器上获得,即,因操作或机器而引起的可能会出现的区组内的差异应被消除。

综上所述,在试验的每个阶段,从最初的种植到最终的测试,不可控变异的来源中的任何一个,要么用区组来标识,实际上就从处理对比中被消除了,要么被随机化,要么可能被认为是可忽略不计的。尽可能避免最后一项,因为如第 1 章所述,通常最好避免对不可控变异的属性进行假设。

表 3.2(a)给出了观测值,按照氧化钾逐次增加的顺序,用 T_1,T_2,$\cdots$,T_5 分别表示这五个处理。(所示的区组内处理的详细安排是通过随机化 Cochran 和 Cox 给出的值获得的,大概不是试验中实际使用的顺序。)

为了分析观测值[*],首先将它们按照表 3.2(b)的顺序进行重新排列,并计算每种处理方法(和区组)的总数和均值。因此,对于第一个处理,7.62+8.00+7.93=23.55,将其除以 3 得到处理平均值为 7.85。处理平均值之间的差异是对实际处理差异的最佳估计,前提是第 2 章的基本假设成立,并且不可控变异在区组之间不存在明显的不同。

为了估计这些估计值的精度,我们使用 1.2 节的式(1.1),即

$$\left(\begin{array}{c}\text{每组 3 个观测的两组}\\\text{均值之差的标准误差}\end{array}\right)=\sqrt{\frac{2}{3}}\times\text{标准差} \tag{3.1}$$

表 3.2 随机化区组试验示例

(a)原始设计和观测

区组 1	T_5:7.46	T_4:7.17	T_1:7.62	T_2:8.14	T_3:7.76
区组 2	T_2:8.15	T_1:8.00	T_5:7.68	T_4:7.57	T_3:7.73
区组 3	T_3:7.74	T_2:7.87	T_1:7.93	T_4:7.80	T_5:7.21

(b)重新安排观测

	T_1	T_2	T_3	T_4	T_5	总和	均值
区组 1	7.62	8.14	7.76	7.17	7.46	38.15	7.63
区组 2	8.00	8.15	7.73	7.57	7.68	39.13	7.83
区组 3	7.93	7.87	7.74	7.80	7.21	38.55	7.71
总和	23.55	24.16	23.23	22.54	22.35	115.83	7.72
均值	7.85	8.05	7.74	7.51	7.45	7.72	—

---

[*] 初读时可以省略以下的分析说明。

(c) 残差

	T_1	T_2	T_3	T_4	T_5
区组 1	−0.14	0.18	0.11	−0.25	0.10
区组 2	0.04	−0.01	−0.12	−0.05	0.12
区组 3	0.09	−0.17	0.01	0.30	−0.23

$$标准差的估计值 = \sqrt{0.349\,6/8} = 0.209\,0(8 为自由度)$$

$$两个处理均值之差的标准误差 = 0.209\,0 \times \sqrt{2/3} = 0.171$$

每增加 18lb 氧化钾造成纤维强度增加的估计值为 −0.090,其标准误差为 0.025 1。

我们首先要估计标准差,即单位之间不可控的变异。这常通过一种称为 **方差分析** (analysis of variance)的简单有效的技术来完成;Cochran 和 Cox 已全面描述了该方法在当前问题中的应用,并且该方法的一般说明可以在任何有关统计方法的教科书中找到。

但是,值得简要说明一下用于估计标准差的等效方法,虽然该方法在数值的使用上不太方便,但确实指出了估计的实质性基础。我们需要测量的那部分变异不是由实际处理效应引起的,也不能被视为区组之间的系统性变化。因此,很自然地首先应将每个观测表示为与总体均值的差异,然后消除由区组不同引起的变异。这通过以下公式完成:

$$(指定区组的观测均值) - (总体均值)$$

接着,消除由处理解释的变异

$$(指定处理的观测均值) - (总体均值)$$

在此步骤结束时,对应于每个原始观测,我们得到一个 **残差**(residual),该残差可以直接定义为

$$观测 - (指定区组的观测均值) - (指定处理的观测均值) + (总体均值) \qquad (3.2)$$

这些残差在表 3.2(c)中给出。因此,对于第一个观测,有 7.62−7.63−7.85+7.72=−0.14。若不考虑舍入误差,则每个区组、每个处理的残差总和均为零。

标准差量度了残差的大小,通过找到残差平方的平均值然后对其求平方根来计算得出。但是,在对残差平方求平均值时,合适的做法不是除以残差的个数(15)而是除以 **残差自由度** (residual degree of freedom)[即,(区组数−1)×(处理数−1),此时为 8]才是合适的。其根本原因是,如果任意分配表 3.2(c)左上部分的 8 个残差,则由行和与列和均须为零的条件将唯一确定剩余的数,即实际上只有 8 个 **独立**(independent)的残差。因此,所求的标准差估计为

$$\sqrt{\frac{1}{8}\left[(-0.14)^2 + (0.018)^2 + \cdots + (-0.23)^2\right]} = 0.209\,0$$

且自由度为 8。这正是由方差分析能快速给出的答案。但是如果需要检查分析底层依赖的假设条件,则残差的详细列表就非常有用了。例如,出现单个非常大的残差表明与其相对应的观测值得怀疑,而残差的分布则给出了有关误差频率分布的信息。有时可能会出现某些区组比其他区组变异大得多的情况,并且在极端情况下也可以从残差中检测到这一点,尽管这样做时需要格外小心。F. J. Anscombe 和 J. W. Tukey 已经完成了有关残差检验的重要工作;本书付印时,他们的作品尚未出版。

现在,我们使用式(3.1)得出两个均值之差的估计的标准误差为 $0.209\,0\times\sqrt{2/3}=0.171$。根据 1.2 节中给出的标准误差,对该数字的解释是,例如,对于预先选定效应的估计,其误差超过 $\pm2\times0.171=\pm0.342$ 的概率仅为约 1/20。但是,正如 1.2 节所述,当标准差本身仅是根据少量观测值估计得出时,需要对这种解释进行一些修正,而实际上是残差自由度确定了该如何修正。当有 8 个自由度时,1/20 的临界值应增加到 $2.31\times$ 标准差,即 ±0.395。从 2 增加到 2.31,以允许误差估计中的不确定性,这在统计方面的教科书中已作了解释,是使用所谓的"Student" t 分布的一个范例。如果仅应用于由数据显示的差异,例如平均响应最高和最低的两个处理之间的差异,则需要进一步修改乘数。

此计算的基本要点是,首先通过简单的平均过程来估计处理效应,其次在消除处理和区组差异后估计观测值的变化。此处的重要原理(也适用于更复杂的情况)是,当在试验计划中消除了变异来源(例如区组差异)的影响时,也必须在分析中消除这种影响以获得误差的合理量度。

在以上特定的试验中,这五种处理方法彼此之间有着特殊的联系,它们代表了一个连续变量的不同水平,即每英亩地块的氧化钾使用量。因此,自然不仅要考虑不同处理方法之间的差异,还要考虑平均强度相对于氧化钾使用量的曲线,尤其要考虑该曲线本质上是否一条直线。可以使用回归分析中的标准统计方法,见文献(Goulden,1952,p. 102),来表明曲线没有明显偏离一条代表 1 acre 地块上每增加 18 lb 氧化钾则纤维强度降低 0.090 的直线。斜率的标准误差为 0.025 1。

最后,尽管并不会直接影响处理效应的估计,但区组的均值通常依然值得研究。首先,可以从区组之间差异的大小来评估将单元分组是否显著减小了误差,并且该信息在将来设计类似的试验中可能有用。其次,尤其是在比当前拥有更多区组的试验中,对区组差异的详细检查可能非常有帮助。例如,倘若在强度测试中使用了两个操作员,则对区组进行比较以查看是否存在操作员之间系统性差异的证据可能很有意义。因为很难将操作差异与区组变异的其他来源区分开,所以一般也很难得出非常有说服力的结论。[但是,稍后我们将考虑**裂区试验**(split plot experiment),该试验本质上是随机区组试验,其中对整块区组使用进一步的处理,于是可以从区组差异中得出可靠的结论。]必须重申,检查区组均值并没有告诉我们有关处理效应的任何信息,仅在增加对试验材料的认知方面有意义。

(ii) 缺失值

上文描述的相对简单的分析在本质上取决于随机区组设计的平衡性。例如,仅因为各个处理在每个区组内使用相同的次数,就可以使用处理的平均观测来比较处理而不受恒定的区组差别的影响。例如,假设在第一个区组中未使用 T_1,且第一个区组恰好会产生较高的系统性结果,则相对于在第一个区组中使用过的其他处理,T_1 的均值将被压低,因此处理均值将不再能提供不受区组效应影响的对比处理的一个公平基础。

特别是在使用大量单元的试验中,可能会发生一个或多个单元的结果丢失、无法获取或必须丢弃等情况。例如,如果单元是动物,则可能有某些单元死于与处理无关的原因。这种损失将打破平衡性,即观测的模式将不再是随机区组设计。

通用准则的一种特殊情况称为最小二乘法,可以用于对被分为多个区组并以不平衡机制进行处理的观测值进行有效分析,但是计算趋于复杂。幸运的是,当只有一个单元缺失观

测值时,可以使用一种非常简单的方法:通过如下公式来计算所谓的估计的缺失值

$$(kB + tT - G)/[(k-1)(t-1)]$$

其中 k 为区组的个数,t 为处理的个数,B 为包含缺失观测值的区组中所有剩余观测值的总和,T 为关于缺失处理的观测值的总和,G 为全体总和。

然后,我们通过简单的方法进行分析,就当估计的缺失值是真实的观测值一样。一个微小的修改是,残差的自由度要降低一个。这种方法提供的处理效应的估计与最小二乘法得到的结果相同,且对不包含缺失观测的两个处理的对比标准误差估计也相同。涉及缺失处理的对比的正确标准误差要稍大一些,可以通过使用第 1 章的式(1.2)来近似估计,给该处理分配的观测比其他处理少一个。

使用缺失值公式的试验设计的重要性在于,每当有观测值缺失,或更一般地,每当被证明确切地按预计形式获取数据是不可能的时候,都会是使用随机区组(当然还有更复杂的设计)的一个严重缺陷,分析和解释将会变得大为复杂。而该公式意味着在偶尔出现缺失值的情况下也可以安全地采用随机区组设计。

如果缺失了若干个观测值,则可以使用该方法的扩展。于是有必要求解一组联立线性方程组,方程的个数等于缺失值的个数。如果不小心,没有严格按计划分配处理,处理的模式与随机区组的形式有些偏离,那么也可以使用相似的方法。

类似的公式可用于本书中描述的其他设计(请参阅文献(Cochran,Cox,1957)和文献(Goulden,1952))。

(iii) 进一步的例子

例 3.3　随机区组的另一种应用是在动物(如小鼠或大鼠)的试验工作中。为了明确起见,假设要比较的处理有五种,它们的性质取决于特定的应用领域,但是存在例如不同饮食、不同数量和类型的药物、怀孕期间大鼠的不同喂养等。最终的观测可能是在试验期结束时动物器官中某种物质的量,或者在最后一种情况下是观测到后代的某些特征。

为了成功运用随机区组,我们首先将动物分为五只一组,这样一来,在相同处理下获得的最终观测值有望在每组中尽可能保持一致。有关动物的任何特殊信息都可以加以利用,例如它们在先前试验中的表现。如果没有特殊信息,通常依赖的要么是常出现在最终观测与合适的、易于测量的受试动物的初始属性(例如体重)之间的相关性,要么是来自同一窝动物倾向于做出类似反应的一般事实。

为了使用上述最后一个属性,从拥有五只或更多只动物的窝中取出五只合适的动物,并以任何方便的方式对每个窝中的动物进行编号:$1, 2, \cdots, 5$。然后将处理顺序在每个区组内随机分配以作出安排,例如:

第 1 窝. 动物 $1, T_3$;$2, T_1$;$3, T_5$;$4, T_2$;$5, T_4$

第 2 窝. 动物 $1, T_2$;$2, T_5$;$3, T_3$;$4, T_4$;$5, T_1$

……

为了利用诸如体重之类的定量特性来构造区组,按照体重增加的顺序对动物进行编号,如果需要四个区组,则将其编号为 $1 \sim 20$。动物 $1 \sim 5$ 形成第一个区组,动物 $6 \sim 10$ 形成第二个区组,以此类推,再在每个区组中独立地将处理顺序进行随机分配。这样做的结果是,在任何一个区组中动物的体重都大致相同。有时,第一个或最后一个区组中包含一个或多

个体重超常的动物,因此这些区组内的体重会有明显的差异。如果可以,最好避免这种情况,例如,一开始就准备个数多于预期使用数的动物,并弃用那些体重超常的。

可以通过例 3.2 的方法来分析这种设计的结果,一旦确定了分组,就可以忽略初始体重的值。在第 4 章中,我们将使用初始定量变量的另一种方法,分析中会使用变量的实际取值。

例 3.4　在对某些纺织品的研究中,需要在生产平行纤维薄纤网的过程中测试多种改良方法。纤维网的一个重要特性是(例如每毫克纤维网上的)纤维缠结的数量,其测量方法是将纤维网的一部分缓慢地通过照明带,个别的缠结就能被发现,于是即可得到总数。但是由于很难准确地定义缠结的组成部分,导致尽管一位观测者可以在短时间内获得合理的可重复计数,但不同观测者之间或者同一观测者在不同时间的计数之间却很容易存在较大的系统性差异。该例是一类重要的技术试验的典型例子,其中要研究的对象很难精确定义,因此容易受到个人测量误差的影响,或者在极端情况下根本就是主观判断的问题。

设计此类试验的第一步是采取一切合理的预防措施以消除系统性变异的源头,例如,在观测者面前展示表明典型的纤维排列方式的照片或幻灯片,其中有些可视为缠结,有些不可。然后可以通过随机区组准则来减少其余的系统性变异,如下所示:

为了明确起见,现在比较 6 个不同批次的纤维网 $W_1, W_2, \cdots, W_6$。假设它们是在高度受控的条件下由 6 个不同的加工过程产生的,则我们可以自信地将 $W_1, W_2, \cdots, W_6$ 之间的任何差异都归因于加工过程的影响。与前一个例子中的有关观点类似,这当然是一种经常需要避免的假设。我们可以通过在每个生产过程中分配若干批次,独立进行生产和测试来实现。

在每个区组中,所有 6 个纤维网上都将有观测值,我们希望尽可能在相当短的时间内完成一个区组中的观测以消除时间差。因此,将纤维网上可以在例如 10~15 min 内检查缠结的、随机抽取的小部分作为试验单元。每个纤维网上希望测量的小部分的数量取决于所需的最终精度以及缠结的分布规律,可能必须根据以前的工作或初步的试验结果确定。假设已经判断出取 8 个小部分就足够,且有两个观测者,每个观测者各测量 4 次。于是在随机区组中的安排如表 3.3 所示。

表 3.3　比较 6 个纤维网缠结的计划

		测 量 顺 序					
		1	2	3	4	5	6
区组 1	观测者 1						
	第一阶段	W_4	W_1	W_2	W_5	W_6	W_3
区组 2	观测者 2						
	第一阶段	W_5	W_6	W_2	W_1	W_4	W_3
区组 3	观测者 1						
	第二阶段	W_3	W_6	W_2	W_4	W_1	W_5
区组 4	观测者 2						
	第二阶段	W_3	W_1	W_4	W_5	W_6	W_2
区组 5	观测者 1						
	第三阶段	W_6	W_5	W_4	W_3	W_1	W_2
区组 6	观测者 2						
	第三阶段	W_5	W_1	W_4	W_3	W_6	W_2

		测 量 顺 序					
		1	2	3	4	5	6
区组 7	观测者 1						
	第四阶段	W_2	W_3	W_6	W_4	W_1	W_5
区组 8	观测者 2						
	第四阶段	W_2	W_6	W_4	W_5	W_3	W_1

每个区组内纤维网的顺序由独立进行的随机化所决定。通过向观测者隐藏被分析部分的信息可以最大限度地减小主观测量偏差。在分析结果时最好检查观测者在 6 个纤维网的比较中是否前后一致。无须将观测者随机分配到区组中,因为试验的目的不是对观测者的比较;如果观测者按区组随机分配,则唯一目的可能是确保在两个观测者的测量过程中外部条件不存在系统性差异。请注意,如果主要目的是检查观测者之间的差异,那么最好两名观测者都要测量纤维网的每个小部分。但是当目的是进行纤维网的比较时,从每个纤维网上选取的小部分差别越大越好,不过前提是试验的主要成本是缠结的计数,而不是对各个部分的选择,或者在对纤维网进行抽样时实际上破坏掉的材料的成本。*

该例使用了随机区组准则来消除实际测量中产生的系统性变异而不是试验材料本身引起的变异的影响。还有其他方法可以达到这个目的。例如,我们可以在试验网的每个一系列的小部分中插入标准网的一部分,该部分已经被计数了很多次,并被认为具有已知的缠结数。于是实际记录在标准部分上的观测就可以用于调整其余的观测。如果似乎无法避免较大的观测者差异和时间差异,则另一种可能最好的选择将是放弃直接计数缠结的想法,而采用如下测量缠结数的方式:要么通过对每个小部分和标准部分进行主观比较之后为每个小部分打出一个分数以显示缠结的不同程度,要么按照缠结明显增加的程度直接对一系列的小部分进行排序。对这些方法相对优势的讨论提出了一些一般性的难题,后文将对其进行简要处理(9.4 节)。

我们已介绍了几个使用随机区组的例子。将材料分为区组消除了区组之间恒定差异的影响,而随机化使我们可以将单元之间剩余的变异视为随机变异,至少就评估处理对比而言是可行的。该方法的成功取决于将单元很好地分为区组。分区组的总体思想具有根本的重要性,该方法不仅在简单的试验中被经常使用,而且为大多数更复杂的设计奠定了基础。

有时,随机区组设计的一般形式很有用。或许有些处理对比需要比其他的处理对比更精确。例如,可能我们有一个对照处理 C 和许多可替代处理 $T_1, T_2, \cdots$,而感兴趣的可能是将 $T_1, T_2, \cdots$ 分别与 C 进行比较,而不是 $T_1, T_2, \cdots$ 之间的内部比较。在这种情况下,将比每个 T 处理更多的单元分配给 C 是合适的。只要一个区组中每个特定的处理的使用次数与在其他所有区组上的使用次数都是相同的,则仍然可以使用分区组原则给出简单分析。因此,在上面的例子中,C 在每个区组中可能出现四次,而 $T_1, T_2, \cdots$ 在每个区组中出现一次。两个处理均值之间的差异仍不受区组之间的恒定差异的影响。

---

* 例如,如果每张纤维网的产量非常有限,并且需要尽可能多地留给进一步处理,则建议对每个小部分进行多次测量。如果可以估计变异的不同部分的大小且可以测量试验各个阶段的相对成本,则可以确定最佳的工作分配。

3.4　通过多次单元分组来消除误差

（i）拉丁方

在 3.3 节中,我们介绍了使用一次单元分区组是如何减小试验误差的。有时适合执行两次或多次分组,最好还能同时进行。例如,在成对对比试验中(如例 3.1),可能有理由预计配对中的第一个单元和第二个单元之间存在系统性差异。于是我们应该有两个分组的系统：配对的和每对中排序的,希望把系统性变异的相关类型都给平衡掉。此例的讨论会涉及一两个特殊之处,为方便起见,我们转而从一个多少有些不同的问题出发来介绍拉丁方这一基本设计。

例 3.5　考虑一个工业试验,其中需要比较四个加工过程,并且很可能外部条件在不同日期以及一天中的不同时刻之间都存在系统性的差异,例如,清晨对加工原料的观测可能会在总体上要低于下午对加工原料的观测,等等。假设一天可以处理的单元数量有限,为四个,例如上午两个、下午两个。此外从一开始就假设,从每个加工过程得到的四个观测值提供了足够的精度。于是可以在表 3.4(a)所示的正方形阵列中列出 16 个试验单元。如果我们倾向于在随机区组设计中将"天"用作区组,则应安排每个加工过程在每天使用一次,否则安排是随机的。如果我们倾向于在随机区组设计中使用"时段"作为区组,则应安排每个加工过程在一天的每个时段使用一次。因此,如果我们希望同时消除两个变异来源,则必须将四个加工过程 P_1、P_2、P_3、P_4 安排在表 3.4(a)的 4×4 方阵中,使得每个字母在每一行、每一列中均只出现一次。

表 3.4(b)给出了一种这样的布置,是 4×4 拉丁方的范例。通常,一个 $n \times n$ 拉丁方是 $n \times n$ 方阵中 n 个字母的排列,每个字母在每一行中出现一次,在每一列中出现一次。

表 3.4(b)中给出的特定拉丁方是通过随机化获得的,其方法将在第 10 章中介绍。如果需要多个试验单元,例如每个处理要有 8 个单元,则要使用后文介绍的方法。

表 3.4(a)　拉丁方设计试验单元的总体安排

	一天中的时段			
	时段 1	时段 2	时段 3	时段 4
第 1 天	—	—	—	—
第 2 天	—	—	—	—
第 3 天	—	—	—	—
第 4 天	—	—	—	—

表 3.4(b)　拉丁方

	一天中的时段			
	时段 1	时段 2	时段 3	时段 4
第 1 天	P_2	P_4	P_3	P_1
第 2 天	P_3	P_1	P_2	P_4
第 3 天	P_1	P_3	P_4	P_2
第 4 天	P_4	P_2	P_1	P_3

通过与随机区组设计完全类似的方法来分析拉丁方的观测值。通过比较不同处理的平均观测值来估计处理效应,并通过适当的方差分析或残差计算来获得误差标准差的估计值。根据 3.3 节所述的原则,估计标准差之前,在试验设计中被平衡掉的变异来源都必须在分析中被消除。因此,定义对应于指定观测值的残差为

$$观测 - \begin{pmatrix} 相应处理的 \\ 观测均值 \end{pmatrix} - \begin{pmatrix} 相应行的 \\ 观测均值 \end{pmatrix} - \begin{pmatrix} 相应列的 \\ 观测均值 \end{pmatrix} + 2 倍的总体均值$$

对于一个 $n \times n$ 的拉丁方,标准差的估计是

$$\sqrt{\frac{1}{(n-1)(n-2)} \times 残差平方和}$$

分母中的 $(n-1)(n-2)$ 是拉丁方的残差自由度,即独立残差的个数。平均观测之差的标准误差为*

$$(标准差的估计) \times \sqrt{\frac{2}{每个处理的观测个数}}$$

有关统计方法的教科书中给出了分析过程的全部详细信息。

刚刚讨论的例子显示,拉丁方设计是随机区组设计的一个简单自然的扩展。该例具有广泛的普适性,因为存在许多类型的工作,其中处理试验材料的速度受到限制且一些时间差异值应被平衡掉。另一种常见的可能性出现于当有多个观测者或多组设备或机器可同时使用的情况下。此时可以使用拉丁方设计,其中行代表不同的时间,列代表不同组设备,等等。由此消除了时间上的以及设备组之间的种种系统性差异。

显然一个限制了拉丁方以简单的形式得以使用的约束是行数、列数和处理数必须全部相等。在第 11 章中将讨论不受此限制的情况。现在可以很方便地考虑更多使用拉丁方的例子。

例 3.6 在比较少量品种或处理的农业田间试验中,地块的最佳布局一部分取决于地块的形状,这在很大程度上是出于技术方面的考虑。例如在品种试验中,特别是如果要求使用小块土地的时候,这些地块将又长又窄,只有几个钻床宽。在这种情况下,为 6 个品种设计随机区组使用的地块自然分组见表 3.5(a),其中的区组近似为正方形,且如果由该田地的过往经验知道了肥力变化的主要方向,则可能的话尽量以最大限度地减少主要肥力变异的影响将区组定向。另外,如果这些地块是更接近正方形的,那么一个紧凑的布局[如表 3.5(b)所示]通常会更好。例外的情况是,如果可以确信一个方向的肥力变化比其垂直方向的变化大得多,此时对应于表 3.5(a)的排列可能会更成功。对于该设计的反对意见通常是具有宽广地块的整块具有相当大的范围,因此可能包含过多的变化;长区组内各地块之间的肥力差异会增加误差。如果对肥力变化的主要方向的判断是错误的,并且恰好还与区组最长的一边平行,则设计会特别糟糕。

然而,考虑表 3.5(c)中所示的拉丁方排列。这里我们试图消除两个方向上的肥力变异,因此即使不能是全部的两个,其中一个方向上的分组也很有可能会解释相当大一部分的不可控变异。虽然采用的设计很大程度上取决于特定的情况和在特定情况下可能获得的特殊信息,但是对于许多类型的具有近似正方形地块且不超过 $10 \sim 12$ 种处理的田间试验而言,拉丁方似乎是一个很好的设计,优于随机区组,前提是每次处理的地块数量等于处理个

---

* 实际上,该公式或其一般化形式[第 1 章的式(1.2)]适用于所有通过简单处理均值估计处理效应的设计。

数或等于处理个数的简单倍数是合理的。不过也有文献报道了例外情况。

表 3.5 农业田间试验

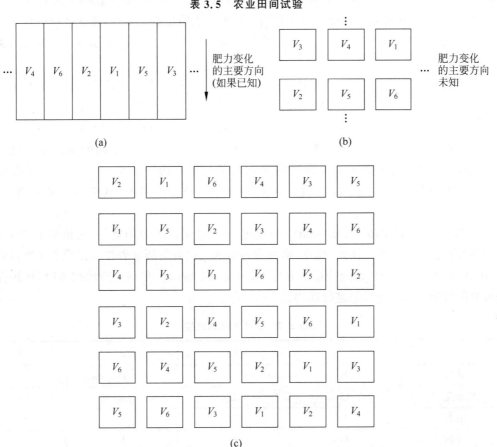

(a)

(b)

(c)

例 3.7 在多次使用同一对象或个人的试验中经常使用拉丁方准则。对于例 2.7 中讨论的奶牛试验,假设可以忽略不同周期之间的干扰(每个周期时长为两周)。我们要试着消除两种类型的系统性误差:来自动物之间的差异以及各个时期之间的共同时间趋势。因此建议使用拉丁方设计。对于每组三个相似的动物,使用 3×3 的拉丁方,如表 3.6 所示。每个 3×3 方阵的随机化是独立完成的。

表 3.6 动物饲养试验

	为期两周的周期		
	1	2	3
奶牛 1	C	A	B
奶牛 2	B	C	A
奶牛 3	A	B	C

比较中的饮食用 A、B、C 表示。

拉丁方中的三只动物应选取为尽可能具有相似的泌乳曲线,并在试验开始时处于曲线上的相似点。原因是拉丁方中的列平衡消除了牛奶产量共同趋势的影响。但是,如果三只动物的趋势明显不同,则处理对比的误差就会变大。整个试验将由上述类型的几个拉丁方组成。在不同的拉丁方之间趋势是否不同并不重要;重要的是,对于任何一个拉丁方中的三只动物,任何存在的趋势都应尽可能相同。如果不能满足这个条件,那么随机的拉丁方设计当然仍然是一个完全有效的试验,可以进行比较精确的、无系统性误差的处理对比,关键是精度会下降。

当处理效应没有从一个时期延滞到另一个时期时可以直接使用拉丁方。稍后我们将介绍在出现延滞效应时使用的一种特殊的拉丁方设计。

许多应用领域中的例子都与例 3.7 类似。例如,在 Menzler(1954)描述的一些公交车燃油消耗试验中,使用了 4 辆车来比较 4 种不同的轮胎压力、4 种不同的胎面厚度或 4 种不同的操作方法,该试验在 4 天的时间内重复进行。有两种类型的系统性差异需要平衡,即日期之间和车辆之间,故使用一个 4×4 的拉丁方是合适的,其中行代表车辆,列代表日期。

例 3.8   以下是 Babington Smith(1951)引用的滥用拉丁方的案例,它说明了考虑第 2 章的基本假设的重要性。汤姆、迪克、哈利和乔治这 4 位后向阅读者相继接受了 4 次拼写训练(用 A、B、C、D 表示),处理按拉丁方排列,如表 3.7 所示。在每个阶段结束时,使用标准类型的拼写测试对每个对象进行观测。

表 3.7 训练方法的比较

	阶段 1	阶段 2	阶段 3	阶段 4
汤姆	B	A	D	C
迪克	C	B	A	D
哈利	A	D	C	B
乔治	D	C	B	A

使用拉丁方的合理性在于,其目的是平衡受试者之间的差异,以及平衡先后采用不同训练方法造成的任何系统性的影响。但是,我们有一个不成立的假设,即,获取的观测,例如在第三阶段中汤姆使用 D 方法获得的观测值,不受先前阶段训练方法的特定选择的影响。在特定阶段对某个受试者获得的观测值可能会以相当复杂的方式取决于之前接受的所有训练。不难想象,这样通过简单地对观测值进行平均来比较训练方法会产生相当有误导性结果的情况。

在第 10 章中给出了标准拉丁方的列表,从中可通过随机方式构造设计,该章中还讨论了基于拉丁方准则的更复杂的设计。这里将简要讨论拉丁方设计的两个简单扩展:第一个是可以同时使用多个拉丁方的情况;第二个是要处理的系统性变异来源不是两个,而可能是三个甚至更多个的情况。

(ii) 合并的拉丁方

在我们所考虑的 $n×n$ 拉丁方适用的任何类型的试验中,很可能每个处理都需要超过 n 个单元才能获得足够的精度估计。如果拉丁方的一边,例如行,表示空间或时间的扩展,且能使用 n^2 倍数量的单元,则可以简单地处理这种情况。

例 3.9　再次考虑例 3.5，其中拉丁方的行代表不同的日期，列代表一天中的不同时段。如果我们想将试验延长到 12 天而不是 4 天，则可以使用两种方法，如表 3.8(a)和(b)所示。

表 3.8　扩展的拉丁方设计

(a) 单独的拉丁方

	时段 1	时段 2	时段 3	时段 4	一天中的时段
第 1 天	P_3	P_2	P_1	P_4	重复 1
第 2 天	P_2	P_3	P_4	P_1	
第 3 天	P_4	P_1	P_3	P_2	
第 4 天	P_1	P_4	P_2	P_3	
第 5 天	P_4	P_1	P_2	P_3	重复 2
第 6 天	P_3	P_4	P_1	P_2	
第 7 天	P_2	P_3	P_4	P_1	
第 8 天	P_1	P_2	P_3	P_4	
第 9 天	P_2	P_4	P_3	P_1	重复 3
第 10 天	P_3	P_1	P_2	P_4	
第 11 天	P_4	P_3	P_1	P_2	
第 12 天	P_1	P_2	P_4	P_3	

(b) 混杂的拉丁方

	时段 1	时段 2	时段 3	时段 4
第 1 天	P_3	P_1	P_2	P_4
第 2 天	P_2	P_3	P_4	P_1
第 3 天	P_3	P_4	P_1	P_2
第 4 天	P_4	P_1	P_3	P_2
第 5 天	P_3	P_2	P_1	P_4
第 6 天	P_2	P_3	P_4	P_1
第 7 天	P_4	P_1	P_2	P_3
第 8 天	P_1	P_2	P_4	P_3
第 9 天	P_2	P_4	P_3	P_1
第 10 天	P_1	P_4	P_2	P_3
第 11 天	P_4	P_3	P_1	P_2
第 12 天	P_1	P_2	P_3	P_4

(c) 一种非常特殊的不可控变异的模式

	时段 1	时段 2	时段 3	时段 4
第 1 天	x	x	y	y
第 2 天	x	x	y	y
第 3 天	y	y	x	x
第 4 天	y	y	x	x
第 5 天	x	x	y	y
⋮	⋮	⋮	⋮	⋮
第 12 天	y	y	x	x

在第一个设计,即表 3.8(a)中,我们依次设置了三个独立随机的拉丁方。在第二个设计,即表 3.8(b)中,我们已经完全随机化了先前设计的行,因此,例如前四行本身不再必须形成一个拉丁方。

通过考虑从误差中消除了哪些类型的系统性变化,可以最清楚地看出这些设计在实践运用上的差异。两种设计中,日期之间的恒定差异对处理对比都没有影响。对第二种设计而言,在整个试验持续存在的一天中不同时间段恒定差异的影响同样也被消除。不过第一种设计不仅同样具有此效果,并且一天中不同时段间差异的影响是从每 4 天一组中单独被清除掉的。这样做特别有用,也可能很方便,因为如果每个 4 天之间的时间间隔相当长,或者希望引入一些外部条件的变化,皆可能意味着一天中不同时段间的差异并不能在试验的所有阶段保持恒定。

因此,一般而言,我们更喜欢设计(a),因为它可以实现设计(b)的所有功能,甚至更多。不过,有两种考虑因素可以否定设计(a)总是比设计(b)更好的论断,尽管当前例子中这两种考虑都不重要。首先,我们通常需要根据试验本身的结果来估计误差标准差,且如上所述,通过残差的自由度来量度的准确性会在一定程度上影响试验的有效精度。这里,可以证明表 3.8(a)设计中残差平方和的自由度为 24,而表 3.8(b)的相应值为 30。根据第 8 章的完整讨论,这意味着如果两种设计相对应的真实标准差相等,则表 3.8(b)的实际标准差将比表 3.8(a)的实际标准差小约 1%。该增益可以忽略不计,但是在较小规模的试验中,如果有充分的理由预期在整个试验中任何列效应都是恒定的,则相应的增益可能足以支持采用类似于表 3.8(b)的设计。

第二个考虑因素,在本例中仅是学术上的关注点,是基于极其特殊的不可控变异的模式,甚至不必考虑残差平方和的自由度问题,表 3.8(b)或许给出的是更精确的设计。假设一个极端情况,在没有处理效应的情况下的观测为表 3.8(c)的形式,其中只有两个可能的值 x、y 以所示的模式分布。注意,日期之间的系统性变化为零,因为对于每一天,观测值总计为 $2(x+y)$。同样,如果列是在集合 1~4、5~8、9~12 中选取的,则列之间也没有系统性的变化。当然,如果知道或怀疑不可控的变异是这种形式,那么我们考虑的两种设计都不适合。但是,如果确实出现表 3.8(c)中的变化模式,则可以证明设计(a)的标准差是设计(b)的标准差的 $\sqrt{33/27}=1.11$ 倍。这可能是人们更青睐设计(b)的最大因素,不过它并不会表示精度的大幅度变化,也仅在表 3.8(c)的特殊情况下出现。

我们可以为这种类型的试验制定一条重要的通用规则,那就是最好将各个部分(例如拉丁方)分开,以便由此构造整个设计,除非试验是小规模的,只有较少的自由度可用于估计误差,或者出现了非常特殊的不可控变异的模式。

到目前为止,我们考虑过的所有设计在比较每对处理时都具有相同的精度。但是,如果要求对每个 B、C 等上的观测都要有两个对 A 的,则最简单的方法是对处理 A、B、C、D、E 使用一个 5×5 的拉丁方,并在字母 A 或 E 每次出现时使用处理 A。如果试验条件不允许一天内使用 5 个单元,则必须采用第 11 章中更为复杂的"不平衡"安排来获得 A 上的额外观测。

例 3.10   作为简单的双向消除误差的最终示例,考虑成对对比试验(例 3.1),其中需要比较两种处理 T_1、T_2,不仅从实际误差中消除了成对单元之间的差异,而且也消除了与单元对中排列顺序相关的任何系统性差异。

回顾表 3.1,该表显示了在单元的单向分组下对处理的一种特定安排,我们看到 T_1 在第一个位置出现了 3 次,在第二个位置出现了 5 次。如果预知一对当中第一个单元的观测值会倾向于大于(或小于)第二个单元的观测值,那么每个处理应在每个位置出现 4 次。这就产生了与例 3.9 本质相同的问题。一个 2×2 拉丁方中的关键设计为

$$\begin{matrix} T_1 & T_2 \\ T_2 & T_1 \end{matrix} \quad 或 \quad \begin{matrix} T_2 & T_1 \\ T_1 & T_2 \end{matrix}$$

我们希望用 4 个这样的拉丁方堆砌成所需数量的观测。有 3 种不同的安排值得考虑。第一种,我们可以考虑将 4 个拉丁方分开放置,类似于表 3.8(a)中的安排。可以看出,这种设计的残差只有 3 个自由度,通常是不够用的(请参阅 8.3 节),因此该设置方法仅在非常特殊的情况下使用。第二种安排类似于表 3.8(b),是通过完全随机选择 4 对依次接受 $T_1 T_2$,其余 4 对依次接受 $T_2 T_1$ 所得到的。可以证明,这会给残差留出 6 个自由度,是人们通常使用的设计。第三种方法是一种折中安排,当这些单元对自然地落入两个大小相等、顺序效应很可能不同的集合时才会考虑。在这个设计中,处理在每组中分别进行随机化,因此 $T_1 T_2$ 和 $T_2 T_1$ 在每组中均出现两次,这样给残差留下了 5 个自由度。读者可以给出这三种方法的例子,并仔细考虑每种方法所平衡掉的系统性变异的类型。

在像这样的试验中,残差的自由度不可避免地很小,值得考虑的是关于误差标准差的有用信息是否可以从以前类似试验的结果中得出。

(iii) 正交拉丁方

当试验单元以一种方式(即单向)分组时,随机区组设计很有用。当单元同时以两种方式(即双向)分组时,拉丁方设计很有用。很自然地我们会考虑如果将单元以三种(甚至更多种)方式分组该怎么做。

例 3.11 再次考虑用于展示拉丁方思想的例 3.5。假设观测是由 4 个观测者完成的,每个试验单元由一个观测者进行测量。于是,除非可以确信地假设没有系统性的观测者差异(这种情况很少见),否则每个观测者都应测量到每个处理对应的一个单元。

这可以通过随机区组原理的进一步应用来实现。从观测者 1 的每个处理中随机选择一个单元,再为观测者 2 随机选择一个单元,以此类推。不过通常最好能够在分析中分离出不同观测者之间、不同日期之间以及一天中的不同时段之间的差异。尽管上述分离对于比较加工过程这一直接目的并不是必需的,但它可能会提供有关不可控变异的信息,在获得对试验安排的一般理解以及设计未来试验两个方面都具有价值。

因此,我们希望在表 3.4(b)的拉丁方中叠加符号 O_1、O_2、O_3、O_4 以表示 4 个观测者,使得:

(1) 每个观测者与每个加工过程共同出现一次;

(2) 每个观测者每天观测一次,一天中的每个时段观测一次。

如果考虑 $O_1 \sim O_4$ 本身就形成了拉丁方,则第二个条件得以满足。

表 3.9(a)显示出了一种这样的安排(在随机化之后)。加工过程的安排方式与表 3.4(b)相同。注意,$O_1 \sim O_4$ 形成了一个拉丁方,且因为例如 O_3 与 P_2 的组合仅发生一次,满足条件(1),这样的排列称为**正交拉丁方**(Graeco-Latin square)。之所以使用此名称,是因为按照惯例改写方阵,用拉丁字母 A、B、C、D 替换一组符号 P_1、P_2、P_3、P_4 以及用希腊字母 α、

β、γ、δ 替换另一组符号 O_1、O_2、O_3、O_4。这已在表 3.9(b) 中完成。一般定义是，一个 $n \times n$ 的正交拉丁方是在一个 $n \times n$ 的方阵中对 n 个拉丁字母和 n 个希腊字母的排列，使得每个拉丁字母(和每个希腊字母)在每行出现一次，在每列出现一次，并且拉丁字母和希腊字母的每对组合仅出现一次。

表 3.9 正交拉丁方中的试验

(a) 加工过程和观测者的安排

	时段 1	时段 2	时段 3	时段 4
第 1 天	$P_2 O_3$	$P_4 O_1$	$P_3 O_2$	$P_1 O_4$
第 2 天	$P_3 O_4$	$P_1 O_2$	$P_2 O_1$	$P_4 O_3$
第 3 天	$P_1 O_1$	$P_3 O_3$	$P_4 O_4$	$P_2 O_2$
第 4 天	$P_4 O_2$	$P_2 O_4$	$P_1 O_3$	$P_3 O_1$

(b) 与拉丁字母和希腊字母的表示相同

$B\gamma$	$D\alpha$	$C\beta$	$A\delta$
$C\delta$	$A\beta$	$B\alpha$	$D\gamma$
$A\alpha$	$C\gamma$	$D\delta$	$B\beta$
$D\beta$	$B\delta$	$A\gamma$	$C\alpha$

对此类试验结果的统计分析是对拉丁方相应分析的直接扩展，通过求平均值来估计加工过程、日期、时段和观测者效应，要么通过方差分析要么等效地通过形成残差平方和来估计误差标准差，其中残差的定义为

$$观测 - \left(\begin{array}{c}相应过程的\\观测均值\end{array}\right) - \left(\begin{array}{c}相应日期的\\观测均值\end{array}\right) - \left(\begin{array}{c}相应时段的\\观测均值\end{array}\right) - \left(\begin{array}{c}相应观测者的\\观测均值\end{array}\right) +$$

3 倍的总体均值

$n \times n$ 方阵的残差自由度为 $(n-1)(n-3)$，因此一个 4×4 的正交拉丁方仅给出 3 个残差自由度。这样设计本身可能无法给出误差的充分估计，因此，只有单个重复的这种设计下，有必要对误差进行补充估计。

尽管正交拉丁方在原理上和作为进一步设计的基础上都非常重要，但实际上它本身并不经常使用。这一点同样适用于更复杂的方阵，例如，在表 3.9(b) 中安排第三种字母，使得任何一个字母本身形成一个拉丁方，而任何一对字母组成一个正交拉丁方。如果需要把试验单元同时分为 4 种区组，这就是一个贴切的设计了。

第 10 章给出了不大的 n 值对应的正交拉丁方和更高阶的方阵的例子以及它们的随机化说明。Tippett(1935) 描述了这些方阵的一些巧妙的实际应用。

3.5 更复杂设计的需求

随机区组设计和拉丁方设计的基本要点是将试验单元分组，选择的分组方式是使得组内不可控变异尽可能小。人们经常发现为了满足最后这一条件，一个区组中的单元个数必须较小。

因此，如果试验单元是由成对的"同卵双胞胎"组成的，则为了有效利用"双胞胎"的相似

性,我们将每个区组限制为两个单元。如果我们希望采用随机区组设计使每天的工作成为一个区组,就设置了区组中单元数的上限,这取决于一天内可以处理多少个单元。在农业田地试验中,每个区组中的地块数量没有如此明确的上限,但是一个区组中的地块越多,该区组的面积就越大,就越有可能包含明显的变异性。因此,再次有理由限制每个区组中的地块数量,通常将 12～16 个视为能令人满意的最大数量。

现在随机区组设计在一个区组中具有至少与处理数量相同的单元个数,并且类似地,拉丁方的简单形式中行数和列数都等于处理数。但是,如果处理数超过每个区组允许的单元数或超过拉丁方设计中允许的列数,该怎么办? 例如,假设希望使用成对的“双胞胎”来比较 5 种饮食。我们需要一种类似于随机区组的安排以从误差中消除区组差异,但是每个区组中的单元个数少于处理个数。与试验设计相关的许多数学上的先进工作旨在提供能够有效且简单地实现这种消除的设计。一些特殊类型包括平衡的不完全区组(balanced incomplete blocks)、格子(lattices)、混杂设计(confounded arrangements)等。类似地,存在尧敦方(Youden squares)、格子方(lattice squares)和准拉丁方(quasi-Latin squares),这些设计可以起到拉丁方的作用,但行数或列数(或两者)均少于处理数。它们都将在后文中加以描述;此处讨论的重点是对这些更复杂设计的需求是如何产生的。

概　　要

实验者可获得的有关不可控变异的可能性质的知识可用于提高处理对比的准确性。本章考虑的方法如下:

(1) 随机区组,其中将单元分组形成区组,并且将处理随机地安排在区组中,每个处理在每个区组中使用一次(或更一般地,使用相同次数);

(2) 拉丁方,其中使用了相似的方法,尽管试验单元要进行两种分组。

这些方法的成功取决于对单元的技巧性分组。

参 考 文 献

Babington Smith,B. (1951) On some difficulties encountered in the use of factorial designs and analysis of variance with psychological experiments. *Brit. J. Psychol.* ,42,250.

Biggers,J. D. ,and P. J. Clarmgbold. (1954) Why use inbred lines? *Nature* ,174,596.

Cochran,W G,and G M Cox. (1957). Experimental designs. 2nd ed. New York：Wiley.

Fertig,J. W. , and A. N. Heller. (1950). The application of statistical techniques to sewage treatment processes. *Biometrics* ,6,127.

Goulden,C. H. (1952). *Methods of statistical analysis*. 2nd ed. New York：Wiley.

James,E. (1948). Incomplete block experiment with half plants. *Proc. Auburn Conference on Applied Statistics* ,52.

Menzler,F. A. A. (1954). The statistical design of experiments. *Brit. Transport Rev.* ,3,49.

Tippett,L. H. C. (1935). Some applications of statistical methods to the study of variation of quality in cotton yarn. *J. R. Statist. Soc. Suppl.* ,2,27.

第 4 章

使用补充观测以减小误差

4.1 引言

第 3 章中描述的方法只利用了对单元的定性分组。例如,即使在例 3.3 中使用了定量测量体重将受试动物分为区组,但是一旦区组形成就不再使用测量值了,因此实际上只是使用重量增加的多少对动物进行了排序。自然地,我们考虑,或者除了分区组之外,或者完全不是为了分区组,是否可以有效地利用重量的实际值。

我们将在本章中讨论这个主题。为方便起见,我们使用术语**伴随观测**(concomitant observation)表示可用于提高精度的补充观测。要在使用伴随观测后对需要的主要观测仍能获得处理效应的估计,必须满足一个基本条件。这个条件是,伴随观测应完全不受处理的影响。

4.2 伴随观测的性质

我们将考虑以下情况:除了要发现处理效应的主要观测以外,对于每个试验单元还需要进行一个或多个伴随观测。我们对这些观测的假设的基本要点是,任何单元的取值都必须不受在单元上实际使用的特定处理安排的影响。在实践中这意味着三种情形之一:

(a)伴随观测在将处理安排给单元之前就已经完成。

(b)伴随观测在安排处理之后进行,但在处理尚未发挥效应之前就已经完成了。例如,在某些农业田地试验和动物试验中都会出现这种情况。

(c)我们可以根据对相关伴随观测的了解,假定它们不受处理差异的影响。例如,在比较多个织品纺纱加工过程时,主要观测可能是断头率,伴随观测是加工过程中纺纱棚中的相对湿度。两者取值都是在加工期间或在将加工过程安排给单元之后获得的,但是很明显,在任何特定加工时段的相对湿度均不受该时段所采用的加工过程的影响,因此,在我们看来,这种观测是伴随观测。

伴随观测的例子已在上文中提过。类似的例子还有很多,例如:试验年份之前几年的地块上的产品产量(这在多年生作物的试验中特别有用),化学过程中原料的纯度,生物学试验中使用的受试动物的特定器官(例如心脏)的重量,心理试验中受试者在初步测试中达到的分数等。

4.3 使用伴随观测作为区组的替代

考虑一种情况,如例 3.3,其中每个单元都有一个伴随观测,并且为简单起见,假设每种处理要使用相同数量的单元。我们在例 3.3 中介绍了如何使用这种观测进行分区组。现在假设伴随观测是(b)或(c)类型的,因此在安排处理时不可知,或者希望能在分析结果而不是形成区组时定量使用观测值。

首先假设没有其他明显合适的分区组方法,因此处理将被完全随机地安排给试验单元。也就是说,如果 5 个单元要接受处理 T_1,就使用下一章中描述的方法从所有能用的单元中完全随机地选择出 5 个。从剩下的单元中随机选择另外 5 个进行第二个处理,以此类推。从某种意义上讲,这是可以使用的最简单、最灵活的设计。如果不存在伴随观测,其缺点就是没有试图减少不可控变异的影响。

但是假设存在每个单元上进行的伴随观测,以 x 表示,且主要观测以 y 表示,于是完整的观测值由一系列数对 (x, y) 组成,每个试验单元一对。因此,如果试验关心的是可供选择的化学过程,则 x 可能是原料纯度的量度,而 y 是产品产量的量度。

首先考虑一下,如果没有处理效应,即在任何单元上获得的观测值不取决于对其进行的处理,将会发生什么情况。想象一下将 y 的值与 x 的对应值作图。定性地看,可能会出现两种情况。y 和 x 之间可能没有明显的关系,这些点形成了随机散布。在这种情况下,无法根据 x 的值获得有关 y 的有用信息。当 x 和 y 的值合理地紧紧围绕一条平滑曲线聚集时,情况就有意思了。为方便起见,通常我们假定此曲线是一条直线,但是这个假设不是必需的。任何简单的平滑曲线都可用类似的方式处理。

图 4.1(a)显示了 15 个试验单元的典型情况。通过点画出的线在统计学上被称为 y 关于 x 的回归线,其物理解释是,它对应于 x 的任何特定值,给出了对于大量与所使用的试验单元相似且均具有该 x 值的试验单元的 y 的平均值的估计。有关统计的教科书中介绍了计算该回归线的详细方法;如果是粗略估计,有时只需要将点按 x 的增加顺序分为 4 或 5 个集合,找到(也许通过肉眼就可以)每个集合的质心,然后将这 5 个质心逐个拟合,核实并没有证据表明存在系统性偏离线性即可。

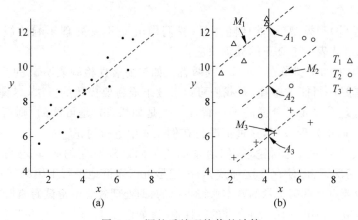

图 4.1 调整后处理均值的计算

(a)在没有真实处理效应的情况下 y 对 x 的图;(b)加上处理效应之后的相应图

注:点 $M_1 \sim M_3$ 是未经调整的均值,点 $A_1 \sim A_3$ 是调整过的均值,直线都是拟合的处理线。

现在考虑处理效应存在的情况。绘制对应于图 4.1(a) 的图形,但以某些方式区分接受不同处理的单元。图 4.1(b) 显示了结果,该图所依据的数据是从图 4.1(a) 出发,对处理 T_1 随机选择 5 个单元的 y 值加 $+4$,T_2 的 5 个保留不变,并将余下接受 T_3 的 5 个增加 -3,数据本身在表 4.1 中完整给出。

表 4.1　虚构的观测,以说明调整后处理均值的计算

x	处理之前 y 的假想值	处理	y 的观测值	x	处理之前 y 的假想值	处理	y 的观测值
1.5	5.6	T_1	9.6	4.1	8.6	T_1	12.6
2.2	7.8	T_3	4.8	4.6	9.2	T_3	6.2
2.2	7.3	T_1	11.3	5.5	10.5	T_3	7.5
2.7	8.6	T_2	8.6	5.6	8.9	T_2	8.9
2.9	6.3	T_1	10.3	6.4	11.6	T_2	11.6
3.5	8.6	T_3	5.6	6.6	9.8	T_3	6.8
3.8	7.2	T_2	7.2	6.8	11.5	T_2	11.5
4.1	8.5	T_1	12.5				

		未调整的处理均值	调整后的处理均值
	T_1	11.26	12.20
	T_2	9.56	8.87
	T_3	6.18	5.94

关于与图 4.1(b) 对应的图形,通常如何评价?首先,我们期望会发现,就 x 的取值而言,处理之间没有系统性的差异。例如,如果发现 x 值最低的 5 个单元全都接受的是 T_1,我们一定会感到惊讶。这是因为我们最初的假设为 x 是一个伴随变量,且处理是随机分配给单元的。如果核查结果表明不同处理对应的 x 仍存在系统性变化,则有三种可能的解释:

(i) 这个效应是偶然的。可以通过统计显著性检验加以判断。

(ii) 我们对单元分配处理是随机的确信可能并非属实。此时如果使用了第 5 章中描述的客观随机化方法,则可以忽略这种可能性,但是出于为了某种方便或疏忽的原因,可能发生处理分配被非严格随机化的其他操作系统性地或主观地决定了。在这种情况下,处理的分配可能与 x 相关。

(iii) 对类型(b)和类型(c)的伴随测量,我们作出 x 不受处理影响的假设可能是错误的,即 x 的变化可能表示了真正的处理效应。

在某些应用中,可以排除(ii)或(iii)或两者。如果显著性检验表明 x 的差异不太可能是偶然的,且(ii)是唯一可能的解释,则我们可以继续下面将要描述的方法,尽管不应忽视与 x 的相关性并非处理在单元上分配的唯一特性。但是如果(iii)是可能的,则切不可使用这些方法来估计 y 的简单处理效应,这种情况将在例 4.6 中进行讨论。

总结一下关于第一点的讨论,我们通常期望不同处理对应的 x 值之间没有系统性差异,但是在某些情况下,即使存在这种差异,也还是可以谨慎地进行下去的。

第二个一般要点是从第 2 章的基本假设得出的,即处理效应由常数的相加表示。因此,如果在没有处理效应的情况下有一组合理的线性值[例如图 4.1(a)],我们将发现每个处理对应的点倾向于围绕同一条直线聚集,并且不同处理对应的直线是平行的。这已经在图 4.1(b) 中表示出来,并且表 4.1 中构造该图对应值的方式很清楚地显示了其中原因。

因此,如果对应于图 4.1(b)的图形显示了不平行的确凿证据,则有关处理常数的基本假设必然为假。表面上的不平行可能是由随机波动引起的,即由实际使用的特定处理的偶然性引起的,且不平行的统计显著性可以通过标准统计方法进行检验。如果确定无疑地建立了真正的非平行关系,则通常需要针对多个 x 值分别估计处理效应。或者,如果通过对 y 作简单变换可以消除非常值性,例如变换为 $\log y$ 或 y/x,则可以这样做。对这些要点此处不作详细介绍,因为它们只涉及分析而不是试验的设计。在 2.2 节、2.3 节中已经讨论了对试验解释的一般影响,下面将再次提及。试验设计的主要含义是,如果怀疑处理效应因单元不同而系统性地不同,则明智的做法是记录适当的补充观测值,以便可以发现并解释处理效应的变化。

如果真正的处理效应是恒定的,但是在没有处理效应的情况下,初始值往往聚集在一条曲线(而非直线)附近,则对应于图 4.1(b)的最终图形将由一系列平行曲线组成,每个处理对应一条。非线性在论证方面原则上没有差别,但是会使过程复杂化。因此,如果能够容易做到的话,将(x 与 y 的)关系有效地进行线性化是可取的。方法是使用经过变换的伴随变量,例如 $\log x$、$1/x$、$\sqrt{x}$ 等,在初始的图形分析之后再根据原始变量 x 进行选择。对此我们不再详述。

综上所述,我们通常希望发现不同处理对应的 x 值之间没有系统性的差异,并且不同处理对应的点位于平行直线(或曲线)上。下面说明如何使用图 4.1(b)来获得对处理效应的改进估计。将点集拟合到平行线上,称这些线为**处理线**(treatment line)。取任何方便使用的 x 值,例如 x 的总体平均值,并在每条处理线上找到相应的 y 值。称这些值为**调整后的处理均值**(adjusted treatment mean)。这些数值之间的差异就是对真实处理效应的估计。有时完全可以通过纯粹的图形方法完成此过程,但是如果需要客观的答案,或者需要调整值的标准误差,则整个过程应通过称为协方差分析的统计技术以算术方式完成(Goulden, 1952, p. 153)。同样,不需要我们关注这些细节,这只是一个通过统计上高效的方法[*](而非图形方式)算术拟合平行直线(或曲线)的问题。

至于为什么调整后的处理均值比未调整的处理均值能更好地估计处理效应,其原因可以通过在数值例子中考虑 T_1 和 T_2 的结果看出。使用 T_1 的单元对应的 x 值恰好整体低于 T_2 的,这意味着 T_1 上观测值的未修正平均值 M_1 偏低。通过沿着处理线滑动而获得的调整值 A_1 实际上是假设当 T_1 的单元对应 x 的平均值时,T_1 应取的处理均值的估计。因此,对 T_1 和 T_2 调整后的处理均值的比较校正了由于 x 的不同所引起的误差。请注意,实际上,与未调整均值的相应差值相比,调整后的均值之差更接近"真实"值 4、3。

基于调整后的处理均值进行比较的精度取决于 y 关于回归线的标准差,即,粗略地说,取决于当不存在处理效应时,y 在一组具有相同 x 值的单元上的标准差。由于在估计回归线的斜率时有随机误差,造成调整本身就具有误差,因此,两个调整后的处理均值之差的标准误差的公式变得更复杂了。这导致标准差在所有成对处理中不能完全相同。但是要进行快速比较的话可以使用以下的近似公式,前提是与各处理对应的 x 值之间没有系统性差异,并且每个处理的观测数相同。

$$\begin{pmatrix} \text{两个调整后的} \\ \text{处理均值之差的} \\ \text{标准误差} \end{pmatrix} = \begin{pmatrix} \text{回归线的} \\ \text{标准差} \end{pmatrix} \times \sqrt{\dfrac{2}{\text{每个处理的观测数}}} \times \sqrt{1 + \dfrac{1}{\text{处理数} \times \begin{pmatrix} \text{每个处理} \\ \text{的观测数} \end{pmatrix} - 1}}$$

$$(4.1)$$

---

[*] 如果 y 在拟合直线或曲线上的散布随 x 显著变化,情况将变得复杂。

应当将其与 1.2 节的式(1.1)进行比较,即不涉及对伴随变量进行校正的试验中的标准误差等于

$$\text{标准差} \times \sqrt{\frac{2}{\text{每个处理的观测数}}} \tag{4.2}$$

式(4.1)中第二个平方根的因子是由拟合处理线斜率的误差所贡献的。

式(4.1)和式(4.2)的重要性有如下几点。第一点,如果 y 与 x 确实没关系,则式(4.1)和式(4.2)中的标准差相同,因此调整后精度会降低。这是因为对处理的几乎每种特定的安排,y 与 x 多少会有一些相关性,因此将使用一个非零调整。这是一个附加的随机项,加大了误差。不过如果单元数很大,则式(4.1)中第二个平方根的值比 1 大不了多少,且附加误差可能不太明显。第二点也是更重要的是,假设第二个平方根可以忽略,则对 x 进行调整和不进行调整的标准误差之比为

$$R_s = \frac{y \text{ 关于回归线的标准差}}{y \text{ 的总体标准差}} \tag{4.3}$$

分子和分母都是在处理效应为零的情况下计算出的真实标准差。比率 R_s 是 y 和 x 之间的关联程度的量度。熟悉总体相关系数 r 的定义和内涵的读者可能会注意到 $R_s = \sqrt{1-r^2}$。为了粗略刻画得到比率 R_s 的取值对应于 y 和 x 之间的关系强度,图 4.2 给出了 y 和 x 的多个散点图以及相应的比率值。例如,如果在没有处理效应的情况下,y 和 x 如图 4.2(c)所示相关,则使用 x 作为伴随变量将使标准误差减半,因此相当于单元数量增加为原来的 4 倍。

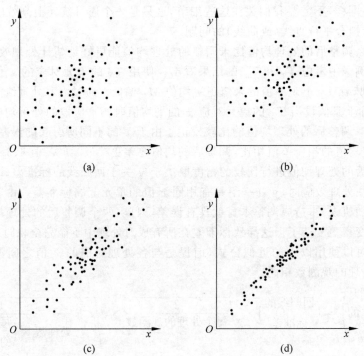

图 4.2　展示不同比率 R_s 与相关系数 r 的散点图

(a) $R_s=0.9, r=0.44$;(b) $R_s=0.8, r=0.60$;(c) $R_s=0.5, r=0.87$;(d) $R_s=0.2, r=0.98$

4.4 替代方法

4.3 节介绍的方法仅使用了来自试验的观测值,而不依赖于假设 y 和 x 之间存在完全指定的关系。该关系实际上是根据数据估计的,并不被认为是先验的。我们只是假设这种关系是近似线性的。该方法的缺点是应用起来可能很烦琐。

一种简单些的方法在特殊情况下经常被不明显地使用到,是构造合适的**响应指数**(index of response),即 y 和 x 的组合,将其作为新的观测值成为分析中的一个单独的量。这种方法经常使用的场景是,伴随观测与主要观测的性质相同;不同之处在于它是使用处理之前得到的。于是,x 可以是拼写测试的初始得分,也可以是动物的初始体重,y 可以是处理后的得分或体重。在这种情况下广泛使用的响应指数是 $y-x$,即测试期间的改善或增量,处理的比较在此基础上进行,而忽略了 y 和 x 各自的取值。

可以看出,如果用 4.3 节介绍的方法拟合的处理线的斜率恰好是单位一,则响应指数和调整方法给出的处理效应的估计是相同的。换句话说,决定使用差值 $y-x$ 的简单分析,等同于假设了 y 和 x 之间的残差关系的特定形式,而调整方法实际上是从数据中客观地找到最合适的 y 和 x 的线性组合以进行分析。

通常每当理论或先验知识表明 y 与 x 之间存在特定关系时,调整方法的另一种替代选择是假定该关系近似成立,并对 $y-kx$ 进行简单分析,其中 k 为预期 y 和 x 之间关系的斜率(请参阅 4.6 节的例 4.4)。在上一段中,k 的取值为单位一。当然,反对意见是,如果选取的 k 值与真实斜率差距很大,则会导致明显的精度损失。基于这些理由,介绍了 4.3 节中调整方法的 Fisher(1951,p.161)对于响应指数方法被不作评判地加以使用进行了批评。

Gourlay(1953)和 Cox(1957)研究了 k 与真实斜率需要多接近才能避免严重的信息损失。表 4.2 摘自这一系列论文的第二篇,总结了这些结论。

表 4.2 使用错误的响应指数所导致的精度损失

y 与 x 的相关系数	真实斜率和假定斜率之比必须落入的范围,以防止出现以下精度损失		
	10%	20%	50%
0.4	$(0.28, 0.72)$	$(-0.02, 2.02)$	$(-0.62, 2.62)$
0.6	$(0.68, 1.32)$	$(0.40, 1.60)$	$(0.06, 1.94)$
0.8	$(0.76, 1.24)$	$(0.67, 1.33)$	$(0.47, 153)$
0.9	$(0.82, 1.18)$	$(0.74, 1.26)$	$(0.59, 1.41)$
0.95	$(0.90, 1.10)$	$(0.85, 1.15)$	$(0.77, 1.23)$

注:其中,精度损失——比如为 50%——意味着假定斜率的标准误差为正确斜率的标准误差的 $\sqrt{1.5}$ 倍。

例如,假设主要观测值与伴随观测值之间的相关性为 0.8,它的含义参见式(4.3)和图 4.2。如果假定真实斜率不小于斜率 k 的 0.7 倍或大于它的 1.3 倍,则由于使用错误的响应指数而导致的精度损失将小于 20%。该表下面的表注中给出了精度损失的精确定义。从表中得出的合理的一般结论是,响应指数不必太接近最佳指数即可给出很好的结果。

我们不可能给出关于何时使用响应指数而不是调整方法的一般规则。因为这个决策依赖于诸如节省分析时间的重要性、对假定关系的信任程度以及对答案中客观性的重视程度等。但是,如果必须分析许多类似的试验,明智的做法可能是在确定如何处理整个序列之前,通过较为详尽的方法分析一个或两个试验。在任何情况下,对全部或部分数据进行快速图形分析通常会看出 k 的假定值是否合理,以及处理效应是否独立于 x,即处理线是否平行。

如果在将处理分配给试验单元之前有相应的伴随变量可用,则例 3.3 中使用的方法是更多的一种选择,也就是说,可以根据 x 的值将这些单元分为随机区组,将最小 x 值的单元放入一个区组中,等等。如果 y 和 x 之间存在近乎完美的关系,随机散布情况可忽略,则使用基于 x 的调整将产生几乎为零的随机误差,然而随机区组设计将由于 x 在区组内的分散而产生较大的误差。不过这只是一个极端的案例,在许多实际情况下随机区组方法就足够了,除非有一两个非常极端的 x 值,或者每个处理的单元数很小,或者两个变量之间的相关性很高,例如 0.8 甚至更大。随机区组方法在分析中当然更简单,因为它不涉及调整的计算。Cox(1957)给出了一些区组和调整方法的定量比较。

使用调整方法最有利的情况可能是在没有已知的响应指数,且满足以下条件之一的时候:

(a) x 的值直到将处理分配给单元后才能得到。

(b) y 和 x 之间的关系本身就具有意义。

(c) 检查处理效应是否随 x 值变化是重要的。

(d) 希望基于其他一些特性来对试验单元分区组,因此 x 中包含的信息必须以其他方式被使用。我们将在 4.5 节中对此进行分析。

4.5 分区组之外伴随观测的用途

在 4.3 节中,假设不存在将试验单元分区组的情况下,我们介绍了一种调整处理均值以考虑伴随变量 x 的方法。现在假设单元以随机区组、拉丁方或其他类似设计排列,并且需要对伴随变量进行调整。此时 4.3 节中讨论的假设和一般方法均适用,唯一的变化是在画图时,我们不是把 y 的观测值直接对应于 x 的观测值,而是将 y 的部分残差值对应于 x 的相应部分残差值。这些部分残差(partial residual)与 3.3 节、3.4 节中定义的残差的不同之处在于,为了获得更有意义的图形不会用处理均值做被减数。例如,在随机区组试验中,对应于特定观测值 y 的部分残差为

$$观测 - (相应区组上的观测均值) \tag{4.4}$$

而对于拉丁方,部分残差为

$$观测 - \begin{pmatrix} 相应行上的 \\ 观测均值 \end{pmatrix} - \begin{pmatrix} 相应列上的 \\ 观测均值 \end{pmatrix} + (全体均值) \tag{4.5}$$

总体思路是,在画图之前应消除由试验单元分组引起的 y 和 x 的变化。

下面通过一个例子加以详细解释。

例 4.1 Pearce(1953,p.113)介绍了一种用于在随机区组试验中计算调整量的统计技术。将他的数据列于表 4.3。主要观测值 y 是四年试验期内苹果的产量(单位:lb),伴随观测值 x 是前四年的产量[单位:蒲式耳(bushel)]*,在此期间未对树木进行任何不同的处

---

* 在英国,1 bushel ≈ 36.368 8 L;在美国,1 bushel ≈ 35.238 L。

理。因此,x 是符合类型(a)的合适的伴随观测。要比较的六个处理用 $T_1, T_2, \cdots, T_6$ 表示,并且表中的观测值是按处理而不是随机排列的。

分析的第一步是按处理和按区组分别算出 y 和 x 的平均值[见表 4.3(b)的第一部分]。调整后的处理均值可以通过协方差分析直接获得而无须计算部分残差,但是为了以图形方式进行调整并大致了解所执行的操作,我们按以下步骤进行。

以 Y 和 X 表示的部分残差列于表 4.3(c)中,并已根据式(4.4)计算得出。因此,对于区组Ⅲ中使用 T_2 得到的观测值 y,部分残差为 $243-268.7=-25.7$,因为在区组Ⅲ中所有观测值 y 的平均值为 268.7。图 4.3 给出了每种处理相对应的部分残差 Y 和 X 的关系,该图类似于图 4.1(b)。仔细观察此图可以发现,在任何一种处理中,Y 和 X 值之间都具有很强的有效线性关系,并且各个处理对应的线基本平行。因此,没有证据表明真正的处理效应依赖于 x,一条处理线从负 X 的相对较低的 Y 值陡峭地上升到正 X 的相对较高的 Y 值可能会表明相应的处理对于初始产量高的"好"树相对较好而对初始产量低的"差"树相对较差。在没有这种效应的情况下,我们可能会采用平行处理线。以图形方式估计的斜率约为 30 个单位,即 X 增加 1 个单位时 Y 增加 30 个单位。通过协方差分析计算得出的斜率是 28.4,这个值将在下文中使用。

表 4.3 随机区组试验中的调整计算

（a）数据

	区组Ⅰ		区组Ⅱ		区组Ⅲ		区组Ⅳ	
	y	x	y	x	y	x	y	x
T_1	287	8.2	290	9.4	254	7.7	307	8.5
T_2	271	8.2	209	6.0	243	9.1	348	10.1
T_3	234	6.8	210	7.0	286	9.7	371	9.9
T_4	189	5.7	205	5.5	312	10.2	375	10.3
T_5	210	6.1	276	7.0	279	8.7	344	8.1
T_6	222	7.6	301	10.1	238	9.0	357	10.5

（b）一些均值

（i）按区组

Ⅰ 235.5 7.10	Ⅱ 248.5 7.50	Ⅲ 268.7 9.07	Ⅳ 350.3 9.57

（ii）按处理

	y 的均值	x 的均值	x 的均值－总体均值	调整值 *	调整后的均值
T_1	284.5	8.45	0.14	-3.98	280.5
T_2	267.8	8.35	0.04	-1.14	266.7
T_3	275.2	8.35	0.04	-1.14	274.1
T_4	270.2	7.92	-0.39	11.08	281.3
T_5	277.2	7.48	-0.83	23.57	300.8
T_6	279.5	9.30	0.99	-28.12	251.4
总体	275.75	8.31	—	—	—

---

* 调整值等于斜率(28.4)的相反数乘以前一列。

续表

(c) 部分残差

	区组 Ⅰ		区组 Ⅱ		区组 Ⅲ		区组 Ⅳ	
	Y	X	Y	X	Y	X	Y	X
T_1	51.5	1.1	41.5	1.9	−14.7	−1.4	−43.3	−1.1
T_2	35.5	1.1	−39.5	−1.5	−25.7	0.0	−2.3	0.5
T_3	−1.5	−0.3	−38.5	−0.5	17.3	0.6	20.7	0.3
T_4	−46.5	−1.4	−43.5	−2.0	43.3	1.1	24.7	0.7
T_5	−25.5	−1.0	27.5	−0.5	10.3	−0.4	−6.3	−1.5
T_6	−13.5	0.5	52.5	2.6	−30.7	−0.1	6.7	0.9

(d) 一些精度估计

两个未修正的处理均值之差的标准误差估计为 28。两个调整后的处理均值之差的标准误差估计很小程度上取决于所比较的是哪一对处理,其平均值是 12。

　　绘制处理线以及每个处理相对应的点的斜率。选择每条线的位置,使其穿过合适点的质心。由此,对于 T_6,x 和 y 的平均值分别为 9.30 和 279.5。于是就残差而言,T_6 的均值点处 $X = 9.30 − 8.31 = 0.99$,$Y = 279.5 − 275.75 = 3.75$,这就是图 4.3 中的点 M_6。为了避免使图形过于复杂,我们仅示出了 T_5 和 T_6 的处理线。质心 M_5 和 M_6 对应的 Y 值之差只是未经调整的处理均值(见表 4.3(b)"(ii)按处理"的第 2 列)之差。

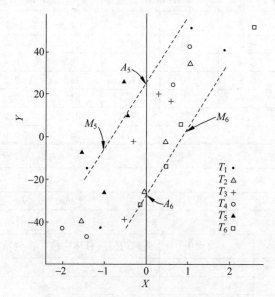

图 4.3　随机区组试验中调整后的均值

　　为了找到调整后的估计值,我们在图 4.3 中采用 X 的标准值(例如零),并在处理线上读取或计算相应的 Y 值。这些 Y 值对应于图中的点 A_5 和 A_6,将 y 的总平均值 275.75 添加上这些 Y 值时,我们就在表 4.3(b)"(ii)按处理"的最后一列中获得了调整后的处理均值。于是,A_6 对应的 Y 值约为 −28,与表 4.3(b)中最后一列中的值一致。表格中给出了可以得到调整值的计算方法。

此过程的常规证明方法与 4.3 节中的简单示例几乎完全相同,唯一的区别是在散点图绘制之前消除了区组差异。考虑到有可能在 x 和 y 上将任意区组效应叠加在数据上而不应该影响结论,从而可见此步骤的合理性。

调整的主效应已经显示在处理 T_5 和 T_6 上了。例如,将处理 T_6 应用于大多具有较高初始产量的树,则对 y 的调整降低了产量。表 4.3(d)给出了从完整的统计分析中获得的一些精度估计值,这些结果表明使用 x 显然可以明显提高试验精度。

当然,不应将以作图法对此例的描述视为对协方差分析的计算技术的有用性或合理性的含蓄批评。

通常,一个在将处理分配给单元之前就能获得伴随观测 x 的试验中,有可能根据 x 将单元分区组,并且进行调整以消除区组中无法解释的 x 的变异所造成的影响。但是仅出于提高精度的目的则很少值得这样做。调整方法的主要价值在于 x 代表试验单元的某些属性,而该属性与用于将单元分区组或在拉丁方中分为行、列的属性不直接相关。

4.6　一些一般观点

下列示例既是对调整方法的应用,又可以得出与伴随变量相关的普遍令人感兴趣的观点。

例 4.2　在纺制纺织品纱线的试验中,有时很难确保每批次纺出的纱线每单位长度具有相同的平均重量。不过最受关注的观测值之一是纺纱中的断头率,其非常关键性地取决于单位长度的重量。因此,在上述类型的分析中,很自然地会将单位长度的重量作为伴随变量。随机区组或拉丁方设计经常用于控制机器、时间等之间的系统性差异。这是使用类型(c)的伴随变量(4.2 节)的一个例子,因为估计的单位长度的平均重量直到纺线完成后才能得到。但是,单位长度上的平均重量差异是偶然的,因为只要有足够的初始信息,就可以通过对机器进行较小的调整来将其消除。因此说哪种处理会"造成"单位长度的纱线平均重量的差异是没有道理的,于是可以使用该量作为调整的基础。

此例说明了使用调整来纠正无法完全控制试验条件的情况。

例 4.3　Pearce(1953,p.34)很好地说明了在果树和其他多年生作物的试验中用伴随变量进行调整的方法。他指出,当一个试验单元由一棵树或一丛灌木组成时,可能相对于另一些试验(例如小麦上的试验,一个试验单元包含至少成千株植物,于是个体差异可能被平衡掉)而言,位置变异(可以通过分区组方便地得到控制)的重要性就降低了。因此,在 Pearce 所描述的试验中,不仅有必要通过分区组来控制位置效应,而且还应获得伴随变量,以尽可能消除因个别树木的特殊性而引起的变异的影响。他列出了各种作物的适当的伴随观测。

尽管不方便,但还是可以按照例 3.3 的方法将这些观测结果用作分区组的基础。但是,这将意味着不会由相邻单元形成区组,从而使空间变异更加难以控制,并且可能会使试验工作更加难以组织。

从该例中得出的一般结论是,每当与大部分不可控变异相关的是构成试验单元的特定物体、动物、植物、人等,而不是试验开展的"外部"条件时,尤其特别值得考虑使用伴随观测。*

---

　*　控制这种变异的另一种方法是将每个对象多次用作一个单元(见第 13 章)。但是,就本例而言,从试验的性质看这是不可能的,而在其他案例中可能会导致不同单元之间出现令人头痛的"干扰"效应。

另外,与"外部"条件相关的变异(观测者、时间、空间等的差异)通常最容易由随机区组或拉丁方设置来控制。实验心理学和教育学是与这些说法特别相关的两个领域,因为其中不可控变异的主要来源是个体差异。

例 4.4 Finney(1952,p. 45)讨论了 Chen 等(1942)的试验,即关于哇巴因(ouabain)和其他心脏类物质中类洋地黄原理(digitalis-like principles)的测定。该方法是将适当稀释的药物缓慢注入被麻醉的猫中,并记录使其发生死亡的剂量。需要比较 12 种药物,以哇巴因为标准。有 3 名观测者,每名观测者每天测试 4 只猫,并在 12 天内重复进行该试验。使用 12×12 的拉丁方,每列代表一天的工作,每行代表观测者和一天中时段的组合。上述细节与调整的讨论无关,但是对拉丁方的使用不太熟悉的读者应考虑使用这种设计,如有必要请查阅上述参考文献。

伴随观测是猫的心脏重量,当然是在每次测试结束时确定的,因此是类型(c)的伴随变量。我们有充分的理由认为心脏重量不受药物差异的影响。Finney 讨论了使用第二种伴随观测(体重),不过此处我们将略过不提。请注意对拉丁方和伴随变量的这种使用是如何与例 4.3 末尾的一般说明相符合的。

存在生理学上的理由以预期某种药物的致命剂量与猫的心脏表面积成正比,而心脏的表面积又与心脏重量的 2/3 成正比。通过使用对数可将幂律相关性变换为线性关系,即

$$\log(致命剂量) = \frac{2}{3}\log(心脏重量) + 常数 \tag{4.6}$$

即使这个关系不完全成立,对数之间的近似线性关系也似乎比原始观测值之间的线性关系更加合理。同样,正如我们在例 2.1 中所看到的,可以很自然地认为药物差异会成倍地影响剂量(例如,对同一只猫而言,一种药物总比另一种药物的所需剂量高出 10%),于是可加地影响对数剂量。因此,将剂量和心脏重量的观测值变换为对数形式有了两个原因。这样,对数剂量与对数心脏重量的关系的拟合斜率达到 0.676,与理论值 2/3 高度吻合,因此使用响应指数(见 4.4 节)log(剂量)−2/3log(心脏重量)会得出很好的结果。

这个例子说明了我们应该考虑是否有任何先前的推理来给出主要观测和伴随观测之间关系的一般形式,并示范了两者之间的关系可能具有某种内在的意义。

前面的例子提出了分析上而非设计上的另一个一般性的问题,涉及在分析之前进行数学变换(例如取对数)的可取性。这引发了一些棘手问题。伴随变量 x 并未在我们要估计的定义(即剂量比较)里,有时对 x 进行变换以获得变量之间的线性关系非常有用。但是,当我们对主要观测值应用数学变换时,如果使用的是变换量的均值,则估计得出的处理差异是在变换后的尺度上,而不是原始尺度上的。

该例中我们建议向对数剂量的变换,既是因为剂量的比率提供了相对效力的自然量度,也是因为这样简化了主要观测和伴随观测之间的理论关系。事情并不总是那么简单。如果有明确的理由认为考虑将处理差异视为在观测尺度 z 上是特别有意义的,并且期望处理差异在此尺度上是恒定的,那么仅出于统计或算术上方便的原因而以其他尺度例如 $\log z$ 来估计处理效应似乎是错误的。不过在许多应用中,可能并没有特别的理由期望记录主要观测的尺度是最有助于分析和解释结果的尺度。

只有当结果在平均值附近的变异系数是非常可观的,例如两倍或更大时,普通变换通常才会对结果产生重要影响。

例 4.5　到目前为止,我们给出的所有例子中,伴随变量 x 都是定量的测量值。但是有时我们可以有效地使用哑变量 x 来将单元定性地划分为两个类别。因此,在动物试验中,可以使用随机区组设计,将同一窝里的所有动物放在任何一个区组中。不过一般来说,这样做不可能确保一个区组中的所有动物都具有相同的性别。因此,可能会出现由于性别之间任何系统性差异的影响而调整处理均值的问题,因为一般而言,每个处理应用于公母的次数不会相同。为了进行这一调整,引入一个伴随变量,公为 0,母为 1,然后根据 4.3 节介绍的方法计算出调整后的处理均值,得出的是校正了处理组之间的性别比差异后的处理效应估计。

在这个应用中判别不同性别对应的处理效应是否不同可能也很有意义,这仍可通过上述方法的推广来完成。其他将试验单元分成不受区组控制的两类[*]可以相同方式处理,前提当然是要满足伴随变量的条件,即伴随变量不受处理的影响。

在整个关于调整的讨论中,假定了 x 是一个伴随变量,即,任何单元的 x 值不受该单元使用的处理影响。该方法的另一个重要作用是检查处理效应是否恒定。正如 4.3 节所讨论的,这可以通过查看处理直线或曲线是否平行来实现。下面介绍另一种类型的应用,其中 x 不是伴随变量。

例 4.6　Gourlay(1953)在讨论应用于心理学研究的协方差分析时提出了以下例子。为了比较讲授写作的多种方法,将这些方法随机分配到多个试验组,每种方法用于若干组。经过一段适当长的时间后,量度每一组人员掌握的写作能力和英文语法方面的知识,得到相应分数,将这两个分数记为 y 和 x。

显然 x 肯定不是伴随变量,因为它很可能会受到教学方法的影响。但是如果继续采用调整方法,那么我们需回答这个问题:若 x 上没有差异,那么 y 的平均值是多少? 换句话说就是,英文语法方面知识的教学效应是否可以解释写作能力上的任何差异?

图 4.4 显示了在完全随机试验中,两种处理可能得到的四种情况。在图 4.4(a)中,两种处理之间 y 的差异显然不能通过 x 的差异来解释。就特定例子而言,我们可以得出这样的结论:处理 T_2 的写作能力得到了改善,且英文语法方面知识的提高并不能完全说明这种改善。在图 4.4(b)中,两种处理之间 y 的差异小于基于 x 的增加所预期的差异。在图 4.4(c)中,x 的差异解释了 y 的差异。在图 4.4(d)中,这种解释是存疑的,因为尽管拟合的两条处理直线可能表明 y 中有未被解释的变异,但数据也与一整条平滑曲线合理地一致。只要 x 的差异很大,类似的困难就有可能出现,从而涉及大量的外推。在实践中,通常最好进行统计分析来检查图表建议的结论是否准确。

应该注意到,我们谈论的是 y 的差异被 x 的差异所"解释"。最能表明这种说法正确性的情况是考虑 x 和 y 为性质相同的变量,而且从统计学的角度来说,任何声称表明 x 的差异导致了 y 的差异的论点都将同样证明 y 的差异导致了 x 的差异。如果我们得出结论为 x 的差异导致了 y 的差异,那可能仅仅是因为与试验结果本身无关的关于变量 x 和 y 的性质的假设。这样的假设可能是合适的,但是科学家对它们感兴趣时应始终有所觉察(x 的差异导致 y 的差异并不意味着 x 能够解释 y)。

当 x 不是伴随变量时,此方法明显不同于使用伴随变量来提高处理对比的精度的方法。能够合理提高精度的变量类型已在 4.2 节中列出,重要的是在使用该方法时必须确保

---

[*]　如果分为例如三、四类,可以通过使用 4.7 节将描述的多个伴随变量的方法较容易地处理。

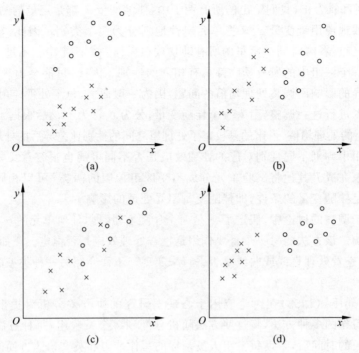

图 4.4　进行两种处理 T_1（用×表示）、T_2（用○表示）时，y 和 x 之间的某些可能关系类型

满足指定的条件。特别地，将一个没有明显先验理由认为是不受处理影响的量 x 用作伴随变量，这在原则上是极其错误的，但是在特定的试验中可能会发生，并展现出不显著的处理效应。

4.7　多个伴随变量

可能每个试验单元都有不止一个伴随观测，我们认为它们都提供了有关主要观测 y 的有用信息，因此希望全部用于调整 y 的处理效应估计。例如，在动物试验中，我们可能会得到每只动物的初始体重和其他重要的测量值；在心理试验中，我们可能拥有每个受试者几次测试的初始分数以及与该试验任务的表现相关的其他量度值；在工业试验中，我们可能对每批原材料进行几种不同的测量。我们假定所有这些观测都是合理的伴随观测。

解决此问题的一种简单方法是将伴随观测合并为一个。因此，如果我们在多个测试中获得百分制分数，则可以将所有测试的总分数作为单个伴随变量。类似地，如果伴随变量 $x_1, x_2, \cdots, x_k$ 不能用相同的单位量度，那么可以通过一些直观合理的方法来构造它们的组合。因此，如果 $x_1, x_2, \cdots, x_k$ 的标准差 $s_1, s_2, \cdots, s_k$ 量度了单元之间的差异，且 $w_1, w_2, \cdots, w_k$ 是 $x_1, x_2, \cdots, x_k$ 可能重要性的粗略量度*，则可以采用新的初始变量 $w_1 x_1 / s_1 + w_2 x_2 / s_2 + \cdots + w_k x_k / s_k$。如果我们足够幸运可以通过以前的数据将 y 与 $x_1, x_2, \cdots, x_k$ 建立联系，则由 $x_1, x_2, \cdots, x_k$ 预测 y 的最佳回归公式就是一个好的单变量。

---

* 如果 $x_1, x_2, \cdots, x_k$ 代表的是试验单元的大致独立的属性，则应设置 w_1 与我们期望在 y 和 x_1 之间找到的相关系数成正比，以此类推。

这些方法很有用,但除了最后一种方法外都有明显的缺陷。通过使用不合适的单变量,我们可能会遗漏很多信息;如果所作的选择过于糟糕,可能还不如仅使用原始变量之一。同时,我们还失去了客观性,因为当另一个人面对相同的试验数据时,即使提出的是相同的问题,也不能保证不会得出多少有些不同的结论。这一点并非总是十分重要。

如果我们决定使用所有的伴随观测,而不使用任何先验组合而成的一个单一的量,那么合适的数值技术、协方差的多重分析会是具有一个伴随变量的相应技术的直接扩展。对所进行操作的一般解释也相同。于是,对于两个伴随变量 x_1、x_2,我们分别针对每个处理有效地绘制针对 x_1 和 x_2 的 y 值三维图,然后将平行处理平面拟合到每组点。在某些标准值 x_1 和 x_2 处的 y 值给出了调整后的处理平均值。当存在三个或更多的初始变量时,仍使用相同的方法,不过需要三个以上的维度来以几何方式将该过程可视化。

在此我们将不讨论数值方法的细节,但应注意的是,随着伴随变量个数的增加,该算法虽然简单易用,但很快会变得更加费力。据此,不建议将该方法用作常规工具,尽管毫无疑问,该方法有时候是极有价值的且值得了解。通过半图形的方式找到调整值也是可能的,但是过程相当复杂,没有太大意思。当我们使用单个伴随变量但用曲线而不是直线来拟合处理时,其数值计算与具有多个变量的数值计算非常相似。这种通过调整几个伴随变量来提高精度的方法的普遍缺点是,增益是通过间接计算而获得的,即,通过获得相对远离原始观测值的量。

有时可能需要使用两个或多个伴随观测,以便将单位分区组,就像在例 3.3 中使用单个伴随观测(体重)一样。如果我们从以前的工作中获得了伴随观测关于主要观测的回归公式的话,那么就没有困难了。在缺乏这种先验定量信息的情况下,下面介绍涉及两个变量 x_1 和 x_2 的合理方法。绘制 x_2 关于 x_1 的散点图,选择一个尺度以使两个方向上的散度近似相等。由此,对于 16 个试验单元,我们应该有一个包含 16 个点的图,每个点对应一个单元。为了划分为 4 个区组,每个区组 4 个单元,我们在散点图上进行操作,使得每一个含 4 个点的区组都尽可能地紧凑;如果认为 x_1 是比 x_2 更好的变量,则比起平行于 x_2 轴方向上的离散,我们会更注意平行于 x_1 轴方向上的离散。读者应该会想到各种引入第 3 个变量 x_3 的方法。

概　　要

伴随观测是一种对于任何试验单元的取值都与比较中的处理安排无关的观测。假设除了比较处理必需的主要观测外,每个单元还提供一个伴随观测。

伴随观测可用于提高处理对比的准确性,但前提是单元上的伴随观测和主要观测在没有处理效应的情况下是紧密相关的。第一种方法,本质上是称为协方差分析的统计技术,旨在获得应作用于处理均值上的数据调整,以估计出如果可以使伴随变量在所有单元上相等则主要观测为多少。第二种更简单但通常效率较低的方法是,通过合适的响应指数(把一个单元的主要观测和伴随观测合并为一个量而形成)来分析数据。

伴随观测的巧妙选择可能会显著提高精度,特别是当主要的不可控变异源于各个试验单元(动物、受试者等)的特殊性时。

伴随观测的另一个重要用途是检测和解释处理效应因单元而异的情况。

参 考 文 献

Chen,K. K. ,C. I. Bliss,and E. B. Robbins. (1942). The digitalis-like principles of *Calotropis* compared with other cardiac substances. *J. Pharmac. and Exptl. Therapeutics*,74,223.

Cox,D. R. (1957). The use of a concomitant variable in selecting an experimental design. *Biometrika*, 44,150.

Finney,D. J. (1952). *Statistical method in biological assay*. London：Griffin.

Fisher,R. A. (1951). *The design of experiments*. 6th ed. Edinburgh：Oliver and Boyd.

Goulden,C. H. (1952). *Methods of statistical analysis*. 2nd ed. New York：Wiley.

Gourlay,N. (1953). Covariance analysis and its applications in psychological research. *Brit. J. Statist. Psychol.*, 6,25.

Pearce,S. C. (1953). *Field experimentation with fruit trees and other perennial crops*. East Mailing, England：Commonwealth Bureau of Horticulture and Plantation Crops.

第5章

随　机　化

5.1　引言

第3章介绍了随机区组和拉丁方的设计，它们的目的是提高精度。在这两种情况下，我们都会在分配处理时引入一些约束，例如在随机区组设计中要求每种处理在每个区组中出现一次。在约束条件下，我们说处理的安排要随机化，现在必须详细考虑随机化的过程。

讨论分为三个主要部分，分别对应的是：执行随机操作的实际细节、过程的合理性以及在应用中偶尔出现的各种细节问题。

5.2　随机化的机制

基本操作是按照"随机顺序"排列一系列具有编号的对象。在更复杂的设计中，此过程必须多次应用，但我们将从简单的案例开始。随机化的基本特征之一是，它应该是一种客观的、不带个人色彩的程序；以随机顺序排列事物并不意味着只是将它们排成某种看起来随意的顺序。

随机化的一种方法是将已编号的卡片混洗或从摇晃均匀的袋子中抽出已编号的球。这样的方法有时是有用的，但我们不作进一步讨论。我们将要介绍的主要方法是使用数值随机表。用于试验设计的此类表采用两种形式：随机排列表和随机数字表。附录中给出了两者的简短示例以进行说明，其中，随机排列表 A.1 和表 A.2 摘自 Cochran 和 Cox 的书（1957，15.5 节），随机数字表 A.3 摘自 Kendall 和 Babington Smith 的书（1939）。这些资料提供了大量的表格。

表的使用将通过示例进行说明。

例 5.1　考虑例 3.2 中的随机化，这是一个随机区组试验，有三个区组，每个区组包含五个地块，并且有五个处理 $T_1, T_2, \cdots, T_5$。

（a）以任何便捷的方式对每个区组中的地块用 $1, 2, \cdots, 5$ 进行编号。

（b）使用附录表 A.1 中 9 的随机排列，其实 5 的随机排列是我们所需要的，但无法查阅。无须查看表格，随意选择起点。例如，为页面记下数字（1 或 2），为行记下数字（1～5），为区组构成的列记下数字（1～7）。因此 2、3、6 给出的组开始于 9、3、4、6、2、7、5、8、1。

（c）读出第一个排列，省略数字 6～9，因为只有五种处理方法，则得到 3、4、2、5、1，并确定出了第一个区组中的处理分配。因此，T_3 在地块 1 上进行，T_4 在地块 2 上进行，以此类推。

(d) 对于下一个区组,使用表中的下一个排列,即 7、4、6、$\cdots$,并得到顺序 T_4、T_2、T_5、T_3、T_1。类似地安排第三个区组,当然对每个区组使用不同的表中排列。

用于选择起点的一种有用的替代方法是,第一次应用从表格的开头开始,并用浅色的铅笔记号标出最后使用的排列。在下一次应用时,从上一次完成的地方继续,以此类推。这里假定与先前读取表中内容发生重复并不重要。

例 5.2　假设有一个随机区组试验,每个区组 10 个单元,进行 7 种处理,每个区组中 T_1 出现 4 次,T_2、T_3、$\cdots$、T_7 各一次。在这种情况下,令数字 1、8、9、10 均代表 T_1,数字 2、3、$\cdots$、7 依次代表 T_2、T_3、$\cdots$、T_7。现在,整个随机化过程与例 5.1 相似,不同之处在于使用了表 A.2 的"16 的随机排列"。

因此,如果第一个排列是 7、12、1、5、16、4、11、8、2、9、10、13、15、3、6、14,则大于 10 的数字将被舍去,其余部分将被替换并予以适当的处理:

$$T_7,T_1,T_5,T_4,T_1,T_2,T_1,T_1,T_3,T_6$$

拉丁方设计的随机化是通过类似的方法完成的,但是由于涉及一两个特殊点,故而对此将在第 10 章讨论。

在第 3 章中仅隐含提及的一种设计是完全随机的安排,其中不对单元进行分组,并且仅在每个处理都出现所需次数的条件下才随机分配处理。该方法非常简单、灵活,可以用在小规模试验中以获取估计误差的最大自由度(见第 8 章),或是用在没有明显合理的分组方法的试验中,或是在试图通过调整伴随变量来进行所有提高精度的尝试时。

例 5.3　考虑将这样的试验随机分配到 21 个单元上:3 个处理,每个处理进行 7 次。有几种方法,但无法简单地使用随机排列表,因为涉及的对象超过 16 个(如果涉及 16 个或更少的对象,我们将写下单元的随机排列并将第一个对象分配给 T_1,以此类推)。

以下方法同样是很高效的。

(a) 以任何便捷的方式将单元编号为 00、01、02~20。

(b) 随意在随机数字表(附录表 A.3)中选择一个起点,并在出现数字对时将其写下,从 30 到 59 的两位数中减去 30,从 60~89 的两位数中减去 60。从 90~99 的数字被舍去。因此,53 将被记录为 $53-30=23$。如果选择的起始点是表 A.3 第一页上第 24 行第 12 列中的区域,则前面的数字为 5、10、6、10 和 5(又出现,因此舍去)、21、$\cdots$。使用此方法时,特别重要的是检查最后得到的一组数字(这里是 00~29)中的每一个具有相同的机会被选中。

(c) 前 7 个数字确定了接受 T_1 的单元,接下来的 7 个数字确定了接受 T_2 的单元,其余的数字确定了接受 T_3 的单元。

这个流程可以进行各种方式的修改,例如,当 5 个单元被选择后,剩余单元可以按 16 的随机排列被排序。另一种方法(Cochran,Cox,1957,15.3 节)是产生 1、2、$\cdots$、21 的随机排列:在 21 个数字的下方各写一个三位数的随机数字,然后按随机数字递增的顺序重排相对应的数字。

当读者对表格有一些经验后,会想到其他技巧。后面遇到一些更复杂的设计时,我们再介绍其相应的随机化。

附录中的表格主要用于说明性的目的。它们可以用于小型试验的随机化,但绝不应该用于大到必须将相同的排列或数字使用两次的试验中。如果是这种情况,则需要更大范围的表格。

5.3　随机数和随机性的本质

随机数字表由一系列数字 0,1,…,9 组成,其中每一个数字几乎均等地出现,并且没有可识别的模式。可识别模式指的是,某些数字相比于其他数字容易更频繁地跟在某个数字(例如 5)后面的倾向性。一些读者可能会觉得这个说明无需过多强调,但实际上有一些一般性的问题值得被提出,尽管对此说明已感到满意的读者可能会省略这个部分。讨论随机数字表更容易,尽管相同的点评可稍作更改而适用于随机排列表。

完全随机的数字序列是一种数学上的理想化,其中我们想到了一种能够产生无限数字序列的机制。该序列应完全遵循概率的数学定律,应用于一组相互独立的事件,每个事件等可能地为 0,1,…,9。也就是说,如果我们进行任何与序列相关的概率计算,例如,计算 5 个 01 的相邻数对在一个含 50 个数对的区域中出现的概率,结果等于此事件在无限序列中发生次数的频率占比。这样一个完全随机序列的主要特性如下:

（a）在整个序列中,每个数字会以均等频率出现;

（b）相邻的数字或数字集将完全彼此独立,例如,假设知道一个数字,却不能预测下一个数字;

（c）整体中较长的部分会显示出一定的规律性,例如,数字 1 在一串 1000 个数位中与 100 个数位中出现的频率的偏差不会太大,等等。

随机数字表是数字的有限集合,满足以下要求:

（a）生成这些数字的机制令人有理由相信它所得到的结果能紧密近似上述数字上的理想化;

（b）在一些重要方面(例如,0,1,…的相对出现频率,简单独立性),它经过了检验,表现得像来自完全随机序列中的一个有限部分所应该有的样子。

由此得出的第一个结论是,随机性是表格整体的一个属性。因此,为了准确起见,我们应该讨论由随机方法产生的排列,而不是随机排列,后者就好像每个个体的排列都是随机的一样。因此,1,2,…,12 的任何一个排列都是可能的随机排列,任意两个这样的排列,例如

$$1 \quad 2 \quad 3 \quad 4 \quad 5 \quad 6 \quad 7 \quad 8 \quad 9 \quad 10 \quad 11 \quad 12 \quad\quad\quad (a)$$
$$8 \quad 3 \quad 9 \quad 7 \quad 6 \quad 11 \quad 10 \quad 1 \quad 12 \quad 4 \quad 2 \quad 5 \quad\quad\quad (b)$$

都将等可能地出现。它们是否合法的随机排列将由产生它们的方法的性质来决定,而不是作为个体来检查。

当然,这与"随机"一词的日常用法相冲突,相关的解释有两点。第一点是,如果我们在应用中遇到(a),通常能想到可以解释精确顺序的良好物理假设;而能够解释(b)的假设可能很难找。第二点是,绝大多数 1~12 的排列都像(b)一样无序,而不像(a)那样高度有序。这些评论与拒绝"不满意"的随机化问题有关(见 5.7 节)。

一般讨论中要注意的第二点是表格中不同数字的独立性。在一个试验中必须进行几次随机化的情况下,这一点很重要。因此,可能有三个拉丁方组成一个试验,我们将它们分别随机化,则来自三个拉丁方的处理估计中的随机误差彼此独立。当然,随机化一个拉丁方,然后在每种情况下以相同的形式使用三次,是错误的。原因是,如果在三个拉丁方中出现非常相似的不可控变异的模式,则分别独立地进行随机化与共用一个随机化相比,在处理对比

中产生严重失真的机会要小得多。

5.4 随机化的合理性

(i) 简介

在探究了如何随机化以及简要地说明了什么是随机序列之后,现在说明随机化的原因。考虑目前为止我们讨论过的任何一种设计,例如,随机区组、拉丁方或其他的一般化扩展。当确定了将要使用的一般设计类型后,例如包含若干区组和处理的一个随机区组设计,我们可以决定处理的精确安排:

(a) 通过采用一种特定的系统性安排,这种安排似乎不太可能与不可控变异的模式相一致;

(b) 通过看似随意的方式主观分配处理;

(c) 通过随机化。

下面通过示例来说明(a)和(b)的风险。

(ii) 系统性安排

例 5.4 Greenberg(1951)讨论的一个寄生虫学试验说明了系统性安排的弊端。试验单元是被成对分配、每对性别相同的小鼠,每对中的一只接受一系列刺激性注射,用 T 表示,而另一只作为对照(未处理,用 U 表示)。观测包括向每只小鼠注射 0.05cm^3 含有标准数量幼虫的溶液,并注意小鼠的任何反应。

讨论的重点取决于此。我们有成对的老鼠:$T, U; T, U; T, U; \cdots\cdots$ 按什么顺序向小鼠进行注射? Greenberg 认为,常见的是使用系统性顺序 TU、TU……以期望消除剂量差异。他给出了数据和试验原因,然而结果表明,在试验过程中,每次注射的幼虫数量稳步增加,因此,这种注射顺序为未处理的小鼠提供了系统性更大的注射量。其结果是:

(a) 处理效应的估计存在系统性误差,如果始终使用上述顺序,则该误差将持续出现在较长的试验中,甚至多个不同的试验中;

(b) 基于不可控变异的随机性这一错误假设上的误差估计具有误导性。

当在试验技术中发现诸如此类的系统性的不可控变异时,当然重要的是采取行动消除该变异。但是,现在令人担心的是这种变异的影响,而我们在规划试验时并不知道这些变异。

事情发生后很容易明智地说,稳定的趋势很可能是先验的,因此早应该采用其他模式,例如 TU, UT, TU, UT,等等。但是,无论选择哪种模式,都有可能契合了不可控变异中的某些模式,这些模式可能来源不明,它们产生了即使在长时间的试验中也会始终存在的系统性误差。换句话说,如果选择了一种系统性的处理安排,则其与不可控变异形式不符的假定就是实验者观点的声明,这可能是合理的,但不能进行定量评估,且其他人也很难查验。如果获得了出乎意料的结果,则实验者可能会开始怀疑系统性安排的合理性;如果结果是令后来进入该领域的工作人员感到惊讶,那么可能将无法检查所使用模式的合理性。

另一方面,随机化则是一种客观的过程,对所有人都具有说服力,并且同等地应对可能出现的任何不可控变异的模式。系统性安排的缺点并不适用。

例 5.5　当拉丁方被首次引入试验设计时,就有一些应该使用随机拉丁方还是为了平衡特性而特意选择拉丁方的讨论。一个系统性的拉丁方例子是类似国际象棋中所谓的马的"日字步" 5×5 拉丁方:

$$
\begin{matrix}
A & B & C & D & E \\
D & E & A & B & C \\
B & C & D & E & A \\
E & A & B & C & D \\
C & D & E & A & B
\end{matrix}
$$

其中,处理在拉丁方对角线上是均匀分布的。

与例 5.4 的系统性安排相比,这种设计的缺点不那么明显。但是,肯定会有人反对在一系列试验中重复进行不变的设计,而且正如 Yates(1951)所指出的那样,一些例如在 5 个 E 中有 4 个紧挨在 D 的右边的情况可能会引发难题。因此,如果该试验是农田试验,D 是"高"品种,方阵采取了某些定向,则效果将是抑制了 E 的产量。

不过在这个例子中,对系统性设计的主要反对意见不是在处理估计中出现严重系统性误差的可能性,而是估计随机误差是多少的难度(Fisher,1951,p. 74)。在第 3 章对随机区组和拉丁方设计分析的讨论中,提到了以下原则:每当试验设计的误差中消除了一个不可控变异的来源时,如果要得到随机误差的正确估计,它也同样必须从分析中被消除。现在系统性拉丁方中,由于设计的平衡特性,消除了一些平行于拉丁方对角线的变异,但是常规的拉丁方分析中并没有考虑这一点。因此,预计误差的估计会有偏差,Tedin(1931)通过检查农田试验中数据的一致性证实了这一点。他发现的偏差较小,不过当然无法保证一直如此。

误差估计中的偏差很可能通过改进分析方法得以消除,但是有好几种虽不尽相同但可行的方法可供使用,尚不清楚应该使用哪种方法,因此会损失一些客观性。

综上所述,在这个例子中,对缺乏随机性的反对意见主要与误差估计有关。如果设计不是随机的,尤其是出于"平衡"性质而选择设计,那么即使处理估计本身存在明显的系统性误差的可能性很小,用传统统计分析方法得出的误差估计也很可能会不合适。对误差估计正确性的这种考虑也适用于例 5.4,但是在该例中被处理估计本身出现的巨大偏差所掩盖了。

从这两个例子中得出的结论是,系统性安排存在以下缺点:

(a) 处理的安排可能会与不可控变异的模式结合在一起,从而在处理效应的估计上产生系统性的误差,持续存在于长期的甚至一系列的试验中。我们可能一开始就考虑到了这种可能性是完全不可能被忽视的,但这是个人判断的问题,无法建立在客观性的基础上。

(b) 即使在最有利的情况下,也可能存在与此类设计的误差估计有关的难题。

随机化避免了这些缺点,因此,在其他条件相同的情况下,随机化优于系统化。也就是说,我们的目标是通过对单元进行受控分组(如在随机区组或拉丁方中)来消除尽可能多的不可控变异所带来的影响,然后对其余部分进行随机化。

但是,不应认为这些论述意味着从来不能容忍系统性设计。如果我们对不可控变异的形式有很好的了解,且系统性安排更容易使用,正如当不同的处理表示机器的有序变化时,则不进行随机化也许是正确的。例如,假设在某个试验阶段有 24 个溶液试管,处理 T_1 是向其中添加 $x\,\mathrm{cm}^3$ 试剂,处理 T_2 是添加 $2x\,\mathrm{cm}^3$ 试剂,处理 T_3 是添加 $3x\,\mathrm{cm}^3$ 试剂。进一步想象一下,此操作需要尽快完成。显然,最快、最不可能导致重大错误的程序是按照系统的顺序安排工作,首先处理所有接受 T_1 的单元,以此类推。如果已知在移液过程中涉及的错误可以忽略不计,并且整个一组 24 个单元可以在很短的时间内完成,以至于第一个和最后一个试管可以视为是同时处理的,那么尝试随机化是极端错误的。如果涉及多次重复,则明智的预防措施是更改每次重复的处理顺序,并在可行的情况下对假设进行一些检查。

不进行随机化的另一个原因是,在某些非常特殊的短期试验中,使用特殊的系统性安排会显著提高精度(参见 14.2 节)。但重要的是,除非有充分的理由,否则都要进行随机化,应理解非随机试验得出的结论取决于对不可控变异的假设的正确性,并在试验报告中明确说明这一点。有兴趣进一步讨论系统性安排的读者应阅读"Student"(1938)和 Yates(1939)的论文以及 Cox(1951)对一些近期工作的介绍。如果试验采用的系统性设计需要以相同形式被重复使用多次,则每次重复中处理的名称应独立地进行随机化。

(iii) 主观分配

现在,我们考虑第二种替代方法:处理的分配不是通过严格的随机化,而是以一种主观的、看似偶然的方式进行。以下是被这种方法破坏的试验的例子。

例 5.6 1930 年,在拉纳克郡(Lanarkshire)的学校中进行了一项非常广泛的试验,其中每天有 5000 名学生喝 3/4 品脱(pint*)的生鲜奶,有 5000 名学生喝 3/4 pint 的巴氏杀菌奶,并选择了 1 万名儿童作为对照,不喝任何牛奶。在为期四个月的试验开始和结束时,给孩子们称了体重、测了身高。以下讨论基于"Student"对此试验的批判("Student",1931)。

在任一所学校中仅使用一种类型的牛奶,对于每所学校,使用以下方法来确定哪些孩子应该喝牛奶,哪些不应该喝。通过投票或按字母表顺序的方式分为两组。如果这似乎使一组中喂养较好或营养不良的孩子比例过高,那么就用其他人替换以获得更均衡的选择。换句话说,对处理进行了随机或近乎随机的分配,然后通过主观评估"加以改善"。

这导致对照组的最终观测值超过了处理组相当于三个月的体重增长和四个月的身高增长。对此的解释大概是因为教师在不知不觉中受到了贫困儿童的更大需求的影响,从而导致喂养组中很多被替换成了营养不良的学生,而对照组中被替代的却很少。

这对重量比较造成了特别大的影响,因为在试验开始时的 2 月和结束时的 6 月,给孩子们称重时他们穿着衣服。因此,应从他们实际增加的体重中减去冬、夏服装之间的重量差。如果对照组和处理组是随机的,则由于衣着造成的体重差异会降低结果的精确度,却不会造成偏差,但是有人指出处理组包含更多的贫困儿童,他们很可能由于这个原因而减少的体重较小,于是试验产生了偏差。

尽管有可能得出某些结论,然而即使参与试验的儿童人数众多,这些结论的性质还是不准确和无法肯定的。该试验未能得出明确结论的原因是未能在将处理分配给试验单元时采用非人为的方法。

"Student"指出,在随机配对的比较试验中,比较两种食物(例如两种类型的牛奶)的一种更经济、更准确的方法是使用同卵双胞胎(参见 3.2 节)。很可能只有极少对孩子能给出较高的精度,于是可行的将是对每个孩子进行详细且仔细控制的测量。

---

* 1 pint=0.568 L。

由此得出的结论是,如果允许参与实验者的个人判断以确定对单元的处理分配,则试验可能会处于受到严重影响的境况。大量证据表明,即使在看似不太可能的情况下,观测者偏差也会发生,而且,即使选择的安排实际上是令人满意的,也总存在着可能并非如此的怀疑,一旦出现了令人惊讶的结论就会大大降低试验的说服力。在所有一般情况下,通过 5.2 节介绍的方法进行客观随机化过程所花费的时间都是微不足道的,因此,没有理由基于简单性而进行主观分配。

（iv）随机化作为隐蔽手段

在前面的大多数示例中,随机化被用于处理诸如空间上、时间上、不同动物或受试者之间的变异,以确保试验材料中可能存在的任何变化模式都不会引起处理对比的系统性误差。然而,随机化的另一个非常重要的用途是在由于参与者(包括实验者本人)的个人偏差而导致的主观效应所造成巨大的不可控变异的情况下使用。在这样的应用中,随机化是通过向所涉及人员隐瞒对每个单元所使用处理的方法来实现的。

首先考虑一个应用,其中,对参与试验的单元所进行的选择可能会产生偏差。

例 5.7　假设我们进行了一项临床试验以比较两种或多种治疗疾病的方法(药物、外科治疗等)。参与试验的试验单元(即患者)为出现在各个参与中心的合适个体。人们通常会怀疑某个特定的人实际上是否应参与在内。

如果负责选择决定的医生知道被选择的患者将接受治疗 A,则在产生怀疑的情况下,很容易有意无意地影响医生的决定;如果真的发生了这种情况,则接受不同治疗方法的试验小组将无法真正具有可比性。

如果通过系统性的方式来确定治疗方法的分配,那么这个问题很快就会明朗;同样,如果治疗顺序是由初始随机化决定的,且相关医生具有全部控制权,那么将无法实现必要的隐瞒。令人满意的方法是要么在选择了要加入的患者后再进行随机化,要么将特定患者要接受的治疗以密封的信封命名,直到确定患者加入之后才打开。并且信封中的处理顺序由试验控制者随机分配且不予透露。

该方法现已广泛用于临床试验设计中。类似的说明适用于任何参与试验的试验单元选择中存在主观因素的试验。

在处理的使用过程中也可能需要随机化来实现隐瞒,特别当单元是人的时候,如果他们知道他们实际接受的治疗方法就很可能以不相关的方式受到影响。

例 5.8　假设对小学生进行一项试验,以评估一种新牙膏(例如添加氟化物的牙膏)的效果。我们需要利用一组儿童来与接受试验性牙膏 F 的孩子进行比较。获得这样一个对照组的一种令人非常不满意的方法是将 F 分配给通过随机方法选择的一半孩子,而另一半孩子没有特殊护理。为了获得有价值的结果,有必要采取措施来鼓励正确和频繁地使用 F,因而试验组儿童牙齿的任何相对改善都可能归因于对牙齿清洁的额外关注而不是 F 的某个优点。

一种稍好但仍不能令人满意的方法是向对照组分发标准品牌的牙膏。对此的反对意见是,试验组知道他们正在接受特殊待遇,所以可能会比对照组刷牙刷得勤。确保不会出现这种效应的唯一令人满意的方法是,使用完全相同的对照牙膏管和试验牙膏管,尽可能仅在存在或不存在特殊成分上有所不同,且如果可能的话,在口味上无法区分,等等。将处理(牙膏)随机分配给孩子,随机分配的实情仅试验的控制者知道。直到试验结束,儿童、其父母和负责在试验中指导儿童使用牙膏以及在试验后评估儿童牙齿的工作人员既不应该知道某个特定儿童接受了哪种处理,也不应该知道哪些儿童组接受了同样的处理。每个孩子在试验结束时的最终观测值将是一些指标,如有缺陷或缺失的牙齿的数量。还可以在试验开始之前为每个孩子测定这些指标,该初始值将有助于计算调整后的处理均值,因此从误差中消除了与牙齿初始状态相关的许多变异(参见 4.3 节)。也可以考查处理之间的任何差异是否或多或少与牙齿健康的儿童有关。

在处理的使用可能会受个人对待处理的态度(被认为与试验目的无关[*])所影响的任何试验中,这些考虑因素都很重要。因此,在比较新旧试验技术或是否变更过的工业流程时,可能会由于投入更多注意力在运行变更过的流程上而产生偏差。如果由于处理的属性而无法通过隐蔽来消除这种可能的偏差,则应采取任何可行的措施对这种偏差加以消除。例如,假使试验在一段很长的时间内或在一段练习期之后进行,或者故意告诉参与人员错误的调查对象,那么偏差有可能会消失。

在某些应用中,可能要求必须向处理大量或所有单元的人员隐瞒处理的属性。例如,一种处理可能需要不纯的化学物质,而另一种则需要较纯的相同物质。在这种情况下,两种供应品(一种标记 A,另一种标记 B,且不说明标记的含义)是不能令人满意的,因为不能满足单元之间独立性的必要要求。参与者可能会猜测(或许并不正确)A 表示的是哪种处理,由此产生了系统性误差。一个更好的安排是,至少有六个来源标记为 A 到 F,其中三个是不纯的,三个是纯的。对于每个试验单元,要使用的来源在已通过适当的随机化确定了的试验说明中给出。

可能需要使用隐蔽的最后阶段是观测本身。在许多领域中可能会出现严重的个人偏见,因而在所有这些领域中,最好将测量单元的呈现顺序随机化。于是,在口味测试试验中,要求测试者陈述自己在多种产品中的偏爱,最不建议的就是让测试者知道每个物品所受到的处理。再者,试验中感兴趣的是(例如一项分析技术的)可重复性,对于分析人员来说,最好不要知道提交分析的哪些个体接受了相同的处理。一般说来,在个人判断很大程度上确定了最终观测结果的试验中,最好使用隐蔽。有时这是不切实际的,但随机化确实经常以简单且令人满意的方式实现了隐蔽。

(v) 总结

综上所述,我们似乎永远不应该给单元使用主观分配处理的方法,因为与客观的随机化方法相比,这种方法有严重的缺点,还没有补偿性的优点。当然,主观分配在某些应用中可能效果很好,但这并不是使用它的原因,因为随机化同样简单并且具有明确的优势。

因此,我们的总体结论是,除了在系统性安排的讨论中提到的少数例外,随机化比其他方法更可取。这个结论是通过分析其他方法的缺点,以相当负面的方式得出的。在 5.6 节中,我们将从统计的角度简要讨论随机化的正面优势。如果愿意的话你也可以省略这一部分。但是,首先我们需要处理与将要使用的随机化方案相关的重要一般性问题。

---

[*] 请注意,出于某些目的,我们可能会将这种态度视为处理的一部分,因此不希望消除其影响。

5.5　几个阶段出现的错误

在许多(即使不是大多数)试验中,重要的不可控变异可能有多种来源,尤其是在试验材料上、在应用处理的各个阶段中以及在进行观测时。重点是,随机化应涵盖与试验单元有关的所有重要变异来源,并且在切实可行的范围内应当在可能出现重要错误的所有阶段(一个这样的阶段是在处理的应用过程中)分别并独立地处理接受相同处理的不同试验单元。

这一点已经在例 3.2 中进行了一些讨论。下面将使用一个与袜子的收缩有关的虚构例子来更详细地讨论这个问题。应该仔细研究这个例子,因为它可以适用于许多领域,特别是在实验室工作中每一批试验材料都必须进行一系列完整的操作。

例 5.9　在一个试验中,为了比较减小针织袜子收缩量的 4 种处理方法,可以进行如下操作。将 48 只袜子分为 4 组,每组 12 只。每组接受 4 种处理方法(例如对照和 3 种不同的氯化过程)中的一种,进行处理并测量袜子的长度。接着在一台机器中以受控方式模拟正常磨损和洗涤,机器一次可以处理 1～12 只袜子。最后,重新测量袜子的长度并计算收缩率。

处理对比的影响因素包括:(a)袜子之间的内在属性差异;(b)测量误差;(c)氯化工艺应用过程中产生的差异;(d)磨损模拟的过程不完全一致。经过调查,我们可以将测量误差视为完全随机的,并且在任何情况下与其他变异来源相比都较小。如此,则可以以任何方便的顺序获得测量结果。我们将根据剩余的三个变异来源来考虑几种随机化方法。

方法一:将袜子随机分为 4 组,每组 12 只。每组作为一批接受处理,并在测量后进入仿真机中一次性处理。因此,仿真机运行 4 次,每次运行处理的袜子都接受的是相同的处理。

方法二:如前所述,将袜子随机分为 4 组,但氯化工艺可独立应用于单只袜子,例如,将每只袜子放在单独的批次中进行处理。测量后,按照方法一进行磨损和清洗的模拟。

方法三:仿真阶段之前均与方法二相同。在仿真阶段,每 4 只袜子为一个区组,区组中每一只接受一种处理,一个区组在仿真机中运行一次。

方法四:将袜子分为 12 组,每组 4 只,每个过程处理 3 组。氯化过程分别应用于每组,因此每个过程需要运行 3 个独立的批次。仿真机的运行按方法三进行安排。

仅当来源(c)和(d),氯化和模拟阶段产生的变异可忽略不计时,方法一才够充分。例如,假设每次运行中模拟机的性能都有所不同,那么这将显示为系统性误差,因为所有接受过同一种处理的袜子都是在同一次运行中进行处理的。如果同一个氯化过程的不同运行条件之间存在明显的差异,则方法一的结论将仅仅适用于所使用的每个过程的特定的运行,这将是一个严格的限制。例如,仅凭试验结果不可能区分不同过程的实际差异和一个过程中不同运行之间的差异。

随机化对处理误差爱莫能助,正确的方法是对每个单元进行独立的处理,这是方法二;只是与模拟过程有关的任何变异仍未得到适当处理。方法三通过随机区组原理给出了一种解决该问题的方法,即机器的每次运行都形成一个区组。

方法四是方法三的折中版本,它满足了通常会提出的对每只袜子进行单独氯化处理是不经济的这一实际的反对意见。这里的方法本质上是采用每个由 4 只袜子组成的试验单元,并建立一个有 3 个区组的随机区组设计,每个区组上进行 4 种处理。

还有许多其他方法的可能性。此外,如果测量过程不是相当直接,而是涉及大量的主观因素,则有必要按随机顺序测量袜子,采取上一节中讨论的那种预防措施来隐藏对所测量袜子进行过的处理。当然,如果可以省略该随机化阶段,则可以大大简化测量工作。

以上讨论可以总结如下:变异可能有多个来源,随机化应涵盖所有不可认为能被忽略或认为完全随机的变异;仅在试验程序的一个阶段进行随机化而在其他阶段系统性安排处理常常不够好。

5.6　随机化的统计讨论

这部分在初读时可以略过,我们将讨论随机化的统计结果。从 2.2 节中的假设等式(2.1)开始分析[*],该式表示将特定处理应用于特定试验单元时获得的观测值为

$$（只取决于特定试验单元的量）＋（取决于使用处理的量）\qquad(5.1)$$

尽管以下说明只需作微小改动即可适用于本书中几乎所有的设计,然而为了明确起见,我们考虑随机区组试验。

如果将区组内的处理随机化,则与特定处理 T_1 相关的单元量的构成是:第一个区组的单元量集合中的一个随机样本,第二个区组的单元量集合中的一个随机样本,等等。与其他处理类似,唯一复杂的是 $T_2,T_3,\cdots$ 的样本是通过"不放回抽样"获取的,因为没有一个单元接受一个以上的处理。因此,我们可以将随机抽样的数学理论应用于观测值的表现行为,只要假设式(5.1)成立并且随机数表或随机排列表充分地用于将处理随机化,则该理论是严格适用的。后一点不会给我们带来麻烦。

这样,我们可以得出以下结论,而无须进一步假设不可控变异的属性。

(a) 处理效应的估计是**无偏**(unbiased)的,也就是说,在大量独立重复试验中,估计值的平均值等于式(5.1)中定义的真实处理效应。

(b) 在一个具有固定大小的不可控变异的单个试验中(通过标准差量度),如果单元数足够多,则处理效应的估计误差几乎肯定会很小。也就是说,在时间较长的试验中,可观的错误仍然存在的机会微乎其微。这种情况应与非随机试验(譬如例 5.6)的情况形成对比。例 5.6 中,即使单元数量很大也存在明显的系统性误差。

(c) 通过 3.3 节所述方法计算得出的处理效应的估计的标准误差的平方是无偏的,也就是说,对大量的独立重复试验取平均,等于实际误差的平方(即估计效应减去真实效应再平方)的平均值。

(d) 原则上可以(Fisher,1951,p. 43)对处理效应进行精确的显著性检验,并在任何指定的概率水平上计算真实效应的极限值。于是,我们可以根据数据推断构造出真实处理效应大小的分布。实践中,这些计算几乎总是通过引入有关式(5.1)中单元量的分布形状的某些假设,而非"精确"方法来完成的。这使得通过 t 检验及其相关方法可以非常简单地进行显著性计算。众所周知,除了小规模的试验,以这种方式获得的结果与基于"精确"论证的结果吻合得令人满意。在任何情况下,关于不可控变异的假设都关心的是单元量整体分布的

---

[*]　Wilk 和 Kempthorne(1956)在更一般的假设基础上进行了分析,允许不同单元的处理效应有所不同。

形状,而非模式的不存在性。

回到统计意味较少的描述,随机化的优势是可以保证以下两点:

(a) 在大型试验中,处理效应的估计不太可能有明显的误差。换句话说,随机试验可能比相应的非随机试验更为准确。在非随机试验中,单元处理和分配不当会导致系统性的偏差。随机化在机制上实现了这一优势。

(b) 考虑到与式(5.1)相关的所有可能形式的不可控变异,我们可以测量处理效应的估计的随机误差并检验其统计显著性水平。

因此,利用一个简单的案例来说明(b),我们可以由随机试验得出结论:两种处理之间的差异在非常高的水平上具有统计显著性。系统性安排的试验得到的相应结论可能是:这种差异不太可能是源自随机的不可控变异(这一点由显著性检验证明),并且是系统性安排造成的明显效应被认为是非常不可能的。该陈述没有可测量的不确定性,也无法保证标准误差和显著性检验能量度与系统非常相关的任何量。不是说系统性安排一定比随机安排的精确度低,而是对结果的评估是建立在不那么客观的基础上的。

(a)和(b)中的一个或两个都可以在任何特定的情况下适用。

至此完成了对将处理分配给试验单元的随机化论点的一般性讨论。随机化在试验工作中还有第二个非常重要的用途:在抽样中,即从指定的主体中选择一部分进行详细研究和测量,该部分可以代表整体。抽样中随机化的论点与上面提出的论点相似,此处不再讨论。

5.7　进一步的要点

在应用随机化的过程中(特别是在小型试验中)会遇到一些困难,下面进行讨论。

第一点涉及在看起来特别不合适时拒绝由随机化所产生的安排。例如,考虑具有 8 对单元的配对对比试验(例 3.1)。假设像我们初次介绍这个试验一样,每对中的单元以确定的顺序排列,但是这种排序不具有足够的重要性以保证例 3.10 的方法在试验设计中的平衡。这里,"每对处理的顺序都是相同的"事件,实际上从长远来看约 128 次将发生一次,每次 T_1T_2 或每次 T_2T_1。此外,"所有对的顺序都相同"或者"只有一对显示与其余 7 对不同的顺序"的事件,大约 14 次将发生一次。

使用这些安排显然是不可取的。即使我们认为可能不存在重要的顺序效应,但与试验技术等相关的各种因素仍可能产生这种效应。换句话说,就不可控变异的模式而言,一对中的第一个单元和第二个单元之间存在非常大的系统性差异的模式,比我们经验上能想到的其他特定模式更有可能。

类似的考虑也适用于其他试验,在这些试验中,随机化会产生与试验材料中某些具有物理意义的模式相适应的排列,即使该模式可能被认为是不重要的。其他例子是,如果随机化的拉丁方沿着一条对角线都是处理 T_1,或者随机区组试验在每个区组内给出了相同顺序的处理。除了在单元总数很少的试验中,发生这些特定安排的机会极其渺茫。

有三种解决难题的方法,每种方法都取决于对随机化的限制。第一种方法是将关于顺序的条件纳入试验的正式设计中,如例 3.10 所述,其中 T_1 和 T_2 在第一个位置分别出现 4 次。这可能是对当前案例最好的解决方案,但肯定不是解决问题的一般方法,因为出于各种原因,将进一步的约束引入设计可能是不切实际或不受欢迎的。例如,我们在消除可能不重要的变异来源时失去了残差的自由度,使试验变得更加复杂;设计中可能已经存在几种不同的分组系统了,从而使引入其他条件变得困难或不可能。

第二种方法是一旦出现极端安排就拒绝,即重新随机化。例如,在配对对比试验中,我们可能决定拒绝以相同顺序排列 7 个或更多对的所有安排。如果要像例 5.6 那样避免观测者的偏差,使用此方法需要的条件是:一旦拒绝某个安排,那么通过重排处理名称而获得的所有其他安排也必须被拒绝。因此,如果具有 8 个 $T_1 T_2$ 的安排被拒绝,那么具有 8 个 $T_2 T_1$ 的安排也必须被拒绝。这种极端情况下几乎不可能存在分歧,但是因为关于认为什么安排算是令人不满意的决定是任意的,所以在不太极端的情况下就有可能会出现分歧。最好的计划是:如果可能,在随机分配之前就决定好要拒绝哪种安排。对此很难提供一般性的建议,但是最好的规则可能是毫不犹豫地拒绝任何基于一般常识性理由不能令人满意的安排。幸运的是,这件事在实践中并没有想象得那么重要,因为如上所述,极端的安排只有在很小型的试验中才有可能出现。

第三种方法是使用一种特殊的技巧,在技术上称为受限随机化(Grundy,Healy,1951;Youden,1958)。这是一个非常奇妙的想法,从一个非常特殊的安排集合中随机选择一个设计。这个集合的选择要排除掉极端安排和非常平衡的安排,从而遵循普通随机化的全部数学结果。该方法对于称为准拉丁方(参见第 12 章)的特殊设计来说可能是最有价值的,在那里首先引入了该方法。其他情况,如在一系列小型试验中,每个试验本身都有意义,不过还需要总体考虑。只是这种方法过于专业,无法在此处进行讨论,其全部含义尚未弄清,还需要更多信息的非统计读者可以咨询统计学家。

读者可能会反对说,第二种方法(即拒绝极端安排)会使得 5.6 节中所介绍的随机化的数学结果不成立。对于误差的估计确实如此,尽管处理的估计本身并没有偏差。实际上,只有在没有系统性顺序效应的情况下,误差的估计才会是无偏的。不过在单个小型试验中,无论如何误差的估计都是非常不准确的。更重要的是,我们在这里用数学方法解释了随机化:从长远来看或平均而言,它会具有理想的性质;另一方面,它也带来了一个实际问题,那就是我们从正在考虑的特定的单个试验中设计并得出有用的结论。一般来说,"我们的方法可以长期运行"的概念,在与特定试验相关的概率意义的定性方面以及生动的物理描述方面都是非常有用的。但是,仅仅因为从长远来看一切都会好起来而采用我们怀疑是不好的安排,就会迫使我们为了适应数学理论而削足适履。我们的目标是设计一个可以良好运行的试验:好的长期性质是一个可以帮助我们实现此目标的概念,但精确地满足长期性质的数学条件却并不是最终目的。

第二个一般问题与第一个密切相关。假设我们设计并进行了一项随机试验,在开始分析和解释结果时,我们意识到使用的安排可能很不利,应该被拒绝,或者通过检查结果,发现存在某种特定形式的不可控变异。例如,我们可能做了上述配对对比试验,六对顺序为 $T_1 T_2$,两对顺序为 $T_2 T_1$。对结果的检查可能表明会产生与处理效应大小相当的顺序效应。另一个例子是,以随机区组的方式进行的农田试验显示出从试验区域的一端到另一端的系统性趋势。在这些情况下我们该怎么办?

在某些案例中(很可能是上述第一种),我们可以做出怀疑数据的决定。不过,假设我们确实是希望尽一切可能得出结论。前面的讨论表明,无论不可控变异的形式如何,认为长期属性总是有效、并在此基础上通过常规方法分析试验结果是不够好的。另一方面,基于检查结果和对设计的个人判断而将修改引入分析必定会导致客观性的损失。建议按以下步骤进行操作。

（a）对观测值进行常规分析,忽略可疑问题。

（b）以看上去最合理的方式考虑问题,对观测值进行特殊的统计分析。不熟悉高级统计方法的读者可能需要咨询相关的统计方法。它通常需要对技术上称为非正交最小二乘的情况进行分析。

（c）如果两次分析的结论在实际中是等效的,则没有困难。如果结论确实不同,则需要小心。应该仔细考虑第二次分析的基础假设,如果它们看起来合理,则应该认为第二次分析是正确的。

（d）在报告试验时,应简要给出两次分析的结论。如果第一次分析被拒绝,则应概述原因。一般的想法应该是使读者清楚地知道已完成的操作,并使其在可行的情况下尽可能得出自己的结论。

幸运的是,这些困难很少在实践中发生。

偶尔会出现的另一个困难是,由于一些实际原因,某些处理安排是不被允许的。树莓品种试验给出一个例子(Taylor,1950)。这里的要点是,在最初种植的许多藤条附近都会出现额外的藤条,因此有必要从每个地块中移走这些新的藤条。为了做到这一点,彼此相似的品种一定不能同时出现,从而限制了随机化。另一个例子是在地毯磨损试验中,其中对染色和未染色的地毯进行比较。试验所用地毯是通过将不同类型的正方形地毯缝在一起并将整个地毯放置在繁忙的走廊中而形成的。通常希望地毯看起来要像样,于是将排除染色和未染色部分的完全随机化。在这些案例中,方法要么是进行尽可能多的随机化,要么是采用系统性的安排并采取任何可行的步骤来避免偏差。

概　　要

当已选择一种特定类型的设计(例如拉丁方)来进行精确的处理对比时,处理的安排应通过非人为的随机化来确定。这可以通过洗牌等实现,或者更通常地,通过随机排列表或随机数字表来完成。

系统性安排有时偶尔会比随机安排更为可取,例如基于简单性;切勿以随意的方式进行主观的处理分配。随机化的原因是,在历时较长的试验中,接受不同处理的单元之间的系统性差异将持续存在的机会可以被忽略不计,且无论不可控变异的形式如何,都可以估计误差。实际上,随机化将试验单元重新排列为随机顺序,并将任何模式的不可控变异变换为完全随机的变异。非常重要的是,随机化应覆盖可能出现重大错误的所有阶段。

在随机化过程中,特别是在非常小的试验中,当出现不满意的安排时,需要特别注意。

参 考 文 献

Cochran,W.,G.,and G. M. Cox. (1957). *Experimental designs*. 2nd ed. New York：Wiley.

Cox,D. R. (1951). Some recent work on systematic experimental designs. *J. R. Statist. Soc.*,B,14,211.

Fisher,R. A. (1951). *The design of experiments*. 6th ed. Edinburgh：Oliver & Boyd.

Greenberg, B. G. (1951). Why randomize? *Biometrics*, 7, 309.

Grundy, P. M., and M. J. R. Healy. (1951). Restricted randomization and quasi-Latin squares. *J. R. Statist. Soc.*, B, 12, 286.

Kendall, M. G., and B. Babington Smith. (1939). *Tables of random sampling numbers*. Tracts for computers. No. XXIV. Cambridge: Cambridge University Press.

"Student". (1931). The Lanarkshire milk experiment. *Biometrika*, 23, 398. Reprinted in *"Student's" Collected Papers*. Cambridge, 1942.

"Student" (1938). Comparison between balanced and random arrangements of field plots. *Biometrika*, 29, 363. Reprinted in "Student's" Collected Papers. Cambridge, 1942.

Taylor, J. (1950). A valid restriction of randomization for certain field experiments. *J. Agric. Sci.*, 39, 303

Tedin, O. (1931). The influence of systematic plot arrangement upon the estimate of error in field experiments *J. Agric. Sci.*, 21, 191.

Wilk, M. B., and O. Kempthorne. (1956). Some aspects of the analysis of factorial experiments in a completely randomized design. *Ann. Math. Statist.*, 26, 950.

Yates, F. (1939). The comparative advantages of systematic and randomized arrangements in the design of agricultural and biological experiments. *Biometrika*, 30, 440.

Yates, F. (1951). Bases logiques de la planification des experiences. *Ann. de l'Institut H. Poincaré*, 12, 97.

Youden, W. J. (1958). Randomization and experimentation. *Ann. Math. Statist.* To appear.

第6章

关于析因试验的基本思想

6.1 引言

到目前为止,我们将注意力集中在以下这种试验上:试验中比较一组处理方法,这些处理方法通常没有以任何特定方式被设置或排序。但是,经常发生的情况是:我们希望检查几种不同类型的变化共同对系统的影响,例如,压力、温度和反应物比例的变化对化学过程的影响。在此例中,每种处理都是包含一个温度、一个压力和一组反应物浓度的组合,于是一般而言,在我们现在要考虑的试验类型中,每个处理都包含被称为**因子水平**(factor level)的组合。

与前几章讨论的通过分组试验单元来提高精度以及通过随机化来控制剩余变异的方法的应用相同,但由于处理之间的特殊关系而出现了许多特殊问题。在本章中,我们将介绍与这些系统相关的一些一般概念,然后在第 7 章中继续讨论设计的实际问题。初读时可略过本章的详细内容;6.2 节、6.3 节、6.10 节是最重要的部分。

6.2 一般定义和讨论

为方便起见,我们首先介绍一些定义,然后讨论在一个试验中包含所有"因子"(而不是在单独的试验中分别研究它们)的一般方法的优缺点。

我们将每个基本处理称为一个**因子**(factor),并将该因子的可能形式的数量称为该因子的**水平**(level)**数量**。来自每个因子的一个水平的特定组合确定了一个**处理**(treatment)。如果所有或几乎所有因子组合都需要关注,则将整个试验称为**析因试验**(factorial experiment)。使用一些例子应该能使这些定义更清晰。

例 6.1 一个经典的肥料试验示例,其中包含三个因子:氮肥 N、磷酸盐 P 和钾肥 K。在最简单的情况下,每种肥料要么不存在,要么以标准比例存在。于是有 8 个处理:

无 N,	无 P,	无 K	: 处理 1
无 N,	有 P,	无 K	: 处理 2
无 N,	无 P,	有 K	: 处理 3
无 N,	有 P,	有 K	: 处理 4
有 N,	无 P,	无 K	: 处理 5
有 N,	有 P,	无 K	: 处理 6
有 N,	无 P,	有 K	: 处理 7
有 N,	有 P,	有 K	: 处理 8

这是一个具有三个因子的试验,每个因子有两个水平。可以认为这是一个 $2 \times 2 \times 2$(或 2^3)的试验。如果对三个品种中的每一个都测试了全部 8 种肥料组合,则我们应该进行一个 $3 \times 2 \times 2 \times 2$ 的试验。

例 6.2 考虑牛精液中添加稀释剂对受精率的影响的试验。假设可以添加三种物质(例如,磺胺、链霉素、青霉素),每种都存在或不存在。如果使用了所有 8 种组合,则该试验还是一个 $2 \times 2 \times 2$ 的析因试验。但是,如果我们认为这些物质实质上是彼此的替代品,那么将有四种处理,一种是对照,另三种是分别使用上述三种物质。那么我们不应该认为试验是一个析因试验,因为试验中排除了相当数量的因子组合。

针对这个问题的析因试验的设计(Campbell,Edwards,1954)利用了一些更先进的技术,这些技术将在 12.3 节中进行讨论。

例 6.3 在对木材进行阻燃处理效应的试验中(van Rest,1937),遇到了以下类型的析因试验。共有三个不同的处理和一个对照,要在两种不同种类的原料上进行比较。处理后的两天、三个月和一年,每个种类的粗糙表面和光滑表面均应进行测试。这是一个规范的 4(处理)$\times$2(种类)$\times$2(粗糙和光滑)$\times$3(次数)的析因试验。尽管出于多种目的,以这种方式看待试验非常有用,不过下面两类因子之间有重要的区别:分别表示应用于单元上的处理的因子(处理因子),以及部分对应于将单位分为两类或两类以上的因子(分类因子)。

为了详细说明这一点,请考虑在第 1 章引言中处理的概念。一个基本要点,同时也是始终隐含着的是,任何试验单元可以接受任何处理,并且对处理的分配均在实验者的控制之下。显然,从这个意义上说,种类不是一个处理;特定单元的种类是该单元的固有属性,而不是实验人员分配给它的。同样,如果实验者无法决定要刨削哪些木材,则粗糙表面和光滑表面之间的差异并不代表处理因子,而是简单地将一系列粗糙板和一系列光滑板呈现在我们面前。但是,如果实验者有大量的毛坯板,并且可以决定要使哪些变光滑,则我们才有真正的处理。

因此,本试验更准确的描述为单元分类为 2×2 的 4×3 析因试验,或者将单元划分为两组的 $4 \times 3 \times 2$ 析因试验。

例 6.4 另一个例子可以有助于阐明处理因子和分类因子之间的区别。假设在四个中心重复实施例 6.2 的人工授精试验,使用的是在这些中心的母牛。于是中心必须被视为分类因子,因为一头母牛出现在一个中心(而不是另一个中心)的结果中的事实完全超出了实验者的控制范围。

现在假定,除了任何处理效应外,各中心之间的受孕率也存在明显差异。那么,仅凭试验结果,我们无法说明这些差异的出现是否由于在不同中心的奶牛系统性的不同(这很可能会发生),还是不同中心之间的技术存在差异,或者进行授精的外部条件不同。

换句话说,就中心的比较而言,我们面临的情况是这个试验中接受不同处理的单元之间可能存在系统性差异。这并不意味着不能从中心的比较中获得有用的信息,只是除非得到外部证据的支持,否则得出的结论将缺乏说服力。另一方面,当我们比较两种或两种以上的处理时,我们知道,特定的母牛接受一种处理而不是另一种处理纯粹是由于随机的选择。从而,动物差异对处理对比的影响是完全随机的,因此可以客观地量度所产生的不确定性。

为了阐明逻辑性,请想象一下,它可能涉及将每头母牛随机分配到一个中心,然后该中心将代表一个处理因子,该因子可以根据常规方法进行考查。

在随后的许多讨论中,无须明确提及两种因子之间的区别,但是在解释结果时,说明它们的区别通常很重要。

因子水平的每种组合使用相同次数的析因试验称为**完全析因试验**（complete factorial experiment）。本章和下一章中介绍的试验都是这种类型的。将注意力限制在完全试验上的原因是，仅当设计是完全的，或者无论如何具有高度对称性时，对感兴趣的单独效应的估计才比较简单。不完全试验在某些领域很重要，特别是在同时研究许多因子时（第 12 章），但是如果要避免冗长的计算，那么在选择合适的设计时就需要谨慎些了。

现在，我们将使用例 6.1 来讨论析因试验的优势。为了明确起见，假设我们将这个试验安排在 6 个随机区组中，每个区组包含 8 个地块，因此 8 个处理中的每一个都被使用 6 次，总共使用了 48 个地块。在讨论中有两种情况需要区分：

（a）从不存在 N 变为存在 N 所获得的额外产量，对于所有水平的 P 和 K 都是接近相同的，并且当用 P、K 代替 N 时也是如此。在这种情况下，我们说在测量范围内，N、P 和 K 不存在交互效应。

（b）两个或多个因子之间可能存在交互效应。例如，除非也存在 P，否则使用 N 可能不会带来任何收益，等等。

我们将在随后详细讨论交互效应的定义和含义，目前所需要的是这样一个大致的想法，即两个因子之间的交互效应意味着其中一个因子（例如 N）所产生的影响取决于其他因子（例如 P）的特定水平。

在第一种情况下，我们可以通过将存在 N 的 24 个观测值的平均值与不存在 N 的 24 个观测值的平均值之差来估计由不存在 N 到存在 N 所导致的产量增加。这是因为在完全析因系统中，每组 24 个都包含相同次数的 P 和 K 的所有组合，例如，P 不存在 12 次、P 存在 12 次。

因此，我们得到了将全部 48 个地块专门用于 N 的检验所能得到的精度。类似的说法也适用于 P 和 K 的相应比较。

另一方面，如果我们将地块分成三个相等的组，每组 16 个，并将第一组用于 N 的检验，第二组和第三组分别用于 P 和 K 的检验，那么情况可能会变差很多。每个对比的估计都必须由两个均值之差得到，但此时每个均值为 8 个观测值上的平均，而不是之前 24 个观测值上的平均。因子越多，使用析因试验同时研究这些因子的收益就越大。

当存在交互效应时，析因方法的优势甚至更加明显。上文中考虑的平均值估计了在其他因子的所有平均水平上（例如，从不存在 N 到存在 N）的均值增加。此外，可以估计感兴趣的任何特定因子组合，可以分别估计 N 的效应：首先不使用 P，然后再使用 P，等等。另一方面，如果要分别对 N、P 和 K 进行试验，例如 N，则我们必须在 N 上进行 P 和 K 的固定水平的试验。如果为 P 和 K 选择的水平恰好与最终实际关注的水平明显不同，那么我们对 N 的效应所做的估计可能会产生误导。同样，从析因试验中获得的关于处理之间如何发生交互效应的信息，不仅对决定哪种组合最有效，而且对于理解处理是如何"发挥作用"的都具有价值。实际上，析因试验，尤其是一个因子具有两个以上水平的析因试验，比仅检查一组非常有限的因子组合的试验能提供完整得多的观测和因子水平之间关系的刻画。

析因试验的另一个优点是可以方便地扩展结论的有效范围。如在例 6.1 中，许多品种通常会被列为另一个因子而被纳入（被选为重要不同类型品种的典型代表）。这样做的目的不是直接比较品种（因为几乎可以肯定它们是完全不同的），而是要研究肥料对不同品种的作用方式的区别(如果有的话)。特别是比起将试验局限于一个品种,如果发现这三个品种的肥料效应基本相同,那么这一结论可以更自信地应用于新品种。

综上所述,与一次一因子方法相比,析因试验具有以下优点:可以更精确地估计整体因子效应,可以探索不同因子之间的交互效应,并可通过加入其他因子来实现扩展结论的有效范围。

如果不够审慎地看,前几段论述似乎表明,如果我们想要调查某种特定的情况,最好是在一个大型试验中使用所有可用于问题研究的资源,一起检查所有可能的因子。事实并非如此,其原因有很多。

首先,显然是简单性方面的考虑;即使有可用的资源,也很难组织起多因子、多试验单元的试验。

其次,更重要的是,在调查一开始就进行大型试验通常不是一件好事。小型的初步试验可能会预示出前景好得多的提问路线,在任何案例中通常对于挑选出最重要的因子以及显示这些因子应调查的范围都很有用。在第 12 章中讨论了一些有助于设计"初步"试验的方法。

最后,提出一个重要的一般性问题。析因试验特别适合通过在各种条件下进行观测来经验性地描述系统的行为。但是,在许多问题中,从长远来看更有利的目标不仅是改变系统的效应,而是从基本概念上真正地理解系统。为此,通常需要在特殊条件下进行一系列简单的试验,每个试验都是由先前试验的结果所建议的,也阐明了那些结果。最多包含三四个因子的简单析因试验可能非常合适,而且如果存在可观的不可控变异的话,本书中介绍的其他方法也会很有用。然而,除了快速进行初始调查外,具有很多因子的析因试验的想法通常是不合适的,因为通常理解的最佳获得方式是从对简单案例进行彻底调查开始,从而逐步进行的。如果像在农田试验(尤其是多年生作物的试验)那样需要很长时间才能完成时,情况会有所改变。在这类案例中,"使用相当复杂的试验"的论点得到了强化。

6.3 因子类型

除了区分处理因子和分类因子之外,我们可以出于某些目的很方便地将在应用中遇到的因子划分为以下类型:

(i) 特殊定性因子;

(ii) 定量因子;

(iii) 排序定性因子;

(iv) 抽样定性因子。

下面将通过示例说明这四种类型的因子。

(i) 特殊定性因子

这些因子在不同水平之间没有建立特定的自然顺序,并且每个水平都具有内在的意义。很多时候我们会去掉前面的形容词"特殊",加上它是为了与排序定性因子和抽样定性因子区分开来。特殊定性因子的例子包括:品种试验中的小麦品种(例如,这些小麦品种记为 1 号、2 号、3 号、…、10 号,而 1、2、…、10 并不构成自然顺序,也可以是 2、7、1、…、3、…)、疾病的不同治疗方法、水果试验中不同的修剪技术、跨实验室的对比试验中的不同测量技术,等等。代表试验单元分类的因子通常是定性的。例如,不同类型(质量)的羊毛、心理试验中的不同对象组、跨实验室的试验中的不同实验室或中心（其中每个实验室提供自己的试验材料），等等。

（ii）定量因子

这些因子的不同水平对应于某个定义良好的数值量（称为承载变量，carrier variable）的取值。这些因子在物理、化学科学与技术的试验中尤为常见。一些定量因子的示例如下：农田试验中肥料的不同用量、化学试验中的不同温度（或压强或反应物的浓度）、处理作用的不同时长、不同的药物剂量、不同的刺激强度，等等。

例如，在第一个例子中，承载变量是肥料用量［例如以英担/英亩（cwt per acre*）为单位］，因子水平可能为标准肥料的 0、1、2、3 倍。于是会出现以下情况：试验中使用的因子水平对应于等间距的承载变量值。这种安排通常很方便，但绝不是必需的，并且正如我们稍后将要介绍的那样，在分析某些类型的曲线关系时，我们反而不希望是等间距的值。

在特殊定性因子中，不同的水平代表了我们内在感兴趣的处理。定量因子通常却不是这种情况；精确水平的选择或多或少有些任意，我们关心的是给出观测与承载变量之间关系的曲线，例如平均产量与肥料用量的关系曲线。我们将这种曲线称为响应曲线。

更正式地说，考虑仅有一个因子的试验，用 v 表示承载变量。选择任意值 v_0 作为一个方便的参考点，该值位于实际感兴趣的承载变量的取值范围内。于是，如果第 2 章的基本假设成立，那么我们可以考虑与该范围内 v 的任何取值相对应的真实处理效应。这被定义为当使用对应于 v 的处理时在特定单元上得到的观测值，与对应于参考点 v_0 的处理应得到的观测值之间的差值。我们称真实处理效应相对于 v 的曲线为真实响应曲线，6.8 节的图 6.2 将会展示出现在应用中的几种常用的响应曲线。

根据试验结果估计曲线时，有两种不确定性的来源，一种是由于不可控的变异所致，另一种是由于我们只能对 v 的有限数量的取值进行观测。这意味着如果 v 的取值是连续的，那么我们只能通过假设曲线足够平滑来估计曲线的整体形式。当我们讨论水平的选择时，即 v 的值取几个、在何处取，再来处理这两种不确定性的来源。

定性和定量因子之间的区别会影响分析以及试验设计。但是，对于仅在两个水平上出现的因子，我们无法对响应曲线的形状细节进行估计，唯一可以估计的是在两个因子水平上观测值之间的差异。因此在这种情况下，从分析的角度来看，定性和定量因子是等效的。

（iii）排序定性因子

这些因子出现的频率低于前两种类型的因子。因子水平可能是以某种顺序排列的，但是没有一个天然存在的能够描述因子水平的定量变量，或者，不同的水平对应于一个定量变量的非常粗略的分组值。

大部分的排序定性因子是分类因子。以下给出一个示例：患者可以分为轻度、中度、重度和极重度等类型。这样，疾病的严重程度就成了排序定性因子，因为没有一个自然的数值量来定义不同的水平。在心理试验中，将受试者分为三组不同的年龄段可能很方便，例如，年龄在 25 岁以下、25～35 岁之间以及 35 岁以上。这里的因子确实对应于明确定义的数量（年龄），但是水平不符合明确定义的取值。例如，最后一组包含的对象可能年龄跨度范围较大。

---

*　1 英担（cwt）≈50.8 kg；1 英亩（acre）≈0.004 047 km^2。

如果在最后一个示例中发现观测值在很大程度上取决于年龄,那么我们可能应该放弃分为三组的想法,而在分析中使用受试者个人的年龄。但是,只要我们将年龄视为三个水平的因子,它就是一个排序定性因子。

一般说来,尽管区分特殊定性因子和排序定性因子在观测分析中通常很重要,但在试验设计中并不是很相关,因此下文将不会经常进行这种区分。

(iv) 抽样定性因子

有时会发生下面这种情况,尤其对于分类因子而言,试验中所使用的水平本身并没有多大意义,而应该被认为是从更大的水平集合或总体中随机抽取出来的样本。

例如,对于一个工业过程,我们可能会将原材料的不同运送批次作为不同水平的因子。于是令人感兴趣的可以是对不同运送批次进行单独比较,其中,每批运送都是有内在意义的,因此运送因子被视为特殊定性因子。但是,通常我们不会将这些运送单独视为特别有意义的,而只会关心运送总体,所使用的运送只是总体的一个样本。如果试验中使用的运送是通过统计抽样程序从较大的集合中抽取的,则总体这一概念被很好地定义了,即从中进行选择的较大的集合。在其他情况下,总体可能是一个不太明确的概念,但大体思路是,我们通常想要试验中其他因子的结论不仅适用于试验中实际使用的运送,而且还要能估计推广时增加的额外不确定性。

类似的分析适用于多年或在多个中心重复进行的农田试验。我们经常发现将"年"或"中心"作为来自"年"或"中心"的总体的样本是适当的,但是假设这个总体等同于我们希望试验得出的结论能够适用的总体时,几乎总是存在一些额外的不确定性(参见例6.7)。

下文经常提到不同类型因子之间的区别,尽管在很多讨论中其区别并不重要。

6.4 两因子试验中的主效应和交互效应

析因试验的许多讨论都基于一个非常重要的思想:主效应和交互效应。下面将使用简单的理想化示例进行解释。

首先考虑一个具有两因子 A 和 B 的试验,每个因子有四个水平。为了明确起见,可以将 A 的水平视为小麦的四个品种,将 B 的水平视为四种不同的氮肥。为了简化讨论,假设没有不可控的变异,且获得了表 6.1(a)所示的观测结果。这些观测结果可以通过各种等效方式进行表征:

(a) 对于 B 的所有水平,A 的任意两个水平对应的观测值之差均相等。因此,A 从水平 1 变化到水平 3 则每列加 1。

(b) 对于 A 的所有水平,B 的两个水平的观测值之差均相等。

(c) 这两个因子的影响是**可加的**(additive)。通过考察表格边缘显示的行、列平均值,可以很好地理解该说法的含义。现在,行平均值显示 A 从水平 1 到水平 3 的变化为加 1;同样,B 从水平 2 到水平 4 的变化为加 4。现在考虑从 A 取水平 1、B 取水平 2 确定的位置到 A 取水平 3、B 取水平 4 确定的位置的变化。应是 $16-11=5$,等于 A 和 B 的单独平均效应之和。如果规则

$$观测的变化 = A \text{ 变化的平均效应} + B \text{ 变化的平均效应}$$

适用于表中的所有单元格对,则我们说因子 A 和 B 是可加的。在本例中我们将发现情况确实如此,读者可进行核查。

(d) 如第 3 章所述,减去行和列效应得到的残差在这里都是零。

条件(a)、(b)、(c)和(d)是相互等价的,读者可以通过思考上述特例或通过使用初等代数构造出一个正式的证明来使自己相信如此。通常如果满足这些条件,我们就说因子 A 和 B 不**交互**(interact);如果不满足条件,我们就说 A 和 B 之间存在**交互效应**(interaction)。这些是非常重要的定义。

产生交互效应的方式很多,表 6.1(b)中示出了一种特定的交互方式。为了进行比较,行和列的平均值均与表 6.1(a)相同,但是,因子 B 取水平 1 和水平 2 之间的差异对于 A 的所有水平并非相同。就特定的应用而言,从一种肥料改为另一种肥料的效应对于所有品种并不尽相同。

我们将因子 A 的主效应(在 B 的四个水平上平均)定义为可以使用表右侧的行平均值进行的一系列比较。例如,将 A 的水平 2 与水平 1 进行对比的主效应是 $15.25-12.25=3$,以此类推。我们通常只谈论 A 的主效应,而没有提及 B,但除非没有交互效应,否则 A 的主效应的大小取决于试验中所用 B 的特定水平。

表 6.1 简单工厂试验中的虚拟观测

(a) 不存在交互效应

因子 A	水平	1	2	3	4	行平均
				因子 B		
	1	9	11	14	15	12.25
	2	12	14	17	18	15.25
	3	10	12	15	16	13.25
	4	13	15	18	19	16.25
列平均		11	13	16	17	

(b) 存在交互效应

因子 A	水平	1	2	3	4	行平均
				因子 B		
	1	9	11	14	15	12.25
	2	12	14	17	18	15.25
	3	11	11	14	17	13.25
	4	12	16	19	18	16.25
列平均		11	13	16	17	

(c) 特例:主效应为零

因子 A	水平	1	2	3	4	行平均
				因子 B		
	1	14	16	14	16	15
	2	15	13	18	14	15
	3	12	15	16	17	15
	4	19	16	12	13	15
列平均		15	15	15	15	

表 6.1(c)示出了一个明显虚构的案例旨在加以阐明。此处,行和列的平均值都相等,因此主效应对比均为零。A 从一个水平到另一个水平的平均值没有变化,但是,对于 B 的任何特定水平,对应于 A 的不同水平的观测值都是不同的。我们将看到,应用中最常见的情况并不是这样,而是交互效应小于主效应。

以上分析是针对不存在不可控变异的情况。在实践中,我们必须区分根据真实的处理效应定义的真实的主效应和真实的交互效应,以及我们从观测中获得的对它们的估计值。也就是说,根据第 2 章的基本假设,对于 A 和 B 的每个水平组合都有一个真实的处理常数。如果将这些输入到类似于表 6.1 的表格中,则它们定义了 A 和 B 的真实主效应以及真实的交互效应。如果在类似的表格中列出根据观测计算的处理均值,从而计算出估计值,那么这些估计值会受到不可控变异的影响。特别是,如果真实的交互效应为零,而观测中几乎总是存在一些明显的交互效应。通常这就需要进行统计检验,以查明数据是否与不存在真正的交互效应相一致。

现在我们说明使用主效应和交互效应的优点。如果没有交互效应,则试验结果的描述会非常经济,因为只需要考虑主效应,而不是所有处理组合对应的效应。在具有两个以上因子的试验中,这种讨论的好处尤为明显。其次,该讨论有时也会有利于对试验情况的了解,这是因为不存在交互效应可能意味着两个因子彼此独立地发挥作用,于是人们或许能理解正在发生的一切,也是因为交互效应的特定模式可能具有特殊的物理意义。

为了说明最后一点,请考虑一项营养试验,其中两个因子 A 和 B 指的是基本饮食的不同补充剂,每个补充剂存在或不存在,即处于两个水平。可以分为三种极端情况:

(a) 这些因子之间没有交互效应;

(b) 单独使用每种补充剂时本身都会产生 1 个单位的增长率,但是当两种补充剂一起使用时没有额外的效应;

(c) 单独使用补充剂时没有变化,但同时使用两种补充剂会产生效应。*

表 6.2(a)、(b)、(c)示出了说明这些情况的虚拟观测结果;例如,观测可以是在标准时间段内体重的增加。很明显,这三组观测结果对应着三种不同类型的生物行为,尽管我们不期望任何一个处理类型都能准确地响应它们的使用,但是比较这些类型对应的观测值以找出哪些是最接近的可能是有帮助的。不过,在具有定量因子的试验中,我们通常会建议每个因子有两个以上的水平,稍后将对此进行更充分的讨论。

表 6.2　简单的营养试验中的虚构观测

(a) 不存在交互效应

补充剂 A		补充剂 B	
		不存在	存在
	不存在	10	12
	存在	13	15

(b) 两种补充剂同用时无额外响应

补充剂 A		补充剂 B	
		不存在	存在
	不存在	10	15
	存在	15	15

---

* 读者可能会注意到这些情况类似于遗传学中的三种经典上位效应模型。

续表

（c）两种补充剂不同用时无响应

补充剂 A		补充剂 B	
		不存在	存在
	不存在	10	10
	存在	10	15

下面,我们将说明如何解释交互效应的存在。

6.5　交互效应的解释

我们正在讨论的这种类型的试验所得出的几乎所有观测结果都显示出一些明显的交互效应。在声称我们的试验表明这种交互效应是系统的真实属性之前,通常需要使用合适的显著性检验(Cochran,Cox,1957,第 5 章;Goulden,1952,p. 94)。这种检验的结果量度了假设交互效应的真实性成立所涉及的不确定性。然而,该检验可能表明数据与没有交互效应是一致的。这不等于说没有真正的交互效应。

在目前的情况下,我们不分析这些显著性检验的细节,而是假定交互效应的统计显著性已经得以确定,来简要说明交互效应的解释。这些解释的细节与试验设计没有直接关系,因此读者在初读时可以忽略此部分。

对于两因子试验,可以在类似于表 6.1 的双向表中总结观测,只是每个输入是对相应处理的所有观测取的平均值。因此,如果试验是在五个简单的随机区组中完成的,则双向表中的每个输入是五个观测值(每一个来自于一个区组)的平均值。边际均值直接计算得出。

人们也许可以理解这种表格的含义,然而,按照下列方式图形化呈现表格通常很有用。我们选择一个因子沿示意图的 x 轴来表示,并绘制一系列图形,每一条线代表另一个因子的一个水平。例如,采用表 6.1(a)中的数字。在图 6.1(a)中,我们利用沿 x 轴的四个点表示 B 的水平,每条由折线所连接的点的集合对应于因子 A 的不同水平。四条曲线平行,这是零交互效应的条件。将该图与图 6.1(b)和(c)进行比较,其观测分别来自于存在交互效应的表 6.1(b)和(c)。

该试验中,A 代表品种,B 代表不同类型的肥料,这两个因子都是特殊定性因子,都可以选择沿 x 轴作图。但是,通常很清楚哪种方式会使得绘图的信息更丰富。例如,如果一个因子是抽样定性因子或分类因子,则在图中被视为 A。同样,如果一个因子是定量的或排序定性的,则其可能会被视为 B。

我们将简要区分三种交互类型。第一种可以通过将每个观测值作变换加以消除,其变换可以是取其平方、其对数、其平方根或某些其他合适的函数。我们对不存在交互效应的定义是,例如对于 B 的所有水平,A 在两个水平上的观测值之差都是相同的。例如,若比例变化(而不是绝对变化)是恒定的,则应认为存在交互效应。表 6.3(a)对此进行了说明。第一组数据显示了刚刚描述的交互类型;当取观测值的对数[*]时,就没有交互效应了(请参阅表的下半部分)。

---

[*]　译者注:这里的取对数,是以 10 为底的。

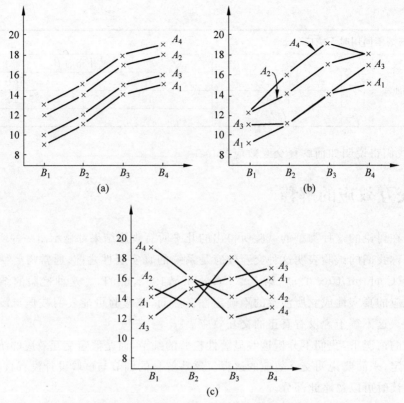

图 6.1 两因子试验中数据的图形表示,分别对应于表 6.1(a)不存在交互效应、
表 6.1(b)和(c)存在交互效应

表 6.3(b)和(c)示出消除了交互效应的相应情况,其中,表 6.3(b)通过对观测值取平方
来消除;表 6.3(c)通过对观测值取平方根来消除。读者应该为这些例子画出与图 6.1 对应
的示意图,并注意它们之间的差异。这些例子对应于不存在不可控变异的情况,即,变换后
的观测完全没有交互效应。

表 6.3 变换可消除交互效应的一些例子

(a) 对数变换

		原始观测值					变换后的观测值		
	水平	因子 B				水平	因子 B		
		1	2	3			1	2	3
因子 A	1	2.00	3.16	6.31	因子 A	1	0.3	0.5	0.8
	2	2.51	3.98	7.94		2	0.4	0.6	0.9
	3	3.98	6.31	12.59		3	0.6	0.8	1.1

(b) 平方变换

		原始观测值					变换后的观测值		
	水平	因子 B				水平	因子 B		
		1	2	3			1	2	3
因子 A	1	1.73	2.24	2.83	因子 A	1	3	5	8
	2	2.00	2.45	3.00		2	4	6	9
	3	2.45	2.83	3.32		3	6	8	11

续表

(c) 平方根变换

		原始观测值					变换后的观测值		
	水平	因子 B				水平	因子 B		
		1	2	3			1	2	3
因子 A	1	9	25	64	因子 A	1	3	5	8
	2	16	36	81		2	4	6	9
	3	36	64	121		3	6	8	11

对于识别和系统化处理可消除交互的统计方法已有相关研究(Tukey,1949,1955；Moore,Tukey,1954)，但是在撰写本书时，尚无简单的常规程序可用，如果读者怀疑存在可消除的交互，可继续尝试各种变换方法。可消除和不可消除交互之间似乎存在着本质的区别，因为后者表明行为有些复杂，而前者可以认为是由于以不恰当的尺度记录了观测结果而引起的。上面已经讨论了没有交互效应的优点，但是，如果在未变换的尺度上使用处理差异具有补偿性的实践或理论优势，则当然没有令人信服的理由来变换数据。在任何情况下，变换通常仅在数据的变异系数较大时才有效。

前文讨论了可以通过变换消除的交互效应。不可消除交互效应的第一种是那些用简单语言描述的交互效应。它们主要产生自特殊定性因子。例如，若不是针对某一行或某一列的结果，则可能会不存在交互效应。因此，要很好地理解表 6.4(a)，我们可以说 A 的第1、2和3水平与 B 没有交互效应，并给出均值表以显示相应的主效应。B^* 的第 4 个水平的响应将单独给出并进行评论。表 6.4(b)给出了均值表的结果。这又是一个不存在不可控变异的案例，而实践中必须允许这种变异，通常是由引用两个均值之差的标准误差来表示的。

表 6.4　虚构的观测以说明交互效应的解释

(a) 完整的双向表

	水平	因子 B		
		1	2	3
因子 A	1	9	10	12
	2	11	12	14
	3	13	14	16
	4	13	13	9

(b) 补充表

	水平	因子 B		
		1	2	3
均值取自水平	1~3	11	12	14
因子 A	4	13	13	9
全部水平的均值		$11\frac{1}{2}$	$12\frac{1}{4}$	$12\frac{3}{4}$

	水平	因子 A			
		1	2	3	4
B 的全部水平的均值		$10\frac{3}{4}$	$12\frac{1}{3}$	$14\frac{1}{3}$	$11\frac{2}{3}$

＊　译者注：应改为 A。

在每一行旁边，针对该行中成对均值之间的差异，通常会引用标准误差。

使用这种分析需要格外注意，因为数据可能与好几种简单的描述都一致。我们通常使用最可能的先验描述，但这引入了主观因素。在报告试验时，应始终提供完整的处理均值的双向表。

此类交互效应的理论重要性在于，B 的作用在 A 的第 4 个水平上被修改了，从而是什么将 A 的第 4 个水平与其他水平区分开的考虑可能会阐明处理 B 的工作方式。交互效应的实际重要性在于，如果我们希望对 B 的水平提出技术建议，则有必要考虑 A 的哪个水平该出现。进一步地，除非交互效应的本质被充分理解了，否则将使用 B 的结论推广到试验中没有出现的 A 的水平上将是困难的。

可能发生的情况是，没有哪一个交互效应的简单描述看上去是合理的，在这种情况下，我们可能不得不将不同的处理组合视为不同的，实际上就是忽略了析因结构。这是第三种交互效应的类型。

在所有情况下，无论是否存在交互效应，都要按照如 6.4 节中双向表的边际均值来定义 A 和 B 的主效应。因此，A 的主效应说明 A 在试验所用到的 B 的特定水平上的平均效应。如果存在交互效应，则主效应可能有用，也可能无用。以下的评注是重要的：

（1）如果对于 B 的所有水平而言 A 的总体趋势是相同的（例如当通过变换消除了交互效应时），则主效应可能有助于定性地指出 B 的所有水平上 A 的总体趋势。反之亦然。

（2）赋予每个水平相等的权重，如果在 B 的水平上取平均具有直接的物理意义，则主效应是有用的。例如，若因子 B 是性别，则在两个水平上取平均值通常是合适的；若因子 B 是抽样定性因子，则 A 的主效应将是估计 A 平均在 B 的水平总体上的效应，这通常是必需的。

（3）在其他情况下，当对一个因子的若干水平进行平均是没有意义的，而 A 的主效应几乎无法说明在 B 的各个水平上 A 的变化时，则主效应是不适用的。

6.6 具有两个以上因子的试验

前面的讨论只针对有两个因子的试验。许多观点只需微小改动就可适用于具有两个以上因子的完整析因试验。任意选择两个因子（例如 A 和 B），我们可以做出一个如表 6.1 所示的双向平均值表。在代表每个均值的输入中，所有其他因子的水平组合被表示的次数均等。从这样的双向表出发，我们定义（例如 A 的）主效应为对所有其他因子的所有水平取平均。类似地，在此表中是否存在交互效应决定了两因子交互效应 $A×B$（在其他因子的水平上取平均）。每对因子都有一个两因子交互效应。

除了主效应和两因子交互效应之外，还需要考虑更复杂的情况。两因子交互效应 $A×B$ 决定了 A 的效应是否在 B 的所有水平上都是相同的。类似地，在三个因子的试验中，我们可以分别检查 C 的每个水平处的交互效应 $A×B$。如果对于 A^{*} 的每个水平，交互效应的形式都相同，表现在对于 C 的每个水平，消除了 A 和 B 之后的残差集是相同的，则我们认为不存在三因子交互效应 $A×B×C$。

表 6.5(a)中再次以虚拟数据对此进行了说明。此表的左侧显示了一个 $3×3×3$ 试验

---

* 译者注：应改为 C。

的结果,在 A 对 B 的三个双向表中列出,每一个对应于 C 的一个水平。表 6.5(b) 给出了在 C 的三个水平上取平均的结果,可以看出存在交互效应 $A \times B$。通过使用 3.3 节的公式计算残差,可以得到每个双向表中交互效应 $A \times B$ 的模式。如果没有交互效应,则残差应全部为零。因此,为了计算在 A、B 和 C 均取第二个水平处的观测值的残差,我们采用

$$\text{观测} - \binom{\text{双向表对应}}{\text{行平均值}} - \binom{\text{双向表对应}}{\text{列平均值}} + \binom{\text{双向表对应}}{\text{总体平均值}} = 6 - 6 - 6 + 8 = 2$$

并将此值记入表格的右侧列中。

表 6.5　虚构观测以说明不存在三因子交互效应

(a) A 和 B 的双向表,分别对应 C 的每个水平

观测

C 的第一个水平	B_1	B_2	B_3	均值		残差		
A_1	5	6	10	7		-2	-1	3
A_2	7	7	1	5		2	2	-4
A_3	6	5	7	6		0	-1	1
均值	6	6	6	6				

C 的第二个水平	B_1	B_2	B_3	均值		残差		
A_1	9	7	14	10		-2	-1	3
A_2	9	6	3	6		2	2	-4
A_3	9	5	10	8		0	-1	1
均值	9	6	9	8				

C 的第三个水平	B_1	B_2	B_3	均值		残差		
A_1	10	11	15	12		-2	-1	3
A_2	10	10	4	8		2	2	-4
A_3	7	6	8	7		0	-1	1
均值	9	9	9	9				

(b) A 和 B 的双向表,C 的全部水平取平均

观测

	B_1	B_2	B_3	均值		残差		
A_1	8	8	13	$9\frac{2}{3}$		-2	-1	3
A_2	$8\frac{2}{3}$	$7\frac{2}{3}$	$2\frac{2}{3}$	$6\frac{1}{3}$		2	2	-4
A_3	$7\frac{1}{3}$	$5\frac{1}{3}$	$8\frac{1}{3}$	7		0	-1	1
均值	8	7	8	$7\frac{2}{3}$				

对于 C 的每个水平以及在全部水平上取平均的观测,残差集都是相同的。出现这种情况时,我们认为 $A \times B$ 在 C 的所有水平上都是相同的,从而不存在三因子交互效应 $A \times B \times C$。

通过分别分析 C 的每个水平上的交互效应 $A \times B$,我们以不对称的方式介绍了三因子交互效应。同样可以分析分别针对 B 的每个水平的 $A \times C$ 或针对每个 A 水平的 $B \times C$。刚

接触这些想法的读者会发现,将表 6.5 中的数字重构为 A 和 C 的三个双向表,以对应于 B 的每个水平,并从这个角度来看,检查是否存在三因子交互效应,会是一个不错的练习。通常,三个因子的交互效应 $A \times B \times C$ 是这三个因子的对称性质,同样可以写成 $A \times C \times B$、$B \times C \times A$ 等。

用于查看一个明显的三因子交互效应是否可以用随机性变异来解释的统计检验,是针对两因子交互效应的相应检验的简单扩展,在此不再讨论。三因子交互效应的解释也遵循与两因子交互效应相似的思路。例如,我们可以对 C 的每个水平分别描述 A 和 B 的两因子交互效应,以这种方式使三因子交互效应的含义易于理解。

在具有三个以上因子的试验中,我们可以定义 4 个(可能更多)因子的交互效应,例如,$A \times B \times C \times D$ 将决定三因子交互效应 $A \times B \times C$ 在 D 的所有水平上是否相同,或者等价地,在 C 的所有水平上,$A \times B \times D$ 是否相同,等等。像这样的高阶交互效应很难解释,通常仅在非常复杂的系统中才会重要。

6.7 所有因子均为两个水平的试验中的主效应和交互效应

在一种情况下主效应和交互效应的定义可以采用另一种方式改写,即所有因子都只有两个水平时。首先考虑具有两个因子 A 和 B 的试验,并用 $(a_1 b_1)$、$(a_1 b_2)$、$(a_2 b_1)$ 和 $(a_2 b_2)$ 表示相应的处理,其中 $(a_2 b_1)$ 表示因子 A 的第二个水平、因子 B 的第一个水平所对应的所有观测的平均值或单元。我们可以合理地引入以下定义,是上述针对两个以上水平的因子给出的定义的特例。

当 B 处于较低水平时变动 A 的效应为 $(a_2 b_1) - (a_1 b_1)$,而类似地,B 处于第二个水平时 A 的效应为 $(a_2 b_2) - (a_1 b_2)$。A 的主效应(在 B 的水平上取平均)被定义为这两者的平均值,即

$$\frac{1}{2}[(a_2 b_1) + (a_2 b_2) - (a_1 b_1) - (a_1 b_2)] = (A \text{ 在第二个水平上的平均观测})$$

$$- (A \text{ 在第一个水平上的平均观测})$$

交互效应 $A \times B$ 被定义为在 B 的两个水平上 A 的效应之间的差值的一半,即

$$A \times B = \frac{1}{2}\{[(a_2 b_2) - (a_1 b_2)] - [(a_2 b_1) - (a_1 b_1)]\}$$

$$= \frac{1}{2}[(a_2 b_2) + (a_1 b_1)] - \frac{1}{2}[(a_1 b_2) + (a_2 b_1)]$$

如果数值是

	B_1	B_2
A_1	6	8
A_2	7	9

则交互效应为 $\frac{1}{2}(6+9) - \frac{1}{2}(7+8)$,等于零。读者应核实之前的定义也使交互效应为零。

现在分析一个具有 3 个因子 A、B、C 的 2^3 试验。为了定义三因子交互效应 $A \times B \times C$,我们首先考虑在 C 的第二个水平和第一个水平上的两因子交互效应 $A \times B$。它们是通过

2×2 试验中 $A \times B$ 的公式获得的，为

$$\frac{1}{2}[(a_2 b_2 c_2) - (a_1 b_2 c_2) - (a_2 b_1 c_2) + (a_1 b_1 c_2)] \tag{a}$$

$$\frac{1}{2}[(a_2 b_2 c_1) - (a_1 b_2 c_1) - (a_2 b_1 c_1) + (a_1 b_1 c_1)] \tag{b}$$

整个试验的两因子交互效应 $A \times B$ 是式(a)和(b)的平均值，即，两个 C 水平上单独的 $A \times B$ 的平均值。三因子交互效应定义为式(a)和(b)之间的差值的一半，因此如果 $A \times B$ 在 C 的两个水平上是相同的，则三因子交互效应为零。于是

$$A \times B \times C = \frac{1}{4}[(a_1 b_2 c_1) + (a_2 b_1 c_1) + (a_1 b_1 c_2) + (a_2 b_2 c_2)$$
$$- (a_1 b_1 c_1) - (a_2 b_2 c_1) - (a_2 b_1 c_2) - (a_1 b_2 c_2)]$$

读者可以证明，通过对 B 的两个水平分别考虑 $A \times C$ 或对 A 的两个水平分别考虑 $B \times C$ 会得到相同的定义。（出于大多数目的，数值因子并不重要；重要的是将处理分为两个相等的组，一组标记一个符号，另一组标记另一个符号。）

具有任意个数因子的两水平试验中任何一个对照（主效应或交互效应）的一般定义都可以通过相同的方式来获得。于是，在一个 $2 \times 2 \times 2 \times 2$ 的试验中考虑 $A \times B \times C$ 的定义。首先计算(a)D 处于较高水平与(b)D 处于较低水平处的交互效应 $A \times B \times C$。那么 $A \times B \times C$ 是(a)和(b)的平均值，而 $A \times B \times C \times D$ 是它们差的一半。

为完备起见，下面给出这些一般定义的正式的数学表达式。要在一个 $2 \times 2 \times 2$ 的试验中用因子 A、B、C 来定义 $A \times B$，我们考虑表达式

$$(a_2 - a_1)(b_2 - b_1)(c_2 + c_1)$$

每当因子出现在我们定义的对比 $A \times B$ 中时，就写($-$)；没有出现该因子时就写($+$)。如果将该表达式按照普通的代数法则展开，并在每一项的前面加上括号，我们将获得 $2^3 = 8$ 个项，每一项代表一个处理上的平均观测。每一项的系数为 ± 1，完整表达式为

$$(a_2 b_2 c_2) + (a_2 b_2 c_1) + (a_1 b_1 c_2) + (a_1 b_1 c_1)$$
$$- (a_1 b_2 c_2) - (a_1 b_2 c_1) - (a_2 b_1 c_2) - (a_2 b_1 c_1)$$

最后，我们将其乘以 $1/4 = 1/2^{(3-1)}$，这样它就是两个平均值的差。

一般地，在具有 n 个因子的试验中，我们定义交互效应时考虑表达式

$$\frac{1}{2^{n-1}}(a_2 \pm a_1)(b_2 \pm b_1)(c_2 \pm c_1)\cdots$$

其中，($+$)表示相应字母不存在，($-$)表示存在。[*]

总结如下：

（a）主效应告诉我们，在其余因子的所有水平上取平均，改变一个因子所产生的变化；

（b）两因子交互效应 $A \times B$ 告诉我们，在其余因子的所有水平上取平均，改变 A 的效应是否在 B 的所有水平上都相同；

（c）三因子交互效应 $A \times B \times C$ 告诉我们，在其余因子的所有水平上取平均，A、B、C 中的

---

[*] 数学家可能会注意到，对于某些交互效应方面更先进的工作，从群论和伽罗瓦(Galois)域论中引入一些思想是很有用的(Mann，1949，第 8 章)。

任何两个的交互效应,例如 A 和 B 的交互效应,是否在第三个因子 C 的所有水平上都相同。

在大多数应用中,主效应比两因子交互效应更为重要,而后者又比三因子交互效应更为重要。通常不需要考虑四个或更多因子的交互效应。

当然,重要的是要区分根据数据估计出的明显的交互效应和在没有不可控变异的情况下本应获得的真实的交互效应。每个主效应或交互效应都通过一半观测值的平均值与另一半观测值的平均值之差来估计。因此,两个均值之差的标准误差的公式(1.2 节(ii))表明估计的主效应或交互效应的标准误差为残差标准差乘以 $2/\sqrt{N}$,其中 N 为试验中的单元个数。N 的大小等于因子组合的数量 2^n 乘以每个处理使用的次数。6.11 节将介绍残差标准差的估计。

6.8 单个定量因子 *

(i) 响应曲线的类型

前文刚给出的交互效应的定义和说明对所有类型的因子均有效,但对定性因子最具有实际价值。这是因为当我们使用定量因子时,上述定义与试验中实际使用的因子水平相关,而与潜在感兴趣的水平的连续区间没有直接关系。

为了给出一种更适用于定量因子的方法,首先考虑单因子试验,其中,不同的处理分别对应于不同的承载变量 v 的值。

如 6.3(ii)所述,该因子的真实效应由关于 v 绘制的响应曲线来描述。有时定性地描述该曲线就足够了,例如,通过将与每个因子水平相对应的观测均值与承载变量的相应取值作图,可以表明不可控变异在这些处理均值上的效应。这种情况与定性因子的分析几乎没有区别。然而,通常有利的是,假设该曲线可以由一个合适的数学公式表示,该公式在感兴趣的 v 的取值范围内保持合理的近似值。这样做部分是为了便于在不同因子水平之间进行插值,部分是为了获得对试验结果的简洁而有意义的描述。

一些较为重要的响应曲线类型如图 6.2 所示,下面对其进行讨论。

最简单也是最重要的情况是图 6.2(a)所示的线性关系,通过数学方式定义为

$$\text{响应曲线} = a + bv \tag{6.1}$$

其中 a 和 b 必须从数据中估计得出,并且每次应用时都是常数。描述这个公式最重要的是斜率 b,它是承载变量每单位变化所对应的处理效应。如果只有两个水平,则可以根据观测值估计 b 为

(平均观测值之差)/(v 在两个水平处的取值之差)

另一种关系如图 6.2(b)所示,由二次方程式给出:

$$\text{响应曲线} = a + bv + cv^2 \tag{6.2}$$

新增项 cv^2 表示曲率;在图 6.2(b)中,顶部和底部曲线对应的 c 值为负数,中间曲线对应的 c 值为正数。曲线的最大(或最小)点位于 v 值等于 $-b/(2c)$ 之处。但是此点可能位于所使用的 v 值范围之外,如底部曲线所示。

---

* 与本书主要部分相比,本节需要更多的数学知识。

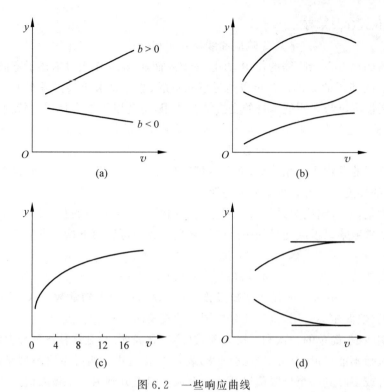

图 6.2　一些响应曲线

（a）线性曲线；（b）二次曲线；（c）关于 $\log v$ 的线性曲线；（d）上升（或下降）到极限

对于任何给定的此类响应曲线，b 和 c 的值取决于测量 v 的单位。然而，如果改变 v 的尺度，使得三个点 $v=-1,0,1$ 落在 v 的实际范围内，则我们可以给出 b 和 c 含义的简单描述，如下所示：[*]

$$b=\frac{1}{2}\left[(v=1\ \text{处的值})-(v=-1\ \text{处的值})\right] \tag{6.3}$$

$$c=\frac{1}{2}\left[(v=1\ \text{处的值})+(v=-1\ \text{处的值})\right]-(v=0\ \text{处的值}) \tag{6.4}$$

不熟悉式(6.2)性质的读者可以画出一些例子的草图。

我们可以通过额外增加项 dv^3、ev^4 等来推广二次式(6.2)，从而能将所有得到的表达式视为一般多项式的特例：

$$响应曲线 =a+bv+cv^2+\cdots+kv^p \tag{6.5}$$

其中 p 称为多项式的次数。式(6.1)和式(6.2)分别是 $p=1,2$ 时的特例。一方面，p 的值越大，通过合适地选择常数 $a,b,\cdots,k$ 来处理曲线的范围就越大。另一方面，具有较大 p 值的关系式的含义在物理上很难理解，而且似乎是一旦为了得到令人满意的拟合就需要取超过 2 的 p 值时，几乎总是值得考虑某些替代类型的表达式是否会更好；进一步的讨论请参阅(i)末尾。（下一页）

例如，我们可以考虑关于 v 的某些函数（例如 $\log v$ 或 $\sqrt{v}$ ）的多项式（不是关于 v 的多项

---

[*]　给出这些公式是为了对 b 和 c 进行几何解释；表 6.6 示出了用于数据分析的公式。

式）。因此取代式(6.1)，有

$$响应曲线 = a + b\log v \tag{6.6}$$

这具有使 v 值的尺度上端收缩的作用，并且关于 v 而非 $\log v$ 作图时描述了弯曲的响应关系 [图 6.2(c)]。要使用的 v 的函数可以通过事先考虑、边界要求或数据考查来给出建议。变换后的承载变量可以与观测值本身的变换结合使用，也可以不结合使用。特别是，如果出于一般的原因，很可能存在一种关系，其中，大体上观测值与承载变量的某次幂成比例，等价地有

$$对数观测 = b\log v + 常数 \tag{6.7}$$

只要不与第 2 章的基本假设相冲突，就自然可以使用对数观测值和对数承载变量。也就是说，在变换后的尺度上考虑处理差异才是明智的。

到目前为止，所有响应关系的共同属性是它们都由一系列项的总和组成，每一项的形式都是一个未知常数乘以承载变量的一个已知函数。我们可以写下这种类型的更通用的表达式，即

$$b_1 f_1(v) + b_2 f_2(v) + \cdots \tag{6.8}$$

其中 $f_1(v), f_2(v), \cdots$ 为 v 的任何已知函数，而 $b_1, b_2, \cdots$ 为未知常数。这种更一般形式的例子并不常见，但偶尔会有用，例如在分析周期性现象时。

然而在实践中，简单的一次和二次多项式(6.1)和式(6.2)是这种类型最常用的表达式。第二类关系包括不能以形式(6.5)或式(6.8)表示的表达式。两种主要类型是图 6.2(d)所示的稳定上升或下降到一个极限值以及从一个极限值上升到另一个极限值。如果极限值是事先已知的，则对观测值进行修正对数变换可能会使关系近似线性。代表两种关系的数学曲线示例如下：

$$y = a + b e^{-kv} \tag{6.9}$$

和

$$y = (1 + a e^{-kv})/(b + c e^{-kv}) \tag{6.10}$$

其中，k 为正数，e 为自然对数的底数。对这些表达式感兴趣的读者应弄清楚常数 a、b、c 和 k 的几何含义，并考虑哪些变换可使关系线性化。例如，在式(6.9)中，当 v 增加时，a 为极限值，且 $\log|y - a|$ 与 v 之间的关系是线性的。如果极限值未知，而必须根据数据估计得出，则需要更复杂的分析方法。同样，在对这种情况的详细分析中，通常要考虑变换后的观测值的精度随 v 的变化情况。

如果可行，对系统进行的定量理论分析会提出响应曲线的一种形式，其参数具有物理意义，即能够与其他现象相关。当然应尽可能使用这些形式，除非兴趣仅在于经验响应值。

图 6.2(d)中的曲线（更一般地讲，是任何合理平滑的曲线）的有限部分，可以用足够高阶的多项式(6.5)表示，但一般而言，最好取一个正确的一般形式的表达式（如果知道的话），而不是采用多项式，即使多项式在统计上很容易使用。高阶多项式（尤其是三次以及三次以上的多项式）的缺点如下：

(a) 系数很少有简单的解释。

(b) 如果在不同的 v 值范围内重复进行试验，则系数可能会发生变化。

(c) 如果多项式被外推，即使只是很短的距离，也可能获得无意义的结果。例如，假设有一个二次方程拟合了图 6.2(d)中顶部那条曲线的接近极限响应的一部分，拟合曲线可能与真实曲线很好地吻合。但是如果在 v 所考虑的范围之外增加一个小量，它将预测响应下降。

高阶多项式的主要用途可能是构造用于插值的简单公式。

在许多情况下,对响应曲线进行图形检查就足够了,读者不应根据前面的讨论认为数学公式的拟合是分析响应曲线的基本要素。

(ii) 响应曲线的统计分析

到目前为止,我们已经说明了可用于描述单个定量因子的响应曲线的数学形式。在实践中,观测值受到不可控变异的影响,我们必须在评估指定的一组观测值是否与某些特定形式的响应曲线一致以及测量未知量(例如斜率和曲率)的估计精度时对此作一些考虑。为此,我们仅考虑简单的多项式曲线,如式(6.1)和式(6.2)。

完整的统计计算是多重线性回归方法的特例(Goulden,1952,p.134),当试验中使用的水平对应于一系列等间距的承载变量水平,且每个水平有相同数量的观测值时,计算的形式非常简单。在这种情况下,表 6.6 列出了估计响应曲线的斜率和曲率的公式。对于三条响应曲线,它们全部基于式(6.2),$a+bv+cv^2$,以及以下惯例:v 的计量单位使得处理的极端水平相隔 v 的两个单位。对于任何特定数量的水平,将水平按顺序编号,使得最低的是数字 1,其次低的是数字 2,以此类推。例如第三个水平上的所有观测值的均值记为 $\bar{y}_3$。以下示例说明了公式的使用和解释。

表 6.6 具有一个定量因子、等间隔水平、每个水平等量观测个数的试验中斜率和曲率的估计 [*]

水平数	斜率 估计	标准化因子	曲率 估计	标准化因子
2	$\frac{1}{2}(\bar{y}_2-\bar{y}_1)$	0.707	不存在	—
3	$\frac{1}{2}(\bar{y}_3-\bar{y}_1)$	0.707	$\frac{1}{2}(\bar{y}_3-2\bar{y}_2+\bar{y}_1)$	1.225
4	$\frac{3}{20}(3\bar{y}_4+\bar{y}_3-\bar{y}_2-3\bar{y}_1)$	0.671	$\frac{9}{16}(\bar{y}_4-\bar{y}_3-\bar{y}_2+\bar{y}_1)$	1.125
5	$\frac{1}{5}(2\bar{y}_5+\bar{y}_4-\bar{y}_2-2\bar{y}_1)$	0.632	$\frac{2}{7}(2\bar{y}_5-\bar{y}_4-2\bar{y}_3-\bar{y}_2+2\bar{y}_1)$	1.069

注:$\binom{\text{斜率或曲率估计}}{\text{的标准误差}}=\binom{\text{标准化}}{\text{因子}}\times\dfrac{\text{残差标准差}}{\sqrt{\text{每水平观测个数}}}$。

例 6.5 假设我们对四种浓度的催化剂在化学过程中的产量(以任意单位表示)具有以下观测结果,该试验被完全随机化为 16 个试验单元,其中每个水平的催化剂用在 4 个试验单元上。

催化剂浓度	1%	1.5%	2%	2.5%
	1.53	1.66	1.75	1.68
	1.63	1.58	1.57	1.74
	1.49	1.51	1.63	1.62
	1.56	1.56	1.68	1.66
均值	1.552 5	1.577 5	1.657 5	1.675 0

---

[*] 此表中的公式是从正交多项式表中获得的。对于其他情况,统计学家将给出类似的公式。

共 4 个等间隔的水平,每个水平上的观测值个数相等,因此表 6.6 第 3 行中的公式适用。我们首先计算每个处理的平均观测值,分别是表中依次使用的均值 $\bar{y}_1$、$\bar{y}_2$、$\bar{y}_3$ 和 $\bar{y}_4$。可以由表 6.6 所示的公式中得

$$斜率估计 = \frac{3}{20}(3 \times 1.675\,0 + 1.657\,5 - 1.577\,5 - 3 \times 1.552\,5) = 0.067\,1$$

$$曲率估计 = \frac{9}{16}(1.675\,0 - 1.657\,5 - 1.577\,5 + 1.552\,5) = -0.004\,2$$

下一步是根据相同处理的单元组内的变异来估计残差标准差。根据标准步骤(Goulden,1952,p.64),我们得到的值为 0.062 65(自由度为 12)。现在,根据表 6.6 底部的公式以及表主体中的标准化因子一起得出,斜率的标准误差估计 $= 0.062\,65 \times 0.671/\sqrt{4} = 0.021\,0$,曲率的标准误差估计 $= 0.062\,65 \times 1.125/\sqrt{4} = 0.035\,2$。

综上所述,估计斜率为 0.067 1,标准误差为 0.021,估计曲率为 −0.004 2,标准误差为 0.035。对这些结果的统计解释如下:

(a)斜率的估计值仅为其估计标准误差的 3 倍多,而偶然发生不小于此的误差可能只有 1%。[*] 因此,不可能认为产量随着催化剂浓度的增加而明显增加是虚假的。

(b)我们可以计算出真实斜率以任何所需的概率所落入的取值范围。例如,统计表显示只有 1/10 的机会出现真实斜率和估计斜率相差超过标准误差估计的 1.78 倍,即,真实斜率介于 0.067 1 − 1.78 × 0.021 0 = 0.029 7 和 0.067 1 + 1.78 × 0.021 0 = 0.104 5 之间的机会为 0.9。

(c)斜率衡量了当催化剂浓度增加一半的变化总范围(即 1.5%)时平均产量的增加。因此,催化剂浓度每增加 1%,估计增加产量为 0.067 1/ 0.75 = 0.089 5 单位。

(d)曲率仅超过其标准误差估计的 1/10。估计值以更大偏差偏离实际值的情况会经常发生,因此数据与真实曲率为零一致,即产量和催化剂浓度之间是线性关系。绝对不要将此结论误认为是真实关系为线性的断言。我们只是在说,从所分析的数据来看,声称关系是向上(明显表现出曲率的方向)弯曲的可能是不合理的。

(e)与数据一致的最大真实曲率通常值得有所了解。例如,就像在(b)中介绍的一样,真实曲率位于 −0.004 2 − 1.78 × 0.035 2 = −0.066 9 和 −0.004 2 + 1.78 × 0.035 2 = 0.058 5 之间的机会是 0.9。其他概率水平对应的范围边界点值可以通过类似的方式来计算,使用不同的乘数代替 1.78。曲率为 −0.07 的几何解释是,催化剂浓度为 1% 和 2.5% 处的真实产量的平均值,比浓度中点 1.75% 处的真实产量低 0.07 个单位。产量-浓度曲线因此将向浓度轴凹入。读者可以绘制一条平均斜率为 0.067 1 且极限曲率为 −0.07 的曲线。

存在对应于表 6.6 的公式以适用于更多水平、不等间距水平、每个水平有不同的观测次数或者更高阶数趋势的拟合。关于这些结果,应咨询统计学家。

上面讨论的只是一个因子。现在假设我们有几个因子。如果只有一个是定量因子,且为处理因子,而不是分类因子,则最佳方法通常是分别考虑斜率及其与定性因子间的交互效应,以及曲率及其与定性因子间的交互效应。也就是说,我们分别考虑斜率和曲率,以及是否有证据表明它们在不同水平的定性因子之间存在差异。但是最有趣的情况大多出现在存在多个定量因子的时候,我们将在下一部分说明。

---

[*] 此数字是从统计分布的表格中找到的,该表格为自由度为 12 的 t 分布表。

6.9 多个定量因子

首先假设有两个因子,都是定量的,承载变量用 v_1 和 v_2 表示。然后,并不是针对单承载变量 v 绘制处理效应的响应曲线,而是我们有一个**响应面**(surface),其中在三维图中针对 v_1 和 v_2 的值绘制处理效应。为此,采用两个垂直轴表示承载变量 v_1 和 v_2。如果想象这些轴在纸的平面上,则纸上的任何点都代表因子水平的组合,因此是一个处理。现在,取一条垂直于纸张平面的第三轴并沿着它测量处理响应,即在使用指定处理的试验单元上获得的观测值与使用某个标准参考处理会获得的观测值之差。对于纸张平面中的每个点,平行于新轴移动一个距离等于合适的处理响应。如果针对大量不同的处理点执行此操作,我们将建立起响应面,显示了处理响应如何依赖于因子水平。

这样的曲面可以通过三维草图示意性地表示。不过通常更方便的是使用曲面的等高线图,它是根据制图的一般原理构造的。图 6.3(a)示出了一个响应曲面的等高线,该响应曲面在水平 v_1' 和 v_2' 对应的处理点处具有最大值。响应从最大值稳步下降,在 v_2 方向上比在 v_1 方向上陡峭。等高线上标记的实际值取决于定义响应时选择的任意参考处理。在对比试验中,我们感兴趣的只是不同点处的曲面高度之差。

就像针对一个因子的响应曲线一样,有时通过在各种因子组合下给出处理均值以及随机误差的量度来定性地描述响应面可能就足够了。一个完整的析因试验研究了每个因子的水平集合的所有组合,这些处理在 v_1 和 v_2 轴构成的平面中形成由点组成的矩形,假设其覆盖了感兴趣的处理所在的区域,那么可能无须进一步分析就可以对响应曲面的形状有足够的了解。因子间不存在交互效应可能意味着平行于 v_1 或 v_2 轴的方向上两条给定等高线之间的距离始终相等。交互效应不存在并不一定意味着该曲面就具有简单的形状。

一些有趣的甚至有些理想化的响应面的示例如图 6.3 所示。在图 6.3(a)中,曲面上有一个最大值点,在最大值旁边所有方向上的响应都减小了。在图 6.3(b)中,沿着最大值的线或岭上的任何点都可获得最大响应。在图 6.3(c)中,最大值的岭是曲线而不是直线。图 6.3(d)类似于一般类型图 6.3(a)的极限形式,其中最大点位于几乎恒定高度的长窄区域中;图 6.3(d)和图 6.3(b)在应用中可能无法区分。在图 6.3(e)中,A 点处有一个鞍点;A 点是路径(i)上的最大点和路径(ii)上的最小点。图 6.3(f)为上升岭的示例。在所示区域中,曲面稳步上升,岭的位置由虚线标记。可以通过以相反的顺序对图 6.3(a)~(f)中的等高线进行编号来表示下降到最小而不是上升到最大的曲面。

图 6.3(b)和(c)的一个有趣的特性是,我们可以采用承载变量 v_1 和 v_2 的单个简单组合,以使得在所考虑的范围内响应曲面的高度由新函数确定。例如在图 6.3(b)中,等高线与坐标轴成 45°,取新函数为 v_1+v_2,因为每个具有相同的 v_1+v_2 值的点都位于同一等高线上,因此高度相同。可以为图 6.3(c)所示曲面找到一个类似的相当简单的函数。

如果我们知道要采用的适当的复合承载变量,例如 v_1+v_2,则可以通过针对该新承载变量绘制的曲线来描述响应的变化,而 v_1 和 v_2 的单独取值并不重要。这不仅将简化曲面的经验描述,而且还将暗示在某种意义上,对系统而言,新的复合承载变量在物理上可能比单独的承载变量更重要。例如,v_1 和 v_2 因子可能仅通过确定分子碰撞频率的一个压力和温度的组合来影响化学反应的产量。实际上,物理科学中包含许多系统的例子,其中对系统

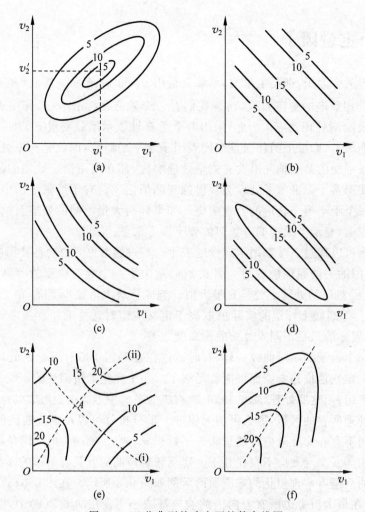

图 6.3　一些典型的响应面的等高线图

的某些观测仅取决于因子取值的简单组合。任何关于承载变量组合可能采取形式的理论信息都应用于分析以及试验设计中。Box 和 Youle(1955)给出了一个引人注目的例子。

不过必须强调的是,只要我们愿意对单独的 v 进行足够复杂的组合,所有曲面都可以用单个承载变量来表示。因此,图 6.3(b)和(c)所示的曲面与其他曲面没有根本区别,只是需要一个 v_1 和 v_2 的复杂组合来描述图 6.3(e)。

因此,一般的结论是,无论是从定性角度还是通过拟合方程式来研究响应面,可能会表明对系统最重要的潜在因子组合的形式,因此可能会大大加强人们的理解。当然,麻烦的是,如果存在明显的不可控变异,则可能需要进行非常广泛的试验才能以足够的精度绘制出复杂的曲面,以得出可靠的结论。

尽管实际上与例 6.5 中所解释的单因子的公式非常相似,但我们不会讨论用数学方程式拟合响应面的公式。不过,重点是两个最常用于表示响应面的数学表达式,分别为

$$响应面的高度 = a + b_1 v_1 + b_2 v_2 \tag{6.11}$$

以及

$$响应面的高度 = a + b_1 v_1 + b_2 v_2 + c_{11} v_1^2 + c_{12} v_1 v_2 + c_{22} v_2^2 \tag{6.12}$$

式(6.11)对应于单因子分析的式(6.1)。每个承载变量分别具有线性主效应,且交互效应不存在。响应曲面是一个平面。这种简单的形式在初步工作中很有用,其中需要估计曲面上升的总体方向,而不是进行详细的形状研究。式(6.11)中的未知常数可以通过一个两水平析因试验来估计。

曲面式(6.12)类似于响应曲线式(6.2),后者加入一个平方项以表示曲率。b_1 和 c_{11} 的含义与前面讨论的相同,即以使极值分别为 ± 1 的方式测量 v_1 和 v_2。当 v_2 取中心值零时,针对 v_1 的响应曲线为 $a+b_1 v_1+c_{11} v_1^2$,因此 b_1 和 c_{11} 是该曲线的斜率和曲率,如先前定义。于是,式(6.12)中我们唯一没有给出几何解释的量是 c_{12}。读者可以证明,当 v_2 为 1时,响应曲线相对于 v_1 的斜率为 b_1+c_{12};当 v_2 为 -1 时,响应曲线相对于 v_1 的斜率为 b_1-c_{12}。因此,c_{12} 测量了 v_1 相对于 v_2 的斜率变化率。实际上,它的解释是对称的,因为它同样测量了 v_2 的斜率如何随 v_1 变化。我们称 c_{12} 为线性×线性交互效应。

曲率和线性×线性交互效应可以从三个或三个以上水平的试验中估计得出,而不能从两个水平的试验中估计得出。

以下示例表明了线性×线性交互效应是如何产生的。

例 6.6 在羊毛梳理机中,有一种被称为去毛刺机的设备。它具有三对可调节速度和间距的滚筒。为了研究去毛刺机的功能,需要进行具有 6 个定量因子(3 个速度和 3 个间距)的析因试验。

以下观测结果来自这种试验的虚拟简化版本,它仅具有两个因子,即每个点包括速度和间距。已经在速度为 300、400 和 500 r/min 的 3 个等间距水平,间距为 1、1.2、1.4 和 1.6单位的 4 个等间距水平上进行了检查,于是,12 个处理构成了一个完整的析因试验。每天可以进行 12 次短期运行,因此试验按随机区组安排,每天的结果形成一个区组,并且将处理顺序随机分配到区组中,每个处理在每个区组中使用一次。我们认为 4 个区组将提供足够的精度。

此处分析的观测结果是对梳理效率的量度,其中考虑了纤维断裂和无毛刺输出的产生。共有 48 个观测值,如果按照第 3 章的方法对 4 个区组中的 12 种处理的随机区组试验进行分析,则可以获得 $3 \times 11 = 33$ 个自由度的残差标准差的估计值。在这个例子中,其值为 1.15。

表 6.7 所示的双向表中给出了 12 个处理均值。表格中的每个输入都是 4 个观测值的平均值,因此,其标准误差为 $1.15/\sqrt{4}=0.58$。表中两个均值之差的标准误差为 $1.15\sqrt{2}/\sqrt{4}=0.81$。

表 6.7 具有两个定量因子的试验

		速度/(r/min)			
		300	400	500	平均
间距	1 单位	21.6	22.3	22.9	22.27
	1.2 单位	18.7	19.1	21.6	19.80
	1.4 单位	15.8	17.9	19.4	17.70
	1.6 单位	13.2	16.7	19.5	16.47
	平均	17.32	19.00	20.85	—

一般情况下,随着间距的增加,效率大致呈线性下降,但在较高的速度下,下降速度低得多。随着一个因子的增加而另一因子变化率的这种稳定改变是典型的线性×线性交互效应。

当讨论一个以上的因子时,许多关于单个因子的分析都适用。例如,我们可以使用变换后的承载变量,如 $\log v_1$ 和 $\log v_2$。Box(1954)的论文以及 Davies(1954)编辑的书中对响应面的拟合和分析进行了更详细的说明。

6.10　主效应和交互效应的进一步讨论

在前面的小节中,我们已经详细讨论了析因试验中观测与处理之间关系的描述。本节简要总结讨论的要点。为了便于理解本节内容,读者应清楚了解处理因子和分类因子之间的区别(6.2节)以及特殊定性、定量和抽样定性因子之间的区别(6.3节)。

(i) 两个特殊定性处理因子

通常,我们首先检查两个主效应,其中 A 的主效应指的是平均于因子 B 的所有水平之上,因子 A 的不同水平对应的平均观测值之间的差异,B 的主效应类似。然后查看交互效应,如果交互效应太大而不能用随机误差解释,则我们可以用看起来最有用的方式定性地描述它,或者偶尔尝试通过简单的观测值转换来消除它。如果因子 A 的重要性不如 B,则最好通过分别讨论 B 在 A 的每个水平上的效应来描述交互效应。如果存在明显的交互效应,则主效应不一定有用。

(ii) 两个特殊定性因子,一个是处理因子,一个是分类因子

我们首先分析处理因子的主效应,然后分析交互效应。任何交互效应都可以通过作变换,或是更常见地,通过描述处理因子的效应如何随分类因子的一个水平到另一个水平变化来处理。有关试验材料属性的有用描述信息可以从分类因子的主效应中获得。

(iii) 一个特殊定性处理因子和一个抽样定性分类因子

我们主要感兴趣的是处理因子关于另一个因子的水平总体(其中实际使用的水平被视为随机样本)取平均值的主效应。不能通过简单变换消除的交互效应因此被用来表示处理效应随抽样因子水平的变化。如果可能的话,应从物理上解释这种变化,例如,通过将其与在抽样因子的每个水平上进行的一些补充观测相关联;如果不能,则必须将处理效应的变化视为随机的,然后通过处理因子的主效应来估计处理效应。确定这些估计的误差涉及交互效应的统计分析。通过在抽样因子的主效应范围内进行单独比较,也可以获得与试验材料相关的有用信息。

(iv) 两个定量处理因子

我们考虑一个响应面,其中,处理效应是根据承载变量的相应值绘制的。曲面的形状可以定性地评估,也可以通过拟合合适的数学方程式来评估。在承载变量或它们的某些函数(例如对数、倒数等)中,两种最常见的方程类型是一次和二次的。线性曲面对应于不存在交

互效应的情况以及等间距的平行的线性等高线,主要在初步工作中评估特定区域里响应面的大致方向时使用。二次方程式给出了大范围内曲面的近似表示,并考虑了单独因子的响应曲线中交互效应和曲率的可能性。线性曲面可以从两水平的析因试验中估计得出,但是二次曲面的估计需要对每个因子的至少三个水平进行观测。对响应面形式的研究可能会为所研究现象的本质提供一些启发。

(v) 两个处理因子,一个定量一个特殊定性

如果对定量因子的响应是可以用斜率和曲率表示的类型,即用二次方程表示,则通常最好分别考查斜率和曲率。也就是说,我们检查定性因子的不同水平之间斜率是否存在显著变化等,并且对曲率也进行类似分析。如果单独的响应曲线不是二次类型的,则将采用类似方法单独分析曲线的不同几何特征。

特殊定性因子偶尔可能比定量因子重要得多。于是,处理步骤为首先检查定性因子的主效应,然后分别在另一个因子的每个水平上检查定性因子的效应。也就是说,我们将定量因子视为定性因子。

(vi) 定量处理因子和特殊定性分类因子

采取与(v)的第一部分相同的方式处理,即分别在定性因子的每个水平上考虑响应曲线的几何特征,并对定性因子的所有水平取平均。

(vii) 定量处理因子和抽样定性分类因子

类似的方法通常也适用。例如,我们感兴趣的是在抽样因子水平总体上取平均的响应曲线的斜率。斜率与定性因子的交互效应决定了斜率在水平与水平之间变异的存在性和程度大小,从而影响了对平均斜率最终估计的精度所进行的估计。

(viii) 一般性讨论

虽然这七种情况下详细的解读方法不同,但总体思路是一致的。主效应平均于另一个因子的水平上给出了这个因子从一个水平到另一个水平上的平均观测值的变化。交互效应关注的是一个因子的效应在另一个因子的所有水平上是否都相同。在许多情况下,我们需要进行统计分析,以查看明显的主效应或交互效应是否可以合理地被随机误差所解释,但是这种统计分析的细节(此处未作详细介绍)不应掩盖涉及的更一般的解释问题。

如果试验中有两个以上的因子,则因子类型的可能组合会更多,但相同的一般原则仍然适用。假设有三个因子 A、B 和 C,主效应表明平均于 B 和 C 的水平上 A 的不同水平间的差异,两因子交互效应 B 与 C、C 与 A、A 与 B 分别在 A、B 和 C 的水平上进行平均。还有一个三因子交互效应,关注的是任何一个两因子交互效应的模式(例如 B 与 C)是否在所有 A 的水平上都相同。

类似地,在具有三个以上因子的试验中,我们有四因子交互效应、五因子交互效应等,但是它们一般很少应用。所以,理解并能够使用主效应、两因子交互效应以及较少见的三因子交互效应就足够了。

6.11 析因试验中的误差估计

我们在第 3 章中介绍过,在随机区组或拉丁方试验中,对比精度的估计取决于估计一个称为残差标准差的量。在实践中,这是通过称为方差分析的统计方法来完成的,它实际上计算了接受相同处理的单元的观测值之间的差异,并适当考虑了区组、行或列之间的任何系统性差异。标准差的估计可以等效地通过以第 3 章中所述的方式计算残差来获得。

这些方法通常直接适用于析因试验。例如,有一个 $2 \times 2 \times 2$ 的试验,安排在 6 个随机区组上,每个区组 8 个单元。然后可以像使用 8 个处理和 6 个区组的任何其他试验一样估计残差标准差,残差的自由度为 35。

但是有时需要对析因试验使用特殊的方法,下面将简要介绍这些方法。

首先,尤其是在利用多个因子进行的试验中,可能对每种因子组合进行一次观测即可获得足够的精度。例如,在一个 $4 \times 4 \times 3 \times 3$ 的试验中,有 144 种处理组合,很可能 144 个试验单元都可用于该试验,也很可能从这么多的单元中获得足够的主效应精度,等等。但是,以前的方法无法形成误差估计值,因为每个处理组合仅有一个观测值,就不会有作为估计基础的接受同一处理的单元组。

为了克服这一困难,我们必须在观测值之间找到一些对比,这实际上相当于接受相同处理的单元的对比。这样的对比正是形成四因子交互效应的那些对比。由上文我们已经看到,除非在行为非常复杂的系统中,否则这种交互效应的重要性似乎微不足道。可以根据形成这四因子交互效应的对比来计算标准差。它是方差分析中该交互效应的均方根,通常可以用来检验四因子交互效应的统计显著性。(使用四因子交互效应代替残差标准差时有两个风险:四因子交互效应实际上可能包含重要的真实效应,而这种效应将被忽略;另外,这种效应的存在会增加相应的标准差,从而导致高估了主效应和低阶交互效应的误差。)这些观点通常可能都不太重要。

同样,在具有四个以上因子的试验中,可以使用五个因子和更多因子的交互效应来估计误差。为此,我们通常会采用一组尽可能高阶的交互效应,合并足够多的项以获取残差的(如果可行的话)20 或 30 个自由度。在具有三个因子的试验中,可以使用三因子交互效应来估计残差标准差。但是,三因子交互效应有时在物理上很重要,因此,只有在使用特定应用的经验表明不太可能存在这种顺序的交互效应时,才最好使用它们来估计误差。

Daniel(1956)提出了一种有趣的图方法,用于估计析因试验中的残差标准差。

类似的方法适用于用具有定量因子的析因试验的结果来拟合响应面。如同在非析因试验中一样,通过对比接受相同处理的不同单元的观测值,可以最好地估计残差标准差。但是,如果每个处理仅有一次观测,则我们将通过围绕拟合曲面的观测点的散度来估计残差标准差。这些细节在统计学家看来是常规的,在此不再赘述。

与析因试验相关的误差估计的最后一个问题涉及具有至少一个抽样定性因子的试验。下面通过例子更好地说明此问题。

例 6.7 考虑一种非常简单的情况,有两个因子的试验。第一个是特殊定性因子,它的两个水平是标准的常规分析程序和新型的快速替代技术。假设第二个是抽样定性因子,它代表使用该方法的不同技术人员,其中选择了六人参加试验。我们可以假定有大量等效的样本可用于分析,且每个技术人员分析多个样本,一半样本采用一种方法,另一半样本采用另一种方法,将样本匹配给技术人员和使用方法完全是随机的。

此类试验的结果总结如表 6.8 所示。

表 6.8　标准方法得到的观测平均－新型方法得到的观测平均

技术人员		
1	2.1	
2	1.3	已知这里每个差别的标准误差为 0.5
3	−0.4	
4	3.2	
5	−1.1	
6	1.1	
均值	1.03	

标准误差 0.5 由残差标准差乘以 $\sqrt{2/(每个“技术人员-方法”组合的观测次数)}$ 得出。残差标准差可以用常规的方式通过不同的技术人员-方法组合上观测值的散度来获得,因此,数字 0.5 量度了差异 2.1、1.3、…的精度,这被认为是对有关技术人员使用的两种方法之间的差异的估计。由以上数字得出的结论是,对于某些技术人员而言,方法之间存在真正的差异,且对于所有技术人员而言,差异并不相同。然而在某些应用中,这将排除使用新方法的可能性,无论如何在进一步工作之前要隔离并消除引起系统性误差的原因。但是,有时我们想知道技术人员之间的平均差别是否为零,即是否有证据表明,技术人员的平均系统性误差在某个方向上而不在另一个方向上。

当分别考查每个技术人员的差异时,我们实际上是将技术人员视为一个特殊定性因子,但是当我们检查技术人员的平均表现时,就出现了与抽样定性因子相关的新问题。

首先,我们可能会对参与试验的特定技术人员的平均水平感兴趣。也就是说,对于试验中的每个技术人员,方法之间确实存在差异。我们计划对这六个真实差异的平均值进行推断。就像检查任何其他主效应一样,我们将各个均值差别平均得到 1.03,标准误差为 $0.5/\sqrt{6}=0.20$,其中 $\sqrt{6}$ 是因为我们在对六个差异进行平均。由于差异的估计是其标准误差的 5 倍,因此存在非常有力的证据表明真实的平均差异为正。

接下来,假设我们想知道的是可能会在某些时候使用这些方法的全部技术人员(所形成)的总体(而非仅仅参加试验的六名技术人员)中,平均而言方法之间的差异会是多少。通常假设总体中包含的技术人员(水平)比试验中所包含的多得多,并且可以将试验中的技术人员视为总体中的随机样本。除非使用某些客观抽样程序选择出参与试验的技术人员,否则必须认真地看待最后一个假设。我们必须考虑一个问题,指定的技术人员可以被合理地视为从什么样的总体中抽样来的? 这通常与我们要应用结论的总体并不相同。

现在,我们认为上面给出的六个均值差异是一个差异总体中的一个随机样本,因此,技术人员之间的差异被视为额外的随机差异。我们采用与之前相同的方式用平均值 1.03 估计均值差别,但是现在必须根据六个值 2.1,1.3,…,1.1 之间的差异来估计该值的精度。这些值的标准差估计为 1.58,因此均值的标准误差估计为 $1.58/\sqrt{6}=0.65$。因此,估计值是估计的标准误差的 $1.03/0.65=1.58$ 倍,参考具有五个自由度的 t 分布表可知,在超过 10%

的试验中,要出现这样或更大的差异,是仅凭随机性就能发生的。因此,我们无法声称该试验给出了平均偏差为正的确定性证据。

该分析从数量上表达了明确的观点,即如果我们希望将结论推广以适用于更多的技术人员,通常误差会增大一些。

在第二种情况下,用于估计误差的变异是所使用方法的效应估计因技术人员而异的程度,即我们之前所说的交互效应:方法×技术人员。这为此种情况下的一般规则提供了常规做法。假设我们进行了一个包含任意数量的因子的析因试验,其中包括一个抽样定性因子 S。然后,如果平均于 S 的无限的水平总体之上,要对其他因子的主效应或交互效应进行推断,则误差的估计必须基于感兴趣的对照与 S 的交互效应。

偶尔需要将结论推广到有限的水平总体。例如,这 6 名技术人员可能是从某个特定实验室中 12 名可能有机会使用这些方法的技术人员中抽样出来的。这种情况下的误差介于此处讨论的两种情况之间,其公式由 Bennett 和 Franklin(1954,第 7 章)给出。

在上述示例中,一般不建议在名义相同的样本上进行整个试验,而应将一些具有代表性的样本类型作为第三个因子被加入。在实践中,人们对不同方法感兴趣的不仅是均值,还有散度。

概　　要

析因试验是一种由一组不同**水平**(level)的**因子**(factor)的所有组合构成处理的试验。较一系列针对单个因子的单独试验而言,析因试验的优点是经济以及可以研究不同因子之间交互效应的可能性,即检查一个因子在另一个因子的不同水平上的效应有多大程度的差异。尽管有时非常有价值,但具有许多因子的复杂析因试验应被谨慎对待。

可能需要考虑的因子可以通过各种方式进行分类。首先,代表试验单元上使用的处理的因子与仅代表超出试验人员控制范围内的将试验单元分为不同类型的因子之间存在区别。其次,存在区别的还有:

(a)诸如温度、压力和反应物用量之类的因子,其不同水平对应于明确定义的量(**承载变量**,carrier variable)的值。称之为定量因子。

(b)诸如小麦品种和不同试验方法等因子,其不同水平代表本身受关注的定性上不同的处理。称之为特殊定性因子。

(c)诸如工业过程中的原材料运送等因子,其不同水平本身不受关注,而是被视为来自于一个水平总体的样本。称之为抽样定性因子。

对析因试验结果的解释引发了各种问题。对于定量因子,我们通常根据响应曲线或响应曲面来考虑,以将真实的处理效应与定义因子水平的承载变量相关联。可以通过考查处理均值或拟合一个合适的数学方程式来定性地研究响应面的形式。响应面上岭系统的存在表明,这些因子仅通过某些特定的承载变量组合影响观测。

特殊定性因子通常有助于使用主效应和交互效应。因子 A 的主效应给出了平均于其他因子的所有水平上的、A 的不同水平之间的平均观测差异。A 和 B 之间的两因子交互效应检查出平均于其余因子的所有水平上、B 的不同水平处 A 的不同水平之间的差异是否相等,反之亦然。类似地,A、B 和 C 之间的三因子交互效应显示出平均于其余因子的所有水平上，A 和 B 之间的两因子交互效应在 C 的所有水平处是否具有相同的模式，或者等效地检查 B 和 C 之间的两因子交互效应在 A 的所有水平处是否具有相同的模式，等等。可以用相似的方式定义四个或更多个因子的交互效应，但很少有直接的实际重要性。

两个定量因子之间不存在交互效应意味着响应面的形式和方向使得在第二个因子的所有水平处，将第一个因子从一个水平变动到另一个水平的效应都相同。

在实践中，我们需要对根据观测值估计的明显效应的精度进行估计。这通常需要估计残差标准差，可以通过与非析因试验相同的方法，或者如果试验仅重复一次则通过使用高阶交互效应来完成。如果涉及抽样定性因子，则另一个对照和它之间的交互效应将决定误差，其他对照的估计是对于抽样因子水平的整个无限总体而言的。但是，在大多数情况下，对结果进行灵活的制表和绘图是分析中最重要的步骤。

参 考 文 献

Bennett，C. A. ，and N. L. Franklin. (1954). *Statistical analysis in chemistry and the chemical industry*. New York：Wiley.

Box，G. E. P. (1954). The exploration and exploitation of response surfaces—some general considerations and examples. *Biometrics*，10，16.

--------------and P. V. Youle. (1955). The exploration and exploitation of response surfaces：an example of the link between the fitted surface and the basic mechanism of the system. *Biometrics*，11，287.

Campbell，R. C. ，and J. Edwards. (1954). Semen diluents in the artificial insemination of cattle. *Nature*，173，637.

Cochran，W. G. ，and G. M. Cox. (1957). *Experimental designs*. 2nd ed. New York：Wiley.

Daniel，C. (1956). Fractional replication in industrial research. *Proc. 3rd Berkeley Symp. on Math. Statist. And Prob.*，5，87. Berkeley：University of California Press.

Davies，O. L. (editor) (1954). *The design and analysis of industrial experiments*. Edinburgh：Oliver and Boyd.

Goulden，C. H. (1952). *Methods of statistical analysis*. 2nd ed. New York：Wiley.

Kempthorne，O. (1952). *The design and analysis of experiments*. New York：Wiley.

Mann，H. B. (1949). *The analysis and design of experiments*. New York：Dover.

Moore，P. G. ，and J. W. Tukey. (1954). Answer to query 112. *Biometrics*，10，562.

Tukey，J. W. (1949). A degree of freedom for non-additivity. *Biometrics*，5，232.

--------------(1955). Answer to query 113. *Biometrics*，11，111.

Van Rest，E. D. (1937). Examples of statistical methods in forest products research. *J. R. Statist. Soc. Suppl*，4，184.

第7章

简单析因试验的设计

7.1 引言

在第 6 章中,我们讨论了析因试验的一般性质和优点以及解释此类试验结果所涉及的一些想法。现在,我们考虑这些试验的设计。通常涉及四个问题:

(a) 应包括哪些因子?

(b) 这些因子应取哪些水平?

(c) 应使用多少个试验单元?

(d) 应采取什么措施来减少不可控变异的影响?

这些问题中的第三个将在第 8 章中详细讨论,因此本章不再介绍。下面依次讨论其他三个问题。

7.2 因子的选择

当确定可以包含在试验中的因子时,我们当然必须部分遵循经济和简单的原则。但是在最初考虑一个特定试验时,通常最好列出所有可能的相关因子,即使其中一些研究必须推迟到未来的试验中进行。在某些调查,尤其是初步工作中,潜在重要因子的数量可能远远超过可以处理的数量。这种情况下,在拟定可能进入试验的因子清单之前,必须对关键问题采用一个不至于太难达到要求的定义。

这些因子分为两种类型——处理因子和分类因子,下面分别加以讨论。与生物测定法一样,处理因子(即试验过程中要对系统进行的改动)可以由问题的性质明确定义,但更常见的是,有些因子极其重要,而其他因子也许是理想的,但绝不是必需的。我们可以区分以下因子:

(a) 直接感兴趣的因子;

(b) 可能改变主要因子的作用或可能阐明主要因子如何工作的因子;

(c) 与试验技术有关的因子。

稍后将给出一些示例,以使这种区分变得清晰。分类因子粗略地分为以下两种类型:

(d) 代表试验材料中不可避免的但实际上重要的差异的分组(例如患者的年龄和性别差异);

(e) 故意加入的试验单元的差异,以检查交互效应并扩大有关主要因子的结论的有效范围。

换句话说,在决定列出哪些因子在可以研究的范围之内时,我们应该提出以下问题:

(a) 试验的直接目的应该是研究什么处理?

(b) 可以另外增加哪些因子,使得与(a)中主要因子之间的交互效应可能会有指导意义?

(c) 与试验技术有关的任何方面是否暗示需要其他因子?

(d) 能否将可用于该工作的试验单元自然地分成几组,以使不同组的主要处理效应可能大不相同?

(e) 有意选择不同类型的试验单元来回答问题(d)是否可取?

下面利用一些示例简要说明这些问题。

例 7.1　考虑寄生虫学中的一种试验,其中小鼠受到幼虫接种刺激,并在适当的延时后接受挑战性剂量,例如 200 只幼虫。再过一段时间后,将小鼠杀死并进行尸检以确定存留的幼虫数量,即测量小鼠对挑战性剂量的免疫程度。

(a)~(e)问题的解答可以如下:

(a) 我们感兴趣的两个因子是饮食中维生素 A 的量的效应以及进行和不进行初始接种的效应。即,我们感兴趣的是,比如缺乏维生素 A 是否会降低对挑战性剂量的免疫力,进行初始注射是否会增强免疫力,以及这些因子之间是否有交互效应。

(b) 希望保持试验简单,不会出现其他重要因子。

(c) 试验技术的三个要素是接种和接受挑战性剂量的时间间隔、挑战性剂量的用量以及该时间与尸检之间的时间间隔。如果认为这些因子可能会在很大程度上影响(a)中的比较,则可以加入一个或多个新因子,不同的水平代表(例如)从接种到接受挑战性剂量之间的不同时长。

(d) 小鼠可分为雄性和雌性,并可能分为不同的品种。还可以从某些定量属性(例如体重)中得出排序定性因子,例如将小鼠分类为轻、中或重。

(e) 如果最初可用于该试验的所有小鼠碰巧都处于同一个年龄,则可能值得考虑拥有多个年龄组的小鼠。

这为我们提供了可能包含在试验中的因子清单。

例 7.2　本例是基于与青霉素生产有关的试验(Davies,Hay,1950)。试验涉及该过程的前两个阶段,即接种物的生产和发酵。问题(a)~(e)的解答如下:

(a) 在该过程的第一阶段中,三个感兴趣的因子是玉米浆的浓度、葡萄糖的用量和葡萄糖的质量。在第二阶段,主要关注的因子是玉米浆的浓度和发酵罐的选择。

(b) 可能将与过程相关的各种操作细节、温度等作为额外因子有效地包含在内,但在 Davies 和 Hay 讨论的情况下,(a)中的因子数目对于希望用于试验的资源而言有些多。

(c) 假设这里没有明显的因子出现。

(d)、(e)原料是玉米浆,如果必须使用数批运送,则"运送"形成了一个自然的因子。也有故意在运送上增加差异的可能性。

例 7.3　考虑进行一项试验以研究培育各种甜菜品种的抗抽薹性。对标准问题的解答可以如下:

(a) 主要因子是品种,不同水平是试验繁殖的品种和作为对照的商业品种。

（b）品种对比可能取决于播种时间，也可能取决于土壤、天气和其他差异。至于后者，如果可行，应该在几个中心进行试验，可能需要几年时间，然后才能加以研究。也就是说，我们至少需要两个补充因子，即播种时间和所在中心，甚至更多。

（c），（d）和（e）这里可能没有提出任何有意义的要点。

例 7.4 Edwards（1941）描述了初始态度对记忆能力的影响的调查。根据受试者对某个政治问题的态度，将他们分为三类：赞成、中立和反对。然后，他们听了一个包含相等数量的赞成和反对该声明的演讲，且立即接受测试，并在几周后再次接受测试，以得出他们对赞成和反对声明的回忆。

此例是为了表明本节的注意事项可以应用于（例如社会科学中）常见的调查，但它不是本书意义上的试验。这里的目的是比较分类因子（即不同的受试者组）的水平，而不是评估试验者施加的处理效应。如 6.2 节所述，此类对比受限于实际的额外的不确定性。因为，即使这项试验中的三组受试者都是从定义明确的总体中随机抽取的（在目前的情况下，这几乎是不现实的），也不能保证政治态度上的差异是组间唯一的甚至是主要的差异。

问题（a）～（e）的解答可以如下：

（a）正如刚刚讨论的那样，主要因子是分类因子，即受试者的初始态度。

（b）一个重要的补充因子是听演讲和接受记忆测试之间的时间长度。加入此因子的主要目的不是研究随时间推移的平均回忆减少（时间的主效应），而是检查不同组受试者之间的差异是否随时间变化，即检查是否这种符合自己观点的陈述就记得更好的可能趋势会随着时间而变化。这是我们将时间间隔视为标题（b）下而不是标题（a）下的一个因子的原因。

（c）结合试验技术，可能有一个因子代表赞成和反对基本问题之间的差异。

（d）、（e）以（a）之外的方式对受试者进行分组（例如，按年龄、性别或受教育程度）可能是可行以及可取的。

‖7.3 水平的选择

（i）定性因子

现在，我们假设已经确定了一系列潜在因子，因此转而应进行每个因子的水平选择。这里，再次开始考虑我们想要做什么，而不必过多考虑可用于特定试验的资源的限制。

各种定性因子将分别予以考虑。

（a）对具有直接重要性的明确的定性因子，通常从问题的性质中可以清楚地知道应将水平定为什么，也就是说，应该以什么特定的对照作为试验的研究对象。

（b）当这些因子被视为补充因子时，使用少量水平就足够了，典型的是取因子相当极端的水平。如果怀疑补充因子对主要对比没有影响，则尤其如此。例如，在小麦的农业肥料试验中，可以加入"品种"作为补充因子。如果认为所有品种的肥料对比可能都相同，则在一个较小的试验中，使用两个主要且类型大不相同的小麦的典型品种，将因子"品种"分为两个水平就足够了。另一方面，如果品种和肥料之间可能存在有意思的交互效应，那么尝试在更多品种上进行试验是值得的。

（c）与试验技术或试验单元分组有关的因子的水平数量通常应保持尽可能地小。

（d）如果要得出关于水平总体的有效推论，则抽样定性因子的水平数量不应太少。如果可能的话，应安排至少 6～10 个自由度来估计适当的误差。这里实际涉及统计上的考虑（请参阅第 8 章）。例如，假设两个工业流程之间的差异随运送批次的不同而比较明显，那么只有在检查了足够多的运送批次以提供足够独立的对比进而给出运送之间变异大小的一个较好的分析时，才能评估运送批次的总体均值的估计的精度。

（ii）定量因子：极限水平的选择

从许多方面来说，最有意义的情况是当因子是定量的时候。这里有三个问题：应该考查哪些极端因子水平？应该考查多少个因子水平？应该如何分配水平，以及应该为每个水平分配多少个观测值？

在某些问题中，可以通过实际考虑相当明确地确定极端因子水平。例如，在一个试验中要改变纺织纺纱棚中的相对湿度，可能 50% 和 70% 的相对湿度代表了加湿设备能令人满意地工作的最小和最大水平。再者，在农业试验中，定量因子是某种肥料的用量，最低水平是不使用肥料，或者较少见的，被认为是必不可少的某个最小值。确定要使用的肥料最大用量较为困难，尽管可以提出以下一般性的意见。一方面，如果试验的目的是预测最经济的用量，则最好的办法通常是将可能的最优值点安排在所研究因子范围的中心附近。另一方面，如果目标并非直接可行，则建议覆盖更广的水平范围，因为系统在极端条件下的行为有时可以在科学上揭示真相。

这是一类重要情况的实例，其中感兴趣的因子水平的范围取决于观测到的响应。另一个例子为，假设因子水平是药物的剂量，观测是一小群被杀死的动物的比例。使用高剂量时所有动物死亡，低剂量时无动物死亡。一般来说，感兴趣的剂量范围将超过涵盖杀死 50% 的剂量，例如，可能对应于 5%～95% 的真实杀死率。在没有足够先验信息的情况下，最好的方法通常是分两个或更多阶段进行，首先确定用于详细研究的剂量范围。如果做不到，则剂量必须覆盖大范围，这显然是浪费的。

（iii）选择水平的数量和位置

在确定了要研究的水平范围之后，我们考虑要使用的水平的数量和位置。实践中，在大多数情况下，最好使用等间距水平的承载变量，并且每个水平上具有相同数量的观测值。因此，在许多生物学试验中，承载变量是对数剂量，故而剂量在对数尺度上等间隔，即以剂量的几何级数分布。等间距的常见例外是预期响应曲线上升到极限值，而不是用第 6 章的简单多项式曲线之一描述的情况。在这种情况下，可能希望有许多较窄间隔的水平在响应曲线的上升部分以及许多较宽间隔的水平在曲线平坦处。这预先假设了一些对响应曲线的一般形状和位置的先验知识。在例 3.2 中，我们已经给出了一个实例，其中钾肥在棉花作物上的施用量为每英亩 36、54、72、108、144 lb 氧化钾。通常，如果我们对因子取值的一个范围比另一个范围更感兴趣，则因子水平当然应该在更感兴趣的范围内相对更稠密。

通常，这些水平之间的间隔相等，并且每个水平上的观测值数量相等。有以下几种情况。第一种情况是只有两个水平，即将单元平均划分为上下两个极端水平。这将为我们提供在所研究范围内观测值的平均增加量的估计值，但是没有任何有关响应曲线形状的信息。

因此,两水平仅在初步试验中或在有关效应方向的定性结论已经足够的试验中才应使用。因为在较全面的研究中,几乎可以肯定希望对响应曲线的形状有所了解,并且不愿意将其假定为线性。最重要且最简单的允许检查响应曲线形状的案例是在三个水平的情况下。表 7.1 帮助我们了解使用若干数目水平的优缺点,该表适用的情况是极端因子水平和试验中的单元总数均已固定;在这种情况下,斜率和曲率估计的标准误差为

$$数值常数 \times \frac{残差标准差}{\sqrt{单元总数}}$$

表 7.1 给出了等间距分布的各种设计的数值常数。

表 7.1　使用固定顶部和底部水平的等间距分布时斜率和曲率估计的标准误差[*]

（a）每个水平有相等的单元数

水平数	估计斜率	估计曲率
2	1	—
3	1.225	2.121
4	1.342	2.250
5	1.414	2.390

（b）三个水平;每个水平有不同的观测数

观测数在中心水平处的比例	估计斜率	估计曲率
0	1	—
1/5	1.118	2.500
1/3	1.225	2.121
1/2	1.414	2.000
3/5	1.581	2.041

注:在所有情况下,估计的标准误差为

$$列表中数值常数 \times \frac{残差标准差}{\sqrt{单元总数}}$$

例如,如果将 16 个单元分配给 4 个等间距的水平中的每个水平,则曲率估计的标准误差为 $2.250/\sqrt{16} = 0.5625$ 乘以残差标准差。由以上分析可以得到以下结论。

（a）如果只想估计斜率,最好使用两个水平。这是在初步试验中最常见的情况,其主要目的是定性查看是否存在处理效应,以及处理效应的方向。在此类试验中,最好的方法是只使用两个极限水平,如果可能的话,选择它们,使它们相距足够远,这样任何处理效应都会更加显著,但要承担风险,即响应曲线在该范围内的真实曲率可能会破坏对结果的解释。

（b）三个等间距的水平比极端点相同的四个或更多等间距的水平对于斜率和曲率的估计更精确。

（c）表 7.1 的第二部分显示,对于三个水平的试验,当一半的观测值在中心位置而其余的观测值平均地分布在两个极端水平时,曲率可以最精确地得到估计。但是,在三个水平处的观测值相等的情况下,即在中心水平处有三分之一的观测值时,曲率估计值的标准误差几乎没有增加,而斜率的标准误差明显减小了。因此,即使曲率至关重要,单元的均等分配似

乎也是应采用的合理系统。

（d）如果我们可以定量地指定斜率和曲率的相对重要性，则可以在数学上确定最佳设计。只是不太可能会经常做出这样的说明。

（e）如果试验的目的是估计响应曲线上最大值或最小值的位置，预期该最大值或最小值位于因子范围的中心附近，则可以看出在三个水平上使用相同数量的观测值还算高效。

（f）四个水平的使用降低了斜率和曲率的精度，但是既使得检查数据与抛物线形的响应曲线的一致性成为可能，又可以在需要时估计更复杂的三次响应曲线。

如果已知不可控变异的大小对于不同的因子水平是不同的，则需要对这些说明进行一些修改。如果不需要很多水平，则讨论仍假定响应曲线是平滑的。例如，若因子是温度，正在研究化合物的物理或化学性质，则怀疑在所研究的范围内可能会发生分子变化。这样一来，响应曲线可能会发生突然的、几乎不连续的跳跃，从而前面的讨论不再适用。

可以总结如下。当目标主要为检查因子是否有效应以及效应在哪个方向上时，应使用两个水平。若只要通过斜率和曲率来描述响应曲线就足够了，应使用三个水平，这应该涵盖大多数情况。如果进一步检查响应曲线的形状是重要的，则使用四个水平。当需要估计响应曲线的详细形状时，或者当预期该曲线上升到了渐近值时，或者一般地，要显示斜率和曲率未能充分描述的特征时，应使用四个以上的水平。除了最后这些情况外，通常令人满意的是使用等间距的水平，每个水平具有相同的观测次数。

以上结论的应用在很大程度上取决于个人判断以及调查工作各个方面对试验人员的相对重要性。这使得很难给出令一般读者信服的例子。

在例 7.1 的初步试验中，所有因子都可以取两个水平，例如，饮食因子中维生素 A 的一个水平是完全缺乏，另一个水平是存在的量足以完全满足对维生素的需求。在以后的工作中，如果需要研究响应曲线及其与"接种"因子的交互效应，则可能需要四个或更多个水平，因为响应曲线可能相当复杂。

在例 7.2 和例 7.4 的试验中，所有因子都取两个水平。在例 7.3 中，品种是特殊定性因子，通常会取相当数量的水平，这取决于有充分理由进入试验的试验品种的数量以及不同类型的对照品种的数量。两个播种时间可能是唯一可行的，可以进行试验的中心数量通常不在试验者的控制范围内。我们将结合下面要介绍的其他例子再次讨论水平的选择。

7.4　误差的控制和裂分单元的原则

假设目前我们已经确定了要纳入试验的因子以及每个因子的水平数。接下来，如果我们要对因子水平的所有组合进行相同次数的观测，就知道了希望在试验中采用多少种不同的处理。实际上，该数字是每个因子的水平数的乘积。即，在具有五个水平、三个水平、两个水平和两个水平的四因子的试验中，不同处理的个数为 $5 \times 3 \times 2 \times 2 = 60$。

现在，我们面临与第 3 章至第 5 章中讨论的较简单试验相同的问题，即确保试验材料的不可控变异尽可能少地干扰结论。在较简单的情况下，我们先前的讨论无须更改即可适用。也就是说，我们可以通过将试验单元分组为随机区组或拉丁方，或使用基于伴随变量的调整，来减少某些变异来源的影响，并且可以通过随机化将剩余变异转化为实际上的随机变异。

例 7.5 假设在例 7.1 的情况下,决定进行一个 2(饮食)×2(接种与未接种)×2(年龄组)试验,并且有 32 只小鼠可用。有 8 种处理组合,因此安排 4 个随机区组、每组 8 只小鼠是自然的。每个区组中选择的 8 只小鼠尽可能相似。当然,为小鼠分配处理是在每个区组内独立随机进行的。

例 7.6 农业田地试验以析因试验形式进行且安排为随机区组或拉丁方是很常见的[许多此类试验的详细说明见 1939 年之前的罗瑟斯塔(Rothamsted)试验站的年度报告]。但是,一般经验是,要使这些设计有效,处理的数量一定不能太大:对于随机区组,处理个数通常应少于 20;对于拉丁方,处理个数应少于 10,有时上限值更小。如果处理个数超过此数,则区组或行和列趋于变得过于不同,从而导致较高的残差标准差。在拉丁方和随机区组之间进行选择,以及合理布置这些设计的最大试验规模,当然都取决于特定的试验区域、作物以及所用地块的大小和形状。

类似地,在仅涉及少量不同处理组合的其他试验中,适用第 3~5 章的原则而无须进行必要的修改。但是,一旦处理组合的数量超过了还算相似的单元组成的一个区组中所能容纳的数量,就会出现问题。例如,在第 3 章中我们讨论了工业试验,其中一天最多只能进行 4 次运行,因此,使用不超过 4 个处理,就可以通过随机区组来消除日期之间的变异影响。但是,即使是非常小规模的析因试验也可能有远超过 4 种的处理,因此,如果要在这些试验中消除日期之间的变异影响就需要采用新的技术了。

有一种自然的方法可以使用,特别是当一个(或多个)因子是分类因子或主要包含在 7.2 节(b)中的补充因子时。在任何一个区组中的所有单元上,此因子均应处于同一水平。我们可以通过下面的例子更好地了解它是如何运作的。

例 7.7 考虑以下的生物化学试验,其主要特征可与许多领域的试验相提并论。需要评估注射两种试验制剂 A 和 B 对小鼠血液中物质 S 含量的影响。假设雌雄两种性别对 A 和 B 的反应可能有所不同。于是我们可以使用的最简单的试验形式是一个 $2 \times 2 \times 2$ 的析因系统,其中的因子是:(a)A 首先不存在,然后以基本数量出现;(b)B 相似;(c)性别。

现在假设考虑到了试验方法的全部细节,包括可能非常需要精密技术的 S 的测量,发现一天可以方便地处理不超过 4 只小鼠。在这种类型的试验中,须消除日期之间的差异,因为经常会出现尤其是与试验技术相关的误差来源,可能会在不同日期的确定之间引入明显的系统性差异。如果可以在一天之内测试 8 只小鼠,将没有任何困难。我们可以根据简单的形式使用随机区组设计。为了应对目前的情况,我们将假定性别这个分类因子被纳入试验的主要目的是检查其与处理因子 A 和 B 的可能交互效应,即,假定性别的主效应并非主要兴趣点。

在这种情况下,以下所述可能是一个很好的方法。

(a) 假设有 32 只小鼠(每个性别 16 只)可用于试验,且采用这个数目可能会得到所需的精度。将每种性别的小鼠分为 4 组,每组 4 只,每组 4 只小鼠的品种相同,并尽可能使其体重相当。从 1 到 8 对组进行编号。

(b) 独立地为每组随机分配小鼠至 4 种处理:(A 缺失,B 缺失),A_0B_0;(A 存在,B 缺失),A_1B_0;(A 缺失,B 存在),A_0B_1;(A 存在,B 存在),A_1B_1。

(c) 按时间随机化组的编号。

表 7.2 列出了对于此类试验的可能安排和一组观测值。

表 7.2　*A* 和 *B* 对小鼠血液中物质 *S* 含量的影响试验

（a）试验观测和处理安排

第 1 天：雄——A_0B_1，4.8；A_1B_1，6.8；A_0B_0，4.4；A_1B_0，2.8	
第 2 天：雄——A_0B_0，5.3；A_1B_0，3.3；A_0B_1，1.9；A_1B_1，8.7	
第 3 天：雌——A_1B_1，7.2；A_0B_1，4.3；A_0B_0，5.3；A_1B_0，7.0	
第 4 天：雄——A_0B_0，1.8；A_1B_1，4.8；A_1B_0，2.6；A_0B_1，3.1	
第 5 天：雌——A_1B_1，5.1；A_0B_0，3.7；A_1B_0，5.9；A_0B_1，6.2	
第 6 天：雄——A_1B_0，5.4；A_0B_1，5.7；A_1B_1，6.7；A_0B_0，6.5	
第 7 天：雌——A_0B_1，6.2；A_1B_1，9.3；A_0B_0，5.4；A_1B_0，6.9	
第 8 天：雌——A_0B_0，5.2；A_1B_1，7.9；A_1B_0，6.8；A_0B_1，7.9	

（b）平均值表

雄

		B 缺失	B 存在	
A	缺失	4.22	4.00	4.11
	存在	3.90	7.40	5.65
		4.06	5.70	

雌

		B 缺失	B 存在	
A	缺失	5.18	6.02	5.60
	存在	6.28	6.72	6.50
		5.72	6.38	

两种性别合并

		B 缺失	B 存在	
A	缺失	4.70	5.01	4.86
	存在	5.09	7.06	6.08
		4.89	6.04	

	A 缺失	A 存在	
雄	4.11	5.65	4.88
雌	5.60	6.50	6.05
	4.86	6.08	

	A 缺失	A 存在	
雄	4.06	5.70	4.88
雌	5.72	6.38	6.05
	4.89	6.04	

日期平均

雄	雌
4.70	5.95
4.80	5.22
3.08	6.08
6.95	6.96
4.88	6.05

对结果的一般性检查表明，日期存在很大的系统性差异，并且这些差异与性别差异并不完全相关。这意味着该试验安排是成功的，因为在几天之内进行的主要对比比使用普通的随机区组设计所得出的结果更为精确，其中一个区组等于两天的结果。

分析的第一步是计算表 7.2(b)所示的平均值表。首先，我们分别对每种性别以及对所有性别进行平均，得出因子 *A* 和 *B* 的双向表。例如，在这些表的最后，5.01 是接受处理组合 A_0B_1 的 8 个观测值的平均值，每天贡献 1 个观测值，每个性别贡献 4 个。最后的表分为两个性别逐日显示平均值。试验的所有结论均基于这些平均值表,更精细的统计分析(包括方差分析)的目的是评估根据这些表进行对比的准确性。根据本书的一般原则,我们将省略更高级的统计方法的详细信息。Cochran 和 Cox(1957,7.15 节)详细描述了类似试验的分析。

关于该特定试验的结论以及这种设计的普遍含义,有以下一般性的观点。

(i) A 和 B 的双向表似乎对于两种性别具有不同的形式。对于雄性,当同时存在 A 和 B 时,观测值会增加,但其他情况下不会。对于雌性而言,数据似乎与缺乏交互效应一致。统计分析证实,两种性别的真实模式不太可能相同。

(ii) 在(i)中,如果我们将双向表中的任何一个均值与同一表中的另一个均值进行比较,则日期之间的系统性差异不会产生影响。例如,若我们在双向表中比较雄性均值 4.22 和均值 4.00,则我们要比较的两个量中,每一个都是建立在第 1、2、4 和 7 天的观测值之上。因此,如果某一天的观测值很高,那么这两种方法均受到相同的影响,它们之间的差异不受影响。进而,如果我们将从表中得出的一个雄性差异与一个雌性差异进行比较,那么也不会受到一天到另一天观测值系统性变化的影响。

(iii) 但是,如果将表中的雄性平均值与雌性平均值进行比较,那么我们是在将第 1、2、4 和 7 天的观测值与第 3、5、6 和 8 天的观测值进行比较。因此,在这种情况下,日期之间的差异会增大误差。特别是,如果我们希望比较雄性和雌性的整体观测值(参见最后的均值表),则日期之间的差异很重要。因此,最后一张表显示日期之间存在非常明显的差异,雄性和雌性之间看上去的平均差异很可能仅仅是试验中随机变异的结果。实际上,日期之间的差异是如此之大,以至于实际上几乎完全牺牲了有关性别主效应的信息,却大大提高了其他对比的准确性。

刚刚描述的方法的本质是,一个对比(即性别之间的差异)接受了较低的精度,以便提高更感兴趣的对比(即处理因子及其与性别的交互效应)的精度。因此,仅当有适当的可供牺牲的因子时,或者由于某种实际原因可以方便地在每个区组中对某个特定因子恒取一个水平来安排试验时,才应该使用这种方法。最后一点常发生在农业和工业试验中,下面给出一些例子。

例 7.8 在农业试验中可能会发生一个因子代表需要大面积应用的处理,而另一个(或一些)因子则在小面积上使用才可以最方便、最准确地得以测试。一个例子是,当第一个因子代表不同的放牧系统时;每个放牧处理所需的面积必须足够大以供养至少一只动物,这通常比适合测试品种或肥料处理的面积大得多。再者,例 7.3 中描述的甜菜试验中,考虑两个因子:播种时间和品种。如果以机械方式进行播种,则具有很大的优势,例如在多个连续的地块上进行多个品种的早期播种,然后在其余的连续地块上进行晚期播种。另一种选择是在任何时候使小块土地上的单独播种随意分布在试验区域上,这很麻烦。

另一个例子是在关于果树的工作中,对于某些类型的处理(例如修剪),每棵树可能会接受不同的处理,但是对于其他类型的处理(例如大批量喷洒),可以方便地以同样的方式处理整组的相邻树木。如果两种处理都包含在同一个试验中,那么这正是我们所讨论的一般情形。

具体地,我们考虑在甜菜上进行试验,为了简单起见,设有两个播种时间,6 个品种,在一个中心安排试验。进行品种试验时,通常可以很方便地处理成长而细的地块,数个钻床宽。对于 12 个处理,简单的随机区组设计将采用表 7.3(a)所示的形式,将 12 个处理在每个区组中随机分配。如上所述,对此的反对意见是同时要播种的地块为分散的区域很不方便。修改后的布置如表 7.3(b)所示。应将其与例 7.7 进行比较:时间上离得近的单元组内的性别是恒定的。在本例中,空间上离得近的单元(地块)组内的播种时间是恒定的。

表 7.3 甜菜试验的两个安排

(a) 随机区组设计

E	L	L	E	E	E	L	E	L	L	E	L
V_5	V_1	V_4	V_2	V_6	V_3	V_3	V_1	V_6	V_5	V_4	V_2

区组 1

(b) 修改后的(裂区)设计

E	E	E	E	E	E		L	L	L	L	L	L
V_4	V_1	V_6	V_5	V_3	V_2		V_2	V_3	V_6	V_5	V_1	V_4

区组 1

E：早期播种；L：晚期播种；$V_1, V_2, \cdots, V_6$：6 个品种。

仅显示一个区组

在农业应用中经常使用以下术语。作用于大面积的处理称为**整块处理**（whole plot treatment），而作用于小面积的处理称为**子块处理**（subplot treatment）。我们分别称使用了整块处理和子块处理的试验单元为**整块**（whole plot）和**子块**（subplot）。整块被裂分为多个子块，整个安排被称为"**裂区试验**"（split plot experiment）。因此，当前的例子是，每个区组中有两个整块，每个整块中有六个子块。

例 7.7 的讨论中提出的论点表明，品种对比的误差或品种与播种时间之间交互效应的误差*是由整块中各子块观测值的不可控变异决定的。另一方面，整块处理的对比误差由区组内整块之间的变异所确定。举一个极端的例子，假设每个整块中的六个子块具有非常类似的属性，而不同整块之间存在很大的差异。这时，品种的对比将是精确的，因为使用（例如）V_1 的每个观测都在同一个整块中存在相应的使用 V_2 的观测可直接进行对比，且这些观测之间的差异几乎不受不可控变异的影响。因此，V_1 和 V_2 之间的总体差异（即个体差异的平均值）类似地也几乎不受不可控变异的影响。但是播种时间的对比是基于整个地块的总体观测结果，对六个品种取总和，而这些大面积区域之间的差异容易受到不可控变异的影响。在实践中遇到的情况虽然不如刚刚描述的那样极端，但往往会使确定整块主效应的精度不及其他的对比。

可以用以上术语将例 7.7 的试验描述如下。每个整块都由一天的工作、四只小鼠组成，且性别因子随机分布在整块上。最终将每个整块裂分为四个子块，四只小鼠以及由 2×2 处理系统产生的四个处理随机分配到这些子块上。它与例 7.8 的安排之间的主要区别在于，在例 7.8 中，整块被分组为随机区组，而不是完全随机化。关于整块是否应该完全随机化，还是安排成随机区组甚至拉丁方的决定，要根据第 3 章的方法做出，正如没有子块时一样。

一般地，整块处理不必局限于单个因子，而是可以包含几个因子水平的所有组合。

裂区原则的重要工业应用是对具有多个阶段的过程进行试验。其中可以很方便地在第一阶段处理大批次的原材料，而在第二阶段将其分成较小的批次来使用处理。

例 7.9 拉伸和卷绕是精纺纱线生产中的连续阶段。在工厂生产的规模上，这两个过程都需要大量羊毛，但是在通常只需要处理小批量羊毛的试验工作中，拉伸的最少批次量比卷绕要大得多。

---

* 指的是，两个特定品种之间的差异相对于早期播种与晚期播种是更大还是更小。

假设需要检查在两个过程中改变相对湿度对纱线最终性能的影响。这就给出了两个主要的处理因子。假定加入一个补充因子,即羊毛的类型,以便检查有关相对湿度的结论是否依赖于羊毛的类型,即为了检查可能的交互效应。

这样我们得到了三个因子,下一步是确定每个因子的水平个数。两个主要因子是两个阶段的相对湿度,是定量的,因此,根据 7.3 节中列出的一般原则,我们首先要确定极端水平。这里相对湿度可能为 50% 和 70%。在这个范围内可以合理地预期主要的纱线性能(强度、不规则性等)将具有近似抛物线形状的响应曲线,即可以用平均斜率和曲率充分描述。因此,对于这两个因子,三个等间距的水平,50%、60% 和 70%,是建议的选择。在一个相对较小的试验中,补充因子可能最好采用两个水平,例如分别用 C 和 F 表示典型的粗(coarse)羊毛和典型的细(fine)羊毛。

如上所述,拉伸中的最小批次量大于卷绕,实际上,将一批原材料在特定的相对湿度下通过拉伸过程后分成三等份,以便随后在卷绕时使用三种不同的相对湿度,最后可以获得合适的重量。有六个整块处理,即拉伸过程的三种羊毛相对湿度与两种羊毛类型的六种组合。假定已经明确了两组完整的重复即达到足够精度。表 7.4 给出了随机分配后的一个合适设计。

表 7.4 纺织试验设计

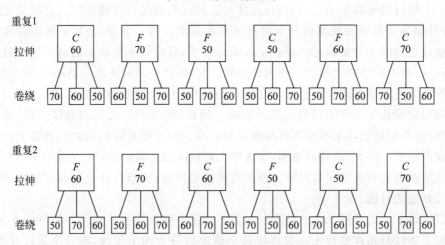

对表格的解释和试验的进一步详细信息如下。对于重复 1,两种类型的羊毛都取足够多的原材料(见顶部),充分混合以使其尽可能均匀,然后分为相应三等份批次的 C 或 F,以随机顺序编号。

批次为 1 号的粗羊毛在 60% 的相对湿度下拉伸。将这一过程的产物(粗纱)充分混合,使其尽可能均匀,然后分成三个相等的批次,并以随机顺序编号。第一批在 70% 的相对湿度下卷绕,第二批在 60% 的相对湿度下卷绕,第三批在 50% 的相对湿度下卷绕。同时,在相对湿度为 70% 的情况下抽取第一批 F,将产物分成三个相等的批次进行卷绕,以此类推。当第一组重复完成时,第二组重复将根据类似但独立的随机方案进行处理。

我们所描述的试验安排基于的前提假设是,不同批次的拉伸和卷绕可以同时在不同的相对湿度下进行。否则,如果拉伸和卷绕棚共用同一台加湿设备,那么仍然可以使用以上计划,但是需要仔细组织以使得不同的操作时间上存在合适的间隔。

如果我们将每个卷绕批次视为一个子块,并接受不同的子块处理(卷绕相对湿度),则可以看出与裂区设计的对应关系。每组三个子块构成了一个整块,并形成了一个用于整块处理的试验单元(拉伸相对湿度和羊毛质量)。

在这个试验中,我们为实践上的方便而将试验单元进行了裂分。其结果是,整块处理的对比可能不如子块处理精确,在较早的示例中,这至少是使用裂区设计的部分原因之一,但在此处一般并不是。

如果还要进行第三阶段的处理,那么在最后阶段将卷绕产物再次细分成批次可能是有利的。这将得到一个裂区试验。

本节的观点总结如下。如果处理组合的总数不太大,则可能允许不加修改地使用第 3 章中介绍的提高精度的方法,即将试验单元分组为相似的集合,从而使用随机区组或拉丁方设计。如果因子组合的数量太大而无法使该方法有效运作,则一种可能的方法是选择一个或一组特殊因子,使得其在每个区组中保持同样的水平,从而一个区组内需要容纳的处理组合的数量就可以下降到能应对的大小。这种方法称为裂分试验单元,因为特殊因子的实际试验单元是区组,它被裂分为多个部分以形成其他因子的试验单元。其效果是降低了仅与特殊因子相关的效应估计的准确性,并提高了与其余因子相关的以及与其余因子×特殊因子的交互效应相关的对比的精度。因此,在两种情况下该方法是有用的。首先,特定的主效应可能不那么重要,相应的因子被包括在内以提供有关交互效应的信息。这样的因子显然适合作为特殊因子。其次,可能出于技术原因使得某些因子的试验单元要大于其他因子的试验单元。如果以上两个原因均不成立,则不应使用裂分单元的方法。在这种情况下,可能会使用更高级的方法,称为**混杂**(confounding)。其总体思路与裂区试验的思路相同,但不同之处在于,不是在主效应上接受较低的精度,而是安排牺牲信息的是高阶交互效应。有关此方法的细节和讨论见 12.3 节。

7.5　设计的最终选择

至此我们已经讨论了析因试验设计中四个关键要素中的三个,即希望纳入的因子的选择、水平的选择以及不可控变异的影响的降低。第四个要素是关于要使用的试验单元总数的确定,第 8 章将对此进行全面讨论。有些情况下,我们为试验预先指定了有限数量的可用单元,并且要求考虑估计结果的精度是否足以使试验值得进行。在其他情况下,我们可能会从所需精度的一些想法开始,由此得出要使用的试验单元的大致数量。在大多数析因试验中,我们决定对完整的析因处理系统进行一定数量的重复,即每个因子水平组合都会出现相同的次数。例外的是少于一套完整的重复即可提供所需的精度。这种情况下,有时可以使用**部分重复**(fractional replication)的重要方法(12.2 节)。

在考虑了这四个要素之后,我们就要对使用的设计做出最终选择了。这涉及一般判断、常识以及对调查目的和可能结果的详细了解,它们很难形式化或举例说明。通常,为了使试验足够简单或在可用资源的限制范围之内,有必要省略希望纳入的因子或减少某些因子的水平数。这意味着我们将面临以下问题:拥有更少的水平数和更高的精度是值得的,还是更多的水平数和更低的精度?进行一个结论适用范围较小的简单试验是否会更好?等等。这些问题没有简单的答案。例如,一个重要的考虑因素是完成试验所需的时间。一方面,如果这个时间相对较短,而且试验费用不高,则最好进行一系列比较简单的试验。另一方面,如果试验需要很长时间才能完成,则从中获取尽可能多的信息将变得更为重要,从而更有力地支持相对复杂的设计,不过在一个新领域刚开始调查时就进行一个大型试验几乎总是不明智的选择。这些仅仅是粗略的概括。在所研究的特定领域中使用析因试验的经验是无可替代的,研究人员应该从简单的试验开始,需要的话再逐步处理更复杂的情况。

概　　要

在设计一个析因试验时,我们必须考虑:

(ⅰ) 纳入哪些因子;

(ⅱ) 这些因子应取什么水平;

(ⅲ) 总共应使用多少个试验单元;

(ⅳ) 应采取什么措施来减少不可控变异的影响。

我们首先列出可能被纳入的因子的初步清单。通常分为五类:

(a) 直接关心的因子;

(b) 处理因子,将其纳入主要是为了阐明(a)中因子的行为;

(c) 与试验技术有关的因子;

(d) 分类因子,受试验单元的自然分组所启发;

(e) 在试验单元上故意引入的变异。

然后,我们考虑希望每个因子出现在多少个水平上。需要讨论的最多情况是定量因子。这里,当试验的目的是查看该因子是否具有明显的效应以及效应的方向如何时,建议在试验中仅使用两个水平。否则应至少使用三个水平,以便对响应曲线的形状进行估计。

下一章将讨论单元总数的问题。

在一个较小的析因试验中,可以完全按照第3章中所述的方式,使用随机区组和拉丁方来降低不可控变异的影响。在较大的试验中,可以通过裂分单元的方法来获得满意的设计,其中牺牲了一个主效应的精度,以便使其他更感兴趣的对比获得更高的精度。有时出于与试验技术相关的原因,该方法也很有用。在其他情况下,有可能使用更高级的混杂技术,其中牺牲关于高阶交互效应的信息来提高主效应和低阶交互效应的估计精度。

在探讨了上述考虑因素之后,剩下的是就使用最佳设计做出最终决定。这通常涉及一些难题,例如出于简化和经济的目的,是否应该删除某些因子,或者是否应该减少其他因子的水平数。

参 考 文 献

Cochran, W. G. , and G. M. Cox. (1957). *Experimental designs*. 2nd ed. New York: Wiley.

Davies, O. L. , and W. A. Hay. (1950). The construction and uses of fractional designs in industrial research. *Biometrics*, 6, 233.

Edwards, A. L. (1941). Political frames of reference as a factor influencing recognition. *J. Abnorm. Soc. Psychol.*, 36, 34.

第8章

观测数量的选择

8.1 引言

我们现在转向一个更具体的统计问题,即试验单元数量与处理效应估计精度之间的关系。这包括两个方面。第一个方面,可以投入到试验中的努力程度可能会受到实验者无法控制的情况的限制。此时,在进行试验之前对可能产生的精度进行一些粗略的估计几乎总是有益的。例如,此粗略估计可以表明最终估计很可能会出现很大的误差,以至于无法得出有效的结论,因此建议,除非可以集中更多的资源,否则该试验不值得做。或者看上去可以用少于全部试验单元的数量获得足够的精度。

第二个方面是较积极的,如果单元数量在很大程度上可由实验人员掌控,则我们可以计算出与单元数量值范围相对应的精度。因此就可以达到以下两种情况之间的合理折中:其一是过少的单元数量和过低的精度,其二是浪费时间和试验材料来获得不必要的精度。

在 1.2 节中的一般性讨论中,我们注意到处理效应估计的最终精度取决于以下因素:

(a) 试验材料的内在变异性和试验工作的准确性;

(b) 试验单元的数量(以及每个试验单元上重复观测的数量);

(c) 试验的设计(如果效率不高,则为分析方法)。

在本章中,我们仅关注(b),因此将假定已经采取了所有可行的步骤来通过因素(a)和(c)提高精度。再假定系统性误差的所有重要来源都已被消除,例如通过随机化,因此,处理的对比仅受到随机误差的影响。

最重要的一点是关于为进行以下计算的目的而做的试验单元的定义。对于同一个处理的两个观测值,仅当试验设计使得对应于两个观测值的试验材料本可以接受不同的处理,此外,相应材料在重要变异可能进入的所有阶段都完全被独立处理时,才认为这两个观测值来自不同的单元。例如,假想将一批运送来的材料分为 8 份,有两种处理,每种处理使用 4 份。试验过程中分别处理这 8 份,最后,对每份进行 3 次观测,例如,通过对每份进行 3 次采样得到。于是每种处理都有 12 个观测值,但只有 4 个单元。只有在我们能够假设可以忽略不计的变异是在最后一个阶段(即取观测值)之前进入试验时,将这 12 个观测值视为 12 个单元才是合理的,而这种情况是不太可能发生的。对此在 8.3 节进行进一步的讨论。

后面的细节不可避免地涉及一些统计内容,对于希望主要了解本主题的一般性质和范畴的读者可以忽略以下部分。但也应意识到在开始试验之前对可能获得的精度进行一些估计的重要性。

8.2 精度的量度

我们首先讨论可以量度精度的方法。假设遇到 2.2 节的情况,我们对处理常数为 a_1, $a_2,\cdots,a_t$ 的对比或**对照**(contrast)感兴趣。对照可以采用多种形式,例如:

(a) 两种特定处理(如第一种 T_1 和第二种 T_2)的效应之差 a_1-a_2。一般通过接受处理 T_1 的单元上的平均观测值减去 T_2 的相应平均观测值来估计。

(b) 一组处理与另一种或另一组处理之间的平均差。例如,在营养试验中,T_1 可能代表基本饮食,其余处理则代表各种形式的补充饮食。感兴趣的一种对照可能是所有补充饮食的平均值 a 减去 a_1。这个对照常通过观测到的处理均值的相应差异得以估计。

(c) 如果处理对应于一个或多个定量承载变量的不同水平,我们可能会对 a 的特定组合(如量度响应曲线的斜率和曲率)感兴趣。这些估计的对照方法已在第 6 章中介绍。

根据观测结果,我们可以估计出感兴趣的特定对照*。通常由观测得到的估计值不等于由处理常数 $a_1,a_2,\cdots,a_t$ 计算得到的对照的真实值,我们关心的正是真实值和估计值之差的大小,称这个差值为对照估计中的**误差**(error)。当然在任何特定情况下,真实的处理常数 a_1, $a_2,\cdots,a_t$ 都是未知的,于是对照估计中的误差也是未知的。我们须使用误差概率分布,它由如下事实推导得出:使用的处理安排是从一个可能的安排集合中以随机方式选择出来的。可以证明平均误差为零,这用另一种方式说明了随机化可实现系统性误差的消除。特定对照的误差的一般大小通常最好用**标准误差**(standard error)来量度,其定义为平方误差的平均值的平方根。1.2 节中对标准误差的解释在某种程度上取决于不可控变异的频率分布形式,但具有更直接的实际意义。说明如下。在大约 1/3 的情况下,随机化得到的设计的误差大于正标准误差的 0.97 倍或小于负标准误差的 0.97 倍,即绝对值大小大于约一个标准误差。在大约 1/20 的情况下,随机化得到的设计的误差绝对值大于标准误差的 1.96 倍(出于实际目的,1.96 可改为 2);在大约 1% 的情况下,随机化得到的设计的绝对误差在标准误差的 2.58 倍以上。

鉴于这些事实,标准误差是一种具有直接实际解释的精度量度。与其他误差频率相对应的标准误差的倍数可从介绍统计方法的书籍所给出的正态分布表中获得,另请参阅表 8.1。

表 8.1 已知标准误差的对照估计的统计显著性临界值

对照估计与其标准误差之比	统计显著性水平
1.28	20%
1.64	10%
1.96	5%
2.33	2%
2.58	1%
2.81	0.5%
3.09	0.2%
3.29	0.1%

注:如果比率超过表 8.1 左侧栏中的值,则在右侧栏中给出的水平下是统计显著的。

经 Biometrika 信托基金和作者许可,该表由 E. S. Pearson 和 H. O. Hartley 于 1954 年在剑桥大学出版社出版的 *Biometrika Tables for Statisticians* 表 1 中得出。

---

* 这些对照的共同数学特征是,它们是 a 的线性组合,且其系数总和为零。

一般可以预料,特定对照的标准误差将部分取决于对照的形式,部分取决于所涉及的观测次数,还有部分取决于不可控变异的大小。这可以通过数学计算得到证实,该数学计算表明,通过采用一组观测值的平均值减去另一组观测值的平均值而形成的任何估计的标准误差为

$$\sqrt{\frac{1}{\text{第一组观测的个数}} + \frac{1}{\text{第二组观测的个数}}} \times 残差标准差 \qquad (8.1)$$

其中,残差标准差是对不可控变异中影响处理对照误差的那部分的大小的量度。更精确地,想象在没有真正处理效应的情况下,我们可以从试验单元上获得观测结果。然后,消除由随机区组设计中的区组或拉丁方设计中的行和列解释的那部分观测结果中的变异,即我们取在随机区组设计中消除了区组效应或在拉丁方中消除了行和列效应之后剩下的残差。残差标准差量度了残差的变化大小,其方式类似于标准误差量度对照估计的误差,即我们可以将标准误差和标准差视为相似的量,前者是指估计的效应,后者是指个体观测。正如我们在第 7 章中对裂区设计的讨论,不同的对照可能具有不同的残差标准差。

式(8.1)给出了两个平均值之差的标准误差,第 6 章给出了斜率和曲率的相应公式。Cochran 和 Cox(1957,3.5 节)给出了关于一般对照[*]的相当非数学性的讨论。对于两组包含相等数量观测的特例,式(8.1)变为

$$\sqrt{\frac{2}{\text{每组观测的个数}}} \times 残差标准差 \qquad (8.2)$$

因此,如果我们可以确定或估计标准差,就能够得到任何特定对照的标准误差,于是可以:

(a) 在任何指定的概率水平下从观测结果中确定对照的真实值所处的范围。由此,真实值在估计值加上或减去两个标准误差之内的可能性为 95%。

(b) 在进行试验之前,确定在任何指定的概率水平下不确定区间的宽度。

在本章中我们主要关注(b),但下面将通过示例简要说明(a)。

例 8.1 假设在比较接受两种饮食(T_1 和 T_2)的动物的生长速度时,由类似试验的先前经验得知,残差标准差可能约为 2.5 个单位。每种饮食都用于 10 只动物。由式(8.2)得两种饮食对应的增长率之间的差异估计的标准误差为 $\sqrt{2/10} \times 2.5 = 1.12$ 个单位。

如果此时在 T_1 上观测到的平均观测值比在 T_2 上多 6.10 个单位,我们可以计算出两种饮食之间真实差异的临界值如下:有 2/3 的机会,真实差异落在 $6.10 - 0.97 \times 1.12$ 和 $6.10 + 0.97 \times 1.12$ 之间,即 5.01 和 7.19 之间;有 19/20 的机会,真实差异落在 $6.10 - 1.96 \times 1.12$ 和 $6.10 + 1.96 \times 1.12$ 之间,即 3.90 和 8.30 之间;有 99/100 的机会,真实差异落在 $6.10 - 2.58 \times 1.12$ 和 $6.10 + 2.58 \times 1.12$ 之间,即 3.21 和 8.99 之间。

这些分析使我们能够想象可从试验结果中推断出的关于真实差异的客观图景。[**]

通常我们感兴趣的不仅是估计特定的对照,还要考查其**统计显著性**(statistical significance)。对此需要仔细解释。

---

[*] 以此处及第 6 章给出的所有公式为特例的一般公式如下:$l_1 \bar{x}_1 + l_2 \bar{x}_2 + \cdots + l_k \bar{x}_k$ 的标准误差为 $\sigma \sqrt{l_1^2/n_1 + l_2^2/n_2 + \cdots + l_k^2/n_k}$,其中 $\bar{x}_1$ 为 n_1 个观测的平均值,等等,没有两个 $\bar{x}$ 具有共同的观测,σ 为残差标准差。

[**] 这些概率陈述的精确说明在一些关于统计的教科书中进行了解释,需要仔细鉴别。

为明确起见,假设我们对两种特定处理 T_1 和 T_2 的相对效应感兴趣,即真实对照 $a_1 - a_2$。现在假设使用一个特定试验的结果时,我们发现估计的差异大小大致等于标准误差。那么标准误差的频率解释表明,即使处理之间没有真正的差异,也会大约每三次中有一次机会出现的差异不止观测到的大小。也就是说,如果真正的处理效应为零,则该差异正如预期这般发生。这里的重点不是说真正的差异被断言为零,而是**根据所分析的试验结果**,称处理之间存在真实差异是不合理的,换言之,数据与真实处理差异为零相一致。另一种略有不同的说法是,数据没有在感兴趣的显著性水平下显示出有真实处理效应的迹象。因为正的估计差异与零或负的真实差异合理地一致。从这个角度来看,显著性检验量度了数据支持在表观差异的方向上存在真实效应这一定性结论的充分性。

再假设对照估计刚好超过其标准误差的两倍,能看出至少有这种程度的差异的发生机会是 20 次中不到 1 次,于是我们认为该差异在 5%(1/20)的水平下是统计显著的。同样,如果估计的对照超过其标准误差的 2.6 倍,那么所观测到的差异大小至少能达到如此程度的发生机会是 100 次中不足 1 次,于是我们认为在 1%的水平下该差异是统计显著的。表8.1 显示了与对照估计的其他值相对应的显著性水平。任何在 1%的水平下统计显著的估计都将自动在 2%、5% 等水平下是统计显著的。

达到的统计显著性水平量度了将(例如两种处理之间的差异)表观视为真实时所涉及的不确定性。举个例子,如果达到了很高的统计显著性水平,如 0.1%,则将表观差异视为真实的统计不确定性很小。以下一般指南给出了各个水平的实际含义:

在 10%的水平下无统计显著性	数据与真实对照为零相一致
在达到或接近 5%的水平下统计显著,但达到或接近 1% 的水平下不显著	数据很好地证明了真实对照不为零
在达到或接近 1%的水平下统计显著	数据有力地证明了真实对照不为零

例 8.2 证明了其中的一些观点。

例 8.2 再次考虑例 8.1 中描述的试验。差异估计为 6.10 个单位,标准误差为 1.12 个单位。二者的比率为 6.10/1.12=5.45,远大于表 8.1 中的最大值。因此,这个差异在统计上是高度显著的,认为两组观测值在所示方向上存在着的真实差异所牵涉的不确定性可忽略不计。

如果估计的差异为 1.50 个单位,则它与标准误差的比率为 1.50/1.12=1.34,于是从表 8.1 中可以得出,真实差异为零时,只是靠运气出现不止表观差异的概率不到 20%。由于这种可能性非常大,因此我们可以认为该数据与不存在真实的处理差异相符合。真实效应的 95%误差上、下限分别为 $1.50 \pm 1.96 \times 1.12$,即 $(-0.70, 3.70)$。首先注意到这个区间包括负值,因此我们无法在这个概率水平下推断出真实差异为正。还请注意,数据是否符合存在实际重要的真实处理差异完全取决于应用的环境。

作为最后一个例子,请注意,如果估计的差异为 2.38 个单位,则在 5%的水平下是统计显著的,但在 2%的水平下是统计不显著的。一般来说,这将被认为是真实处理差异为正的还算良好的证据。

另外,需要注意以下几点:

(a)显著性检验与所分析的数据告诉我们的内容有关。如果有更多数据可用,或者我们从一般经验或理论考虑中获得了有关对照的重要信息,则关于对照的总体结论可能会发生变化。

(b) 如果对照在例如 1% 的水平上具有统计显著性,那么我们几乎不怀疑真实的非零对照的存在。这只是问题的一部分。还必须考虑真实对照的大小,而不仅仅考虑它是否为零,我们将通过本节开头指出的方法来实现这一点,即通过计算估计的对照再加、减适当倍数的标准误差,以给出位于指定的概率水平下真实对照所处的范围。

(c) 可能出现的情况是,尽管对照是统计显著的,但在合理的概率水平下,真实值的所在范围对应于没有实际意义的差异。也就是说,我们有时可能会得出结论,尽管两种处理有所不同,但是它们之间的区别并不重要。统计显著性与技术重要性不同。

(d) 另一方面,如果估计的对照与零真实对照一致,则仍然可能存在重要的真实对照。例如上面讨论的例子,其中估计的差异等于标准误差,假如都等于一个单位,那么在 5% 的概率水平下,真实差异的上下限为

$$估计对照 \pm 1.96 \times 标准误差$$

即非常接近 -1 和 3。也就是说,真实对照落在以这种方式计算出的范围之内的机会为 95%。显著性检验从 -1 到 3 的范围内可能包含或不包含我们实际关心的差异,这完全取决于我们认为具有实际重要性的差异的大小是多少。没有统计显著性只是说明,我们无法合理地声称这些数据显示 T_1 可以比 T_2 产生更大的观测值,因为 -1 到 3 的范围中既包含正的差异,也包含负的差异。更多的数据可能会也可能不会表明存在实际重要的差异,除非我们可以从实践知识中得知 -1 到 3 范围内的差异令人毫无兴趣。因此,即使估计的差异在统计上不显著,我们通常也应该考虑真实对照的误差上下限。显著性检验在数据分析中起着重要但有限的作用。

最后一点即第(d)条表明需要考虑显著性检验的敏感性或**功效**(power)。统计显著性的整体思想围绕着希望保护我们自己不要在声称我们的数据显示处理对照在特定方向上时实际上真实对照却为零(或相反方向)。然而也很重要的是,如果可能的话设计为:假如真实对照与零有足够大的差异以至于具有实际重要性,那么估计的对照应该有很大的机会被判定为是统计显著的。这表明我们应该考虑对于指定的真实对照值,对照估计在某些特定水平(例如 5% 或 1%)下是统计显著的可能性。这给出了所谓的显著性检验的功效,即它量度了在指定的显著性水平下检测出某个真实对照的机会。在选择分析数据的备用方法和确定合适的试验规模时,功效很重要,但在数据的实际分析中,它却是无关紧要的。

表 8.2 显示了这种计算的结果。我们用与例 8.1 和例 8.2 中相同的分析方法来说明表格的含义。

表 8.2　标准误差已知时,对照的显著性检验的功效

真实对照/标准误差的绝对值	对照估计为正且在以下水平时统计显著的概率		
	10%	5%	1%
0	5%	2.5%	0.5%
0.5	13	7	2
1.0	26	17	6
1.5	44	32	14

续表

真实对照/标准误差的绝对值	对照估计为正且在以下水平时统计显著的概率		
	10%	5%	1%
2.0	64	52	28
3.0	91	85	66
4.0	99	98	92

例 8.3 本例中的标准误差为 1.12 个单位。于是,由表 8.2 的第三行可知,如果存在这个绝对值大小的真实差异,例如 T_1 的观测值比 T_2 大,则有 26% 的机会估计的差异将显示 T_1 的平均值大于 T_2 的平均值,差异在 10% 的水平下具有统计显著性。同样,从下一行到最后一行,如果真实差异为 $3 \times 1.12 = 3.36$ 个单位,则估计出的差异在 10% 的水平下是统计显著的可能性为 91%,以此类推。

我们可以粗略地呈现这些定量表述如下:如果真实差异等于一个标准误差,则样本差异在有用水平上不太可能是统计显著的,但如果真实差异等于标准误差的 3 倍,则有相当大的机会达到统计显著。

现在假设在该例中,每种饮食的试验单元数量从 10 增加到 40,残差标准差不变。这使得饮食之间的差异的标准误差减半,因此 $3 \times 0.56 = 1.68$ 个单位的真实差异与以前的 3.36 个单位的真实差异具有相同的导致统计显著差异的可能性,以此类推。

可以将前文的讨论总结如下。对照估计的标准误差是关于对照估计值及其真实值之间可能出现的差异的量度。如果在进行试验之前我们已经知道了标准误差是多少,就可以为真实对照预测出所得到的不确定性区间的宽度,也可以计算出对照估计的统计显著性检验的功效。标准误差取决于对照的形式、参与的试验单元的数量以及残差标准差,其中残差标准差量度的是观测值中不可控变异的相关部分。

始终假定不可控变异的大小是恒定的。如果某些处理导致比其他处理有更多的不可控变异,则公式就会改变。复杂的统计分析中经常必须考虑标准差随试验的不同阶段变化的可能性,但是只有在我们事先大致知道标准差会发生什么变化的情况下,才会影响试验的设计。通常的后果是,当预期变异较大时,我们应该进行更多的观测。

我们所分析的大多数试验的直接目的是对处理之间某些对照的大小进行估计,并且通常还要检查所得估计值的统计显著性。因此,我们经常要求对照估计的标准误差不应太大。然而,在极少数情况下,需要估计特定对照的大小(例如两个处理之间的差异)的想法具有误导性。我们可能只对确定两个处理中哪一个有更高的观测值,或者从一些处理中挑选出一组具有特定性质的处理感兴趣。在这些情况下,我们将以一个简单的建议作为结尾,例如,T_1 比 T_2 给出更高的观测值。尽管我们需要确保在某种意义上是一个正确的决定,但不一定需要对最终决定的不确定性进行量度,也不需要对处理之间差异的大小进行估计。从下面的示例中可以看出其对试验设计的影响。

考虑进行一项试验以确定提出的新治疗方法是否比标准治疗方法具有更高的治愈率。假设根据试验结果,我们建议做出两种可能的决定中的一种,即始终使用标准治疗方法或始终使用新治疗方法。还要假设当合适的患者出现时,观测结果按时间顺序获得。

如果一种治疗方法明显优于另一种治疗方法,那么结果可能很快就会在试验中显现出来。然后,只要证据在统计学上具有说服力,就有令人信服的理由停止试验并对之后所有患者使用更好的治疗方法。另一方面,如果治疗方法之间的差异很小,通常将需要很多观测才能做出决定。在第一种情况下,由于观测次数少,故对治疗方法之间差异大小的估计可能非常不准确,这是在仅考虑两个特定决策之间如何进行选择的情况下进行试验必须付出的代价。在刚刚描述的医学应用中,将问题纯粹视为在两个(或少数)替代执行方案之间做出决定通常是非常合理的。但是,以这种方式看待问题,非常有帮助的试验并不像你想象的那样常见。尽管许多试验(尤其是技术试验)的目的主要是确定某种执行方案,例如决定使用多种工业过程或试验方法中的哪一种,但我们几乎总是需要所涉及差异的相当精确的估计。造成这种现象的原因多种多样,例如:

(a) 决策很少像上述情况那样简单,因为它们可能取决于几种观测类型,以及替代疗法或工艺的相对昂贵性。最终决策通常必须通过判断来做出,以一种相当直观的方式权衡这些不同的因子。为了使该过程完全令人满意,需要对每种类型的观测的处理效应大小进行估计。

(b) 即使在直接有实际目的的试验中,通常建议除了直接关心的决策,还应尝试对所调查的系统进行一些了解。为此,通常需要定量估计处理效应的大小。

(c) 试验结果往往以一些意想不到的方式有用,例如帮助解决与最初进行调查所提出的不同问题。如果以一种只与讨论的直接要点相关的形式获得结果,则可能会失去许多潜在的用处。

总而言之,在为增加基础知识而设计的试验中,几乎总是有必要估计相关的处理对照。在为了决定选择哪个替代执行方案的试验中,重要的是在设计试验时考虑可能的决策到底是什么及其与要进行的观测是如何相关的。在合理的范围内,试验的设计旨在提供仅与决策相关的信息,有时根据试验的初始结果确定单元总数可节省大量资金。* 然而通常情况下仍有必要估计相关对照的大小。

8.3 精度的估计

在 8.2 节中,我们看到了对照估计的精度是由标准误差量度的。它以已知的方式依赖于观测次数、对照的形式以及残差标准差,后者量度了不可控变异的相关部分的大小。因此任何特定情况下标准误差的数值确定都在很大程度上取决于寻找或估计残差标准差,本节对此进行分析。

在进行最终结果的分析和初步计算以确定适当的试验单元数量时,我们必须考虑对残差标准差的估计。大致有五种确定残差标准差的方法,如下所示:

(i) 通过试验本身接受相同处理的不同单元的观测结果观测到的散度。此方法只能用于最终分析,而不能用于初步计算。

(ii) 从析因试验中的高阶交互效应的大小出发。

(iii) 出于理论上的考虑。

(iv) 来自单元内的抽样变异。对此将在后文介绍描述。

---

* 这种统计技术称为**序贯抽样**(sequential sampling),8.5 节将对此进行简要说明。

（v）从类似试验的以往经验中得出。

下面分别介绍这些方法。

（i）使用试验单元之间的观测变异

这是最常用的方法，已经在第 3 章中结合随机区组和拉丁方设计进行了描述。试验单元定义为对应于试验材料的最小细分，使得不同的单元有可能接受不同的处理。通过考虑接受相同处理的不同单元之间的变异，我们可以直接量度在独立重复试验中获得的观测结果的可重复性。

此方法给出正确的残差标准差估计的要求如下：

（a）不同单元应相互独立地做出反应（见 2.4 节）；

（b）在计算标准差之前，试验设计中被平衡掉的任何不可控变异的来源也应被消除（见 3.3 节）。

读者应重新阅读 3.3 节、3.4 节，以了解可以计算出残差标准差估计值的方法。

现在可以使用标准差的估计来获得任何特定对照的**标准误差估计**（estimated standard error）。例如，对于两种处理之间的差异（基于相同的观测次数），标准误差估计为

$$\sqrt{\frac{2}{每个处理的观测次数}} \times 残差标准差的估计 \tag{8.3}$$

这个公式是从真实标准误差的式（8.2）中，将标准差替换为其估计值而得到的。

在 8.2 节关于标准误差的含义和使用的讨论中，一直假定真实的标准差是已知的。因此，在例 8.1 中，仅在 2.5 个单位的标准差本身不受随机误差影响的情况下，给出的上下限的解释才是正确的。如果标准差只是一个估计值，则可以很直观地看出，在指定的概率水平下，必须将真实对照的范围进一步扩大，以考虑到系统中的其他不确定性。

须额外考虑的不确定性取决于残差的**自由度**（degrees of freedom），粗略地说，自由度量度的是可用于估计标准差的独立信息的数量。例 3.2 中对此有进一步的讨论。残差的自由度在很大程度上取决于试验中单元的总数，而在较小程度上取决于所采用的特定设计。下面将一些主要的情况列出，以供参考：

一个完全随机试验，在 N 个试验单元上测试 t 个处理，每次处理不必都使用相同数量的单元，这时残差的自由度为 $N-t$。

一个随机区组试验，N 个试验单元上测试 t 个处理，安排在 k 个随机区组（每个包含 N/k 个单元）中进行，则残差自由度为 $N-t-k+1$。特别是，如果各个区组中每个处理仅使用一次，则 $N=tk$，残差的自由度为 $(k-1)(t-1)$。

单个 $t \times t$ 的拉丁方试验，在 t^2 个试验单元上比较 t 个处理，则残差的自由度为 $(t-1)(t-2)$。

具有 r 个单独的 $t \times t$ 方阵的复合拉丁方设计，残差的自由度为 $(t-1)(rt-r-1)$。

具有 r 个方阵的复合拉丁方设计，每个方阵的大小均为 $t \times t$，且按行合并，则残差的自由度为 $(rt-2)(t-1)$。

我们不需要关心这些公式的推导过程，但阅读示例 3.2 中讨论的读者应该可以理解。

表 8.3 示出了标准差中误差估计的影响。

表 8.3　必须估计标准差时,在指定的概率水平下为得到误差上下限所需的乘数

残差自由度	概 率 水 平		
	90％	95％	99％
5	2.02	2.57	4.03
10	1.81	2.23	3.17
15	1.75	2.13	2.95
20	1.72	2.09	2.85
25	1.71	2.06	2.80
30	1.70	2.04	2.75
已知的标准差	1.64	1.96	2.58

注:对这些上下限的精确解释取决于对不可控变异的频率分布形式的假定。

经 Biometrika 信托公司和作者许可,从 E. S. Pearson 和 H. O. Hartley 的 *Biometrika Tables for Statisticians* 中摘录,该书 1954 年由剑桥大学出版社出版。

例如,在例 8.1 中,已知标准误差为 1.12,差异估计为 6.10,则真实差异有 19/20 的机会落在 $6.10-1.96\times1.12$ 和 $6.10+1.96\times1.12$,即 3.90 和 8.30 之间。如果是从具有 20 个自由度的标准差估计中获得的标准误差,并且碰巧也得到值 1.12,则上下限将是 $6.10-2.09\times1.12$ 和 $6.10+2.09\times1.12$,即 3.76 和 8.44。类似地,自由度为 10 时,上下限为 3.60 和 8.60。尽管表 8.3 可以一直扩展到残差的单个自由度,但一般经验表明,不应将基于小于约 5 个自由度得到的标准差用于估计标准误差。

在试验分析中,表 8.3 被用来计算统计显著性并得到误差上下限。在试验的设计阶段,如果需要估计预期的精度,以下粗略的规则很有用。必须估计残差标准差对于对照估计精度的影响大约是将标准差乘以

$$1+\frac{1}{残差的自由度} \tag{8.4}$$

当残差的自由度较小时,此规则往往会低估效应,且如上所述,如果可能,自由度不应小于 5。

误差的增加是由于残差标准差的估计中的误差所引起的。如果我们只关心获得尽可能接近真实值的估计对照,而不关心估计结论的精准性,那么残差的自由度将无关紧要。即,式(8.4)中的因数适用于估计精度而不适用于真实精度。

作为使用该规则的一个示例,假设我们有 5 个处理和 20 个试验单元,并希望在完全随机试验和 4 个随机区组的设计之间进行选择。在第一种设计中,是将标准差乘以 $1+1/15=1.067$,在第二种设计中,是将标准差乘以 $1+1/12=1.083$;自由度 15 和 12 是从上面给出的一般公式中获得的。这两个因数的比率为 1.015,因此,完全随机化的设计将更为准确,除非通过分区组使残差标准差至少降低 1.5％。通常,熟练地使用随机区组设计将带来标准差显著更大的下降。一般而言,很明显,只要残差的自由度超过 15 或 20,由于必须估计残差标准差而损失的信息就很少。

在更复杂的设计中(例如,裂区试验),存在两个或多个残差标准差,必须分别估计,且每个都有其适当的自由度。

综上所述,我们可以通过考虑观测值在接受相同处理的不同单元上的散度,直接从试验

结果中估计残差标准差。在计算标准差之前,必须同样消除试验设计中已消除影响的不可控变异的任何部分。如果我们正在设计一个要以这种方式估计残差标准差的试验,则预期的最终精度会比准确知道标准差时要低,要意识到这一点。这种确定精度的方法的优势是它使试验的解释自立起来,因为标准差是由试验的实际条件决定的,而不依赖于任何诸如"标准差与之前的类似试验相同"的假设。

(ii) 在析因试验中使用高阶交互

6.11 节对此进行了讨论。在一个复杂的析因试验中,我们可以从一组重复样本中获得足够的精度,在这种情况下,所有试验单元均接受不同的处理,因此方法(i)不适用。然而,如果假设某些高阶交互效应的真实值可以忽略不计,我们就能估计残差标准差了。一旦做出此假设,就可以在一定数量的自由度下获得估计值,并且适用(i)中的讨论。如果关于高阶交互效应的假设是错误的,那么真实的残差标准差将被高估。

(iii) 从理论上考虑

有时可以从理论上计算理想条件下的残差标准差应为多少。这样的计算对以下情形很有帮助:

(a) 在小型试验的分析中估计残差标准差,其中很少有自由度可用于残差。

(b) 在试验规划中提供可能达到的精度估计。

(c) 用于解释通过方法(i)或(ii)获得的标准差的估计值。将观测到的标准差与理论值进行比较通常是有益的。如果理论值太小,则说明在理论分析中没有考虑到重要的变异来源。

当然,理论标准差的计算是统计技术的问题,这里不加详谈。以下对一些主要的情况进行分析。

第一种情况是在每个试验单元上的观测结果可能为:在 N 个个体中,r 个具有一定的属性,其余的 $N-r$ 个没有。例如,在一个农业田间试验的每个地块上,我们可以检查 100 株随机选择的植物并数出患病植物的数量。在这种情况下,N 为 100,r 为实际在地块上数出的患病植物数。假设存在的唯一不可控变异来源是由于采样地块而不是计数所有植物,也就是说,一般是由于检查 N 个随机选择的个体而不是无限多个。接着,可以从数学上证明观测到的具有该属性的比例的残差标准差等于

$$\sqrt{\frac{\text{有属性的真实比例} \times \text{无属性的真实比例}}{N}} \tag{8.5}$$

例如上面的例子中,若患病植物的真实比例为 0.3,则标准差为 $\sqrt{(0.3 \times 0.7/100)} = 0.046$。

第二种情况是在每个试验单元上观测到的是随机发生事件的发生率。比如,放射性粒子计数、事故、机器故障或遗传物质突变。在所有这些情况下,事件最终都会以偶然的方式发生,并且在每个试验单元上观测到的是,在观测周期 T 中发生某个事件的数量 n,因此发生率为 n/T。假设不可控变异的唯一来源是仅在时间 T 而不是某个长得多的时间内观测每个单元[*],且每个单元上事件的发生完全随机,一个事件的发生与所有其他事件的发生完

---

[*] 也就是说,我们假设如果观测时间足够长,则所有接受相同处理的单元实际上都会具有相同的发生率。

全无关。然后,可以从数学上证明发生率的残差标准差等于

$$\sqrt{\frac{真实发生率}{T}} = \frac{\sqrt{期望观测到的事件数量}}{观测周期,T} \tag{8.6}$$

例如,假设每个试验单元都是一批羊毛,在每个单元上观测到的是纺纱的断头率。如果预期的真实断头率约为每千锭时 10 个,观测周期为 3 个千锭时,在上述假设下,如果时间单位取为千锭时,则标准差为 $\sqrt{10/3} = 1.83$。同样,如果每个试验单元观测 1 个千锭时,则残差标准差为 $\sqrt{10} = 3.16$。该公式的其他应用包括细菌学和血清学中的计数问题。

第三种情况是每个试验单元的观测值是离散程度的量度。例如,处理可以是不同的试验方法,且该试验的目的之一可以是比较不同方法的可重复性。对于一批材料,通过特定方法进行了几个观测,并通过(例如)标准差量度了这些观测值的散度。现在,每个试验单元都有一个标准差,我们将其作为分析的“观测值”。这些“观测值”具有残差标准差,即我们须考虑一个标准差的标准差。可以证明,如果任何一个单元上的读数的频率分布近似于一种特殊的数学形式,称为正态分布或高斯分布,则残差标准差大约等于

$$\frac{标准差的真实值}{\sqrt{2 \times 决定每个标准差的读数个数}} \tag{8.7}$$

这些不是唯一可以对残差标准差进行理论计算的情况,只要所分析的观测结果被认为是来自于一个概率模型,对标准差进行理论计算就是可能的。使用理论标准差的缺点是,假设的理论模型(例如,没有其他变异来源的完全随机事件序列的采样)作为实际发生的不可控变异的代表可能是非常不准确的。如果能够得到,则应优先使用根据观测到的单元间差异计算的残差标准差来直接评价处理效应的准确性。在分析有关比例、计数和变异性的数据时,常常需要使用经过数学变换的值。变换后的理论标准差有所不同,但始终可以计算出来。

(iv) 从单元内采样变异

经常发生的情况是,对任何一个单元主要关心的观测是从该单元的随机选择部分中获得的独立读数的平均值。一些例子应该能阐明这一点。

在农业田间试验中,可能需要分析每个地块的产品总产量。如果每个地块都很大,则可以通过在每个地块中选择多个小区域并仅从这些区域称重产品来估计产量。根据采样区域的总产量,我们可以估计整个地块的产量。

在许多类型的工业试验中,除其他事项外,人们对比较替代工艺生产出物品的平均强度感兴趣。每个试验单元均由一批物品组成,并通过一种方法一次性处理,经常通过测试相对少量的、从该批次中随机选择出的物品来估计平均强度。例如,在纺织试验中,每批纱线,即每个试验单元,很可能由很长的纱线组成,平均强度是根据对从该批中随机选择(例如 100 条 1ft 长)的纱线的测试进行估计的。

更一般地,对来自同一试验单元的材料样品进行重复或三次独立测定,该单元的最终观测值是各个测定的平均值,这是化学和生物学分析方法的共同特征。在复杂的化学分析方法中,可能有几个采样阶段,分别对应于分析的不同阶段。

在这种情况下,我们可以区分出不可控变异的几个组成部分,如下例所示。

例 8.4 考虑比较两种纺毛纱方法 S_1 和 S_2 的试验的简化形式以作为典型的例子。有若干个试验单元,每个单元都是一批将从中纺出纱线的原料。假设全部批次按随机顺序处理,一半使用方法 S_1,另一半使用方法 S_2。最后,从每个批次中随机选择许多段并测试强度。这为我们提供了以下一般类型的观测值的集合:

$$
\begin{array}{cccc}
单元\ 1 & 单元\ 2 & 单元\ 3 & \cdots \\
S_1 & S_2 & S_2 & \cdots \\
- & - & - & \\
- & - & - & \\
- & - & - & \\
\vdots & \vdots & \vdots & \\
\end{array}
$$

一般我们会想到"对每个单元的主要观测是多次读数的平均值"的情况。

现在,原则上可以在每个试验单元上进行大量观测。由一个单元上观测值的变异,我们可以得出一个单元内变异性的量度。如果用标准差量度变异,将得到**单元内标准差**(within-unit standard deviation)。本例中,是对一整批纱线中纺出的一小批量的强度变异的量度,它不考虑整批之间平均强度的变化。接下来,如果我们知道每个试验单元的真实平均强度,则可以定义**单元间标准差**(between-unit standard deviation),以测量在每个单元的真实平均强度下,接受相同处理的单元之间的不可控变异。这里将会测量原料批次之间的变化以及加工条件的不恒定所造成的影响。注意,单元间标准差不受批次内强度变化的影响,因为它使用的是每批次大量观测的平均值。

实践中,通常在每个单元上只有少量或中等数量的观测值,并且可以看出,比较两个方法的平均强度会受到两个来源的误差的影响。用于平均强度对比的实际残差标准差可以表示为

$$
\sqrt{(单元间标准差)^2 + \frac{(单元内标准差)^2}{每个单元的观测数}}
$$

关于这个公式的讨论及其数值应用见例 8.9 中。注意到如果可以估计两个部分的标准差,我们就可以预测与每个试验单元的任何观测个数相对应的残差标准差。

标准差的两个部分可以从一个试验的结果中得以估计,其中每个试验单元至少有两个观测值。有关此种用法的方差分析在统计方法的教科书中进行了介绍(Goulden,1952,p. 67)。然而,只有分析不可控变异的性质或预测当每个单元观测次数不同时标准差会是多少时,才需要对单独的部分进行估计。如果在试验中只需要估计方法比较的精度,则将每批的平均强度作为单个观测值就足够了。

现在考虑试验的类型,当每种处理只有一个试验单元时可能会进行这个步骤。即,用 S_1 处理一批材料,用 S_2 处理另一批材料,并对每一批进行若干次强度测试。显然,从这种试验中无法获得完全令人满意的精度估计,因为无法估计单元间标准差。最多可以表明的是两个单元的平均强度不同,而这个不同是否出于方法差异,还是仅仅出于单元间的随机差异,是无法根据观测值本身来确定的。对观测值进行独立分析并正确估计精度的基本条件是,每种处理应有几个独立运行的试验单元。不过,在每种处理具有一个以上或少数几个试

验单元是不现实的情况下,若先验知识表明变异的单元间部分相对并不重要,那么根据单元内标准差估计精度是允许的,即我们实际上假设了单元间标准差为零。但是,这并不是一个好方法,应该尽力避免使用,转而为每种处理使用足够多的独立试验单元,以通过方法(i)提供令人满意的残差标准差估计。

在有若干个采样阶段的更复杂的情况下,存在标准差的多个组成部分,但所涉及的一般原理保持不变。

因此,通常不希望使用单元内采样变异来量度处理对照的精度。然而,在单元数目太少以至于无法有效地估计正确的残差标准差的试验中,如果谨慎使用,单元内可能会有助于给出处理对照所承担的最小误差。更一般地,单元内标准差和单元间标准差的大小提供了有关不可控变异的不同来源的重要性的信息,也为以后的试验确定了每个单元上读数的合适数量。

应注意,单元内变异的使用类似于标准差的某些理论值,因为两者都是在假定某些变异来源可忽略的情况下获得的。

（v）根据先前类似试验的结果

估计残差标准差的最后一种方法是对先前类似试验的结果进行统计分析。特别是在常规实验室工作中,大量的先前数据可用于这种分析,从中可以获得基于大量自由度的估计。

这种估计对于确定要设计的试验的合适大小特别有用,并且在用于分析试验结果时也有助于以下目的:

（a）在残差自由度非常小的试验中估计残差标准差。

（b）与从试验本身获得的残差标准差进行比较。这通常可以很好地检查试验工作,以了解标准差与以前的类似试验结果的比较情况。

如果从试验本身可以获得对残差标准差的准确性还算合理的估计,那么我们通常将其用于标准误差的计算,而不是使用从先前工作中得到的估计,即使后者在名义上更为准确。因此,我们避免了假设不可控变异的大小与先前的工作相同,使得对试验的解释更加独立,在其他条件相同的情况下,结论也更加可信。使用观测到的残差标准差的一个可能例外是,当它明显小于先前工作得到的值,但是根据对系统的认知可以肯定并没有出现精度的真正提高时。

（vi）总结

我们已经看到,估计标准差的方法(i)、(ii)和(iv)仅适用于观测结果的分析,而不适用于试验的设计。为了在进行试验之前获得对精度的估计,必须使用方法(iii)或(v)进行理论计算或对先前类似试验的结果进行分析。偶尔地,例如,当试验是一类试验的第一个时,这两种方法均无法使用,在这种情况下,必须通过一般性判断来确定试验的规模,或者,如果非常需要事先计算精度,则试验必须分为两个或两个以上的阶段进行,第一阶段的观测结果用于确定第二阶段的适当规模。8.5 节中简要讨论了这种技术。

8.4　一些标准公式

现在,我们可以给出一些公式以决定要使用的观测值的适当数量。首先,使用上一节中的某一种方法尽量好地确定残差标准差。

如果有一组处理,所有成对的对比都具有相同的重要性,则我们将相同数量的单元分配给每个处理。[*] 那么,任意两个处理之间的差异估计的标准误差为

$$\sqrt{\frac{2}{\text{每个处理的单元数}}} \times \text{残差标准差}$$

因此,能够得到预先指定的标准误差的每个处理的单元数为

$$2 \times \left(\frac{\text{残差标准差}}{\text{所需标准误差}}\right)^2 \tag{8.8}$$

如果现在我们通过考虑真实对照的误差所在范围的宽度或考虑相关显著性检验的功效能够决定所需的标准误差,就可以确定每个处理的合适单元数了。除了成对之间的简单差异外,对照也可以进行类似的计算。

例 8.5　在某种类型的农业田间试验中,可能知道残差标准差约为平均产量的 10%。假设我们需要在 95% 的概率水平下将真实差异的不确定性范围在估计差异的左、右各扩大 5%,这意味着标准误差为 2.5%,因此根据式(8.8),可得每个处理的合适地块数为 $2 \times (10/2.5)^2 = 32$。

即使采用中等数量的处理,这也代表了一项大型试验,很有可能必须降低我们对精度的要求。下一步将是针对各种规模的试验,在 95% 的水平下计算出不确定性的范围。可得

每个处理的地块数	± 大约 95% 上下限
32	5%
25	5.7%
16	7.1%
9	9.4%

现在通常需要凭直觉判断来决定下一步的工作。增加试验规模的额外花费需要被达到结论的精确性的收益所平衡掉。下面我们给出一个示例,其中可以对上述考虑因素进行量化权衡,但这是很不寻常的。

或者,通过考虑两种处理之间差异的显著性检验的功效似乎更好。例如,假设两个处理之间 10% 的真实差异被认为具有实际的重要意义,那么希望如果存在这种大小的真实差异,就应该有很大的机会能通过观测值获得适当的统计显著性。表 8.2 显示,如果真实差异是标准误差的 3 倍,则在 10% 的水平下有 91% 的机会是统计显著的,在 5% 的水平下有 85% 的机会是统计显著的,以此类推。如果真实差异与标准误差的比率远小于 3,则达到显著的机会将会明显降低。因此,合理的做法是将标准误差设置为真实差异 10% 的 1/3,即将标准误差设置为 $\frac{10}{3}$%。如果将该值代入式(8.8),则得到每个处理的地块数为 $2 \times (10 \times 3/10)^2 = 18$。此外,如果该计算得出试验中的总地块数太大而无法容忍,则可以研究降低精度要求的效果。

如果进行一个具有少量试验单元的试验就足够了,那么设计中的残差自由度将很小,正如我们所分析的,这会增加实际标准差。不过,通常与适当单元数量的整个计算中所涉及的

---

[*]　一个例外情况是,可以预期不同处理的观测会有不同大小的不可控变异时。8.2 节中简要指出了这种可能性。因此对那些预期变异性较大的处理进行更多的观测是合理的。

总体不确定性相比,这方面的考虑相对较少。例外的情况是,根据第一个计算所确定的试验规模会为残差留下 5 个或更少的自由度,于是,从观测值的观测散度估计标准差将是不切实际的,仅仅为了获得足够的残差自由度可能最好要增加单元数量。当使用除了根据观测值的观测散度来估计标准差以外的方法是不可靠的时候尤其如此。

但是必须强调的是,"残差应该具有足够的自由度"这一条件不能用作确定试验规模的一般标准。主要考虑因素是对照的标准误差,而残差的自由度只是次要的。

当从理论上计算残差标准差,或感兴趣的对照不是简单的差异时,也可以采用类似的方法。

例 8.6　假设在核物理研究中,希望检查可以通过试验设置的某些条件所导致的特定放射类型的频率。假设这种放射的机理是未知的,要探寻关于它的一些信息,就需要研究试验条件的各种变动对放射频率的影响。

假设最初放射发生在大约 20% 的情况下,我们希望如果某种处理能将这一比例增加到 30%,就应该有很大的机会能达到统计显著。每个试验单元由 n 次试验组成,观测的是其产生放射的比例。如果我们依据 25% 的放射率进行计算,则由式(8.5)得残差标准差为 $\sqrt{0.25 \times 0.75/n} = \sqrt{0.1875/n}$。如果对每个处理测试 r 个单元,则处理之间差异估计的标准误差将为 $\sqrt{2/r} \times$ 标准差,等于 $\sqrt{0.375/(rn)}$。与上一个示例中使用的论证可表明设置关心的真实差异(30−20)%(即 0.1)为标准误差的 3 倍,于是得

$$3 \times \sqrt{\frac{0.375}{rn}} = 0.1, \quad 即 \ rn \approx 340$$

因此,我们需要为每个处理进行约 340 次试验。采用更精细的方法计算出的适当单元数的表格和列线图也可查阅有关文献(Eisenhart et al.,1947,p.247)。

目前的计算仅给出了每个处理应进行的试验总数,而从计算的角度来看,对于每个处理而言,是在一个单元上进行 340 次试验,还是在两个单元上每个进行 170 次试验,等等,都毫无区别。这是因为标准差公式(8.5)基于以下假设:不存在任何不可控变异的来源能使得在接受相同的处理时,不同单元上进行的两次试验会比同一单元上进行的两次试验有更多不相似之处。在实践中,这可能顶多只是一个很好的近似,最好具有尽可能多的不同单元,以便获得可能存在的其他不可控变异的最佳采样。在本例中,对于每个处理,一个好的安排可能是有 7 个试验单元,每个单元具有在尽可能相同的条件下进行的 50 次试验。

例 8.7　假设我们对某个定量因子的响应曲线的斜率特别感兴趣,且在三个等间隔的水平上研究了该因子,每个水平有相等数量的单元。表 7.1 显示斜率的标准误差为

$$1.225 \times \frac{残差标准差}{\sqrt{三个水平的试验单元总数}}$$

如果我们可以估计出残差标准差并确定所需的标准误差,则可以像前文一样确定试验单元的总数。

在确定试验单元的数量时,我们要在高精度和昂贵的试验以及经济但是精度低的试验之间进行折中。通常,折中方案必须以某种直观的方式达成,但是如果可以用相同单位(例如金钱)来量度试验成本以及结论不准确所造成的损失,则有可能明确计算出合适的单元数。Yates(1952)对这一问题进行了有意思的讨论。

例 8.8　Yates 的例子是确定甜菜中氮肥的最佳施用量。最佳量的施用将使得少量额

外肥料的成本恰好等于所产生的额外产量的价值。确定这个最佳量将受到试验随机误差的影响。使用错误的用量造成的平均"损失"可以用最佳量估计的标准误差的平方以及应用该结论的作物面积等来表示。标准误差将部分取决于试验的规模,因此取决于试验的成本,如果指定规模的一个试验的成本已知,则由于错误建议而导致的平均"损失"加上试验成本就可以最小化,从而计算出最经济的试验规模。

为了计算,有必要粗略地了解试验成本、指定偏离最佳条件所造成的每单元试验材料的损失、残差标准差以及应用该结论的材料数量。

有很多因素可能会使这种计算复杂化。建议为试验材料的各个部分分别确定最佳处理。再者,经常发生的情况是,完成试验工作的条件不能完全代表要应用结果的条件,即可能存在偏差。花费精力来消除这种偏差而不是增加试验规模通常是值得的。

本节开始时的主要讨论是所有成对处理的对比具有同等重要性的情形,因此我们安排每个处理出现相同的次数。但是,有可能发生的情况是某些对比会比其他对比有意义。这主要有两种可能性。

我们可能有一个对照处理,还有 m 个替代处理。有时最有意义的事情是将替代处理与对照一一进行对比,而替代处理之间的对比的重要性却只是第二位的。可以证明,如果所有观测都具有相同的精度,则最佳方法是安排每有一个接受特定替代处理的单元就要有大约 $\sqrt{m}$ 个接受对照处理的单元。第二种情况,主要感兴趣的是对照处理与其他处理的均值之间的差异。那么,每有一个接受特定替代处理的单元就应该有 m 个接受对照处理的单元。

例如,在营养试验中,我们可以将缺乏某种成分的对照饮食与其他(例如)三种饮食进行比较,这三种饮食均包含大量的成分,但呈现形式有所不同。由于最接近 $\sqrt{3}$ 的整数是 2,因此,一旦我们主要关心的是每种补充饮食单独与对照进行比较,那么建议的安排就是对照处理有两个观测对应于其他三个处理中每个处理中的一个观测。如果主要关心的是比较三种补充饮食的平均与对照的差异,则建议其他三个处理中每个处理的一个观测对应于对照处理的三个观测。试验可以按随机区组布置,第一种情况下每个区组有 5 个单元,第二种情况下每个区组有 6 个单元。区组总数的确定很可能是为了将主要对比的标准误差减小到可接受的水平。

当处理可以分为两组,一组相对比另一组更为重要时,会出现不同的情况。这里试错法结合式(8.1)的使用通常可以给出适当的设计。例如,如果可用单元的总数受到严格限制,我们可能更希望在重要组内进行对比时达到指定的精度,对于其余对比接受可以从其余单元获得的任何精度。或者,我们可以决定在较重要的组内和在较不重要的组内进行对比的标准误差为(例如)1:2。这可以通过使每个处理的观测数具有相应的比率 4:1 来实现。实际上,由式(8.1),如果第一组处理中的每一个处理有 $4n$ 个观测值,而第二组处理中的每一个处理有 n 个观测值,则得到以下差异估计的标准误差:

> 对于第一组中的两个处理, $\sqrt{2/(4n)} \times 标准差 = \sqrt{1/(2n)} \times 标准差$
>
> 对于第二组中的两个处理, $\sqrt{2/n} \times 标准差$
>
> 对于第一组中的一个处理和第二组中的一个处理
>
> $\sqrt{1/n + 1/(4n)} \times 标准差 = \sqrt{5/(4n)} \times 标准差$

同样,如果标准误差值是已知的,则可以确定第二组处理中每个处理的单元数 n。

最后要考虑的一组问题与例 8.4 中所示类型的单元内采样变异有关。此时,我们不仅要确定试验单元的总数,还要确定每个试验单元上的重复观测次数。

涉及的一般原则是显而易见的,即如果主要的花费和时间都在进行观测上,以至于在同一个单元上进行重复观测的成本与在相同数量的新单元上进行测试的成本相同,那么最好的方法就是需要多少就使用多少个单元,每个单元上进行一次观测,或者如果单元内的变异具有内在价值,就在每个单元上进行两次观测。另一方面,也是常见的情形,主要花费是试验单元的供应和测试,那么最好使用少量的试验单元,对每个单元进行相对大量的观测。例如,在例 8.4 中,增加试验单元的数量将涉及处理新鲜批次的羊毛,会很昂贵,而增加每个单元上观测的数量仅仅涉及选择更长的测试线段并进行强度测试,其花费很小。

应咨询统计学家以了解遇到这些情况该如何进行下去的详细信息。标准差包括两个部分(参见例 8.4)。单元内标准差量度的是在一个单元上进行大量观测时所得到的变异。单元间标准差量度的是在没有处理效应的情况下,当分析的是每个单元上的大量观测值的平均值时所得到的变异。与处理均值相比,实际残差标准差为

$$\sqrt{(\text{单元间标准差})^2 + \frac{(\text{单元内标准差})^2}{\text{每个单元上的重复观测次数}}} \tag{8.9}$$

一旦能得到标准差的两个部分的近似值,我们就可以像以前一样确定由任意指定数量的单元以及每个单元观测次数所对应的标准误差。

例 8.9 假设类似于例 8.4 的一个试验,从以前的工作中得知单元间和单元内标准差分别约为 1 和 2 个单位。因此,两个处理之间的差异估计的标准误差为

$$\sqrt{\frac{2}{\text{每个处理的单元数}}\left(1 + \frac{4}{\text{每个单元上的重复观测次数}}\right)}$$

其数值如表 8.4 所示。

表 8.4 假想试验中两个处理之间差异的标准误差

每个处理的单元数	每个单元上的重复观测次数						
	1	2	4	8	16	32	∞
2	2.24	1.73	1.41	1.22	1.12	1.06	1.00
4	1.58	1.22	1.00	0.87	0.79	0.75	0.71
6	1.29	1.00	0.82	0.71	0.65	0.61	0.58
8	1.12	0.87	0.71	0.61	0.56	0.53	0.50
10	1.00	0.77	0.63	0.55	0.50	0.47	0.45
12	0.91	0.71	0.58	0.50	0.46	0.43	0.41

根据表 8.4 可以得出以下结论,亦可类似推广到更一般的情形。

(a) 将每个单元上的重复观测次数增加到超过约 16 次(一般情况下,相应的次数是单元内标准差与单元间标准差之比的平方的 4 倍左右)不会导致标准误差降低太多。

(b) 可以通过多种方式产生特定的标准误差。例如,要得到标准误差 0.71,可以是每个处理 20 个单元、每个单元 1 次观测(表中未显示),或者每个处理 12 个单元、每个单元 2 次观测,或者每个处理 8 个单元、每个单元 4 次观测,或者每个处理 6 个单元、每个单元 8 次观测,或者每个处理 4 个单元、每个单元非常多次的观测。以上是为了达到所需的标准误差,每个处

理采用的最小单元数,这里并没有考虑由于残差自由度的降低而造成的实际精度的损失。

（c）如果有可能评估一个单元、一次观测的相对成本,则可以通过数学方法或直接查看类似表 8.4 的表格得到能产生指定标准误差的最经济的组合。

在具有多个采样阶段的更复杂的情况下,将存在标准差的多个组成部分。上面的一般性说明是适用的,但是细节太复杂了,此处不再进行讨论。

8.5 某些序贯技术

在 8.4 节描述的方法中,我们分别计算了为达到指定精度将要进行的观测次数。有时很有用的确定观测次数的策略并不是在试验开始时就一步完成的,而是分为几步,也就是说,使得观测次数取决于试验的实际结果。以这种方式设计的试验称为**序贯**(sequential)试验。

分阶段工作、只有检查完目前所有获得的结果后才决定下一个阶段做什么的总体思想得到广泛使用。这里我们关心它的一个特殊方面,即已经获得的结果决定了(不是进行下一步工作的目标,而仅仅是)还需要进行多少次观测。发生以下四种情况时,这些方法可能会有用:

（a）最初没有可靠的残差标准差的估计可用时;

（b）残差标准差以已知方式取决于要估计的量时;

（c）在少数行动方案之间需要做出明确抉择时;

（d）当需要做出的估计,其精度取决于所估计对照的值时。

一些试验本身就自然地适用于序贯方法。例如,如果试验单元必须单独处理,以便在一个个时间间隔内获得观测值,则按顺序确定观测值的数量通常是完全可行的。在其他情况下,尤其是农业田间试验中,试验性工作必须在一个时间点规划并开始,而其结果在很晚以后才能一起获得。于是序贯方法对于单个试验是不可行的,不过它很可能适用于一系列类似的试验,例如,几年中重复进行的一项重要品种试验。始终应牢记的一般要点是,以下讨论主要适用于前一类试验。

在任何试验中,如果观测总数受观测值影响,那么在使用常规的统计分析方法时都要慎重(Anscombe,1954),因为对统计显著性区间等的实际解释都要求选择观测总数时不应考虑试验结果。例如,若在小规模的分组里为单元进行测试,并在每个步骤之后计算出统计显著性,当达到 1％的统计显著性水平时立即停止试验,则得出结论的真正统计显著性水平通常被严重扩大。这种考虑意味着理想情况下,理论上必须为每种确定观测数量的方法制定出适当的统计分析方法。实践当中,这一点通常对于决策问题(c)以及有时对于第四类问题 * 都很重要,而在其他情况下则并不重要。

首先考虑通过如例 8.5 那样的简单计算就能处理的问题类型,其中假设残差标准差的一个足够可靠的估计是已知的。如果没有这样的估计,则常识性的方法是使用尽可能多的单元进行初步试验,但附带条件是最终的精度不太可能达到。根据观测结果,以通常的方式估计残差标准差和所关心对照的标准误差。如果标准误差已经小于或等于所需值,则表明试验已完成;如果标准误差太大,则使用残差标准差(如例 8.5 中所示)来计算所需观测的

---

* 译者注：即上述情况(d)。

总数,然后额外增加适当数量的单元。这样的两阶段过程称为**二重采样**(double sampling),它是序贯技术的最简单形式。

例 8.10　在一项用于比较三种测量血液中红细胞比例的方法的试验中,需要估计标准误差约为 1.5% 情况下任意两种方法之间的真实平均差。每一位受试者血液中红细胞的比例是采用了各种方法、以随机顺序测量得到的,即我们使用的是随机区组设计。假设从 15 位受试者的初步测试结果中得出残差标准差的估计为 1.85%。[*] 两种处理之间的差异的标准误差为 $1.85\sqrt{2/15}=0.68$。这比最初要求的标准误差要大一些,为了计算要达到所需精度还需要测试多少个受试者,我们论述如下。如果以后受试者的残差标准差大致相同,则任何给定受试者总数的标准误差约为

$$1.85\sqrt{\frac{2}{\text{受试者数}}}$$

如果其等于 1/2,则有

$$1.85\sqrt{\frac{2}{\text{受试者数}}}=\frac{1}{2}$$

或者

$$1.85^2\times\frac{2}{\text{受试者数}}=\frac{1}{4}$$

即,受试者数 $=8\times1.85^2$,大约为 27。这是总共的受试者数;我们已经有 15 个了,因此还需要再测试约 12 个。

利用随机区组设计的常规分析方法,对 27 个受试者的观测结果进行整体分析,只要第二组观测与第一组观测没有明显区别,则结果将近似地达到所需精度。[**]

二重采样之所以是一个简单的过程,在于它只涉及计算的一个中间阶段,并且试验只分为两部分。在某些情况下,尤其当观测到的数据是每隔(比如)一周一次时,可能有必要详细说明这个过程。我们可以通过计算常见区间上重要对照的标准误差的估计来完成采样。只要计算值大于所需的标准误差,便会继续进行试验,但只要它小于或等于所需值,则会停止试验并通过常规的统计方法对结果进行全面分析。在序贯问题中使用常规分析方法涉及近似,但此处的影响很小。与二重采样相比,完全序贯过程的缺点是涉及更多的中间计算,其主要优点是避免了对初始样本大小的任意选择。

上面提到的第二类问题主要与 8.3 节(iii)中的特殊理论公式(8.5)和(8.6)有关。

例 8.11　在某些类型的工作中,要对每个单元进行的观测是一个比例值,例如指定受试者的血细胞显示出某种异常的比例。需要解决的问题不是确定受试者(单元)的数量,而是确定每个受试者提供的观测次数。合理的要求通常是在对每个受试者的估计中获得一定的**百分比**(fractional)精度。比如假设为 20%,那么我们要求,如果异常的真实比例是 5%,则我们估计的标准误差应该是 1%,而如果异常的真实比例为 1%,则标准误差应为 0.2%,以此类推。

---

[*]　该方法不依赖于细胞的直接计数,因此 8.3 节(iii)中的理论公式(8.5)不适用。

[**]　在将普通分析方法应用于序贯试验的结果时,涉及一个近似,但不太重要。这里的常识性处理是对 Stein(1945)的一个方法的修改,以损失一些信息为代价,使精度严格等于所需的值。

由式(8.5)可以看出,为了达到该标准误差,要计数的细胞数目明显取决于要估计的比例的真实值。因此,如果真实比例为 5%,则由式(8.5),标准误差为 $\sqrt{0.05 \times 0.95/每位受试者的细胞数}$。当每个受试者身上计数的细胞数为 475 时,该值等于要求的值 0.01。同样,如果真实比例为 1%,则计数值应略小于 2 500。

如果我们首先必须对要估计比例的取值有一定的了解,那么这个计算将确定出应计数的细胞数。但是,如果我们只知道比例值在(例如)5%~1%之间,那么该计算就没有什么用了,因为适当的细胞数是如此关键地取决于要估计的未知比例值。

于是似乎就需要某种序贯方法。二重采样是一种选择。Haldane(1945)提出了另一种方法,称为逆采样。其思路是,不固定要检查的细胞总数与记录异常数量,而是持续进行计数直到异常达到某个预定数字为止。该数字是所需百分比误差的平方的倒数,在上面的例子里为 $1/0.2^2 = 25$。即,计数应继续进行直到达到 25 个异常为止。产生的异常比例是近似具有所需精度的估计值。

这种情况被描述为用于调整观测次数以产生具有所需精度的估计值的技术的简单展示。在更复杂的情况下可以使用相同类型的方法,有关细节应咨询统计学家。

Anscombe(1953)对这类方法的统计文献进行了综述,Cox(1952)对这些问题的二重采样方法进行了讨论。

第三类问题(即需要在两个或更多个行动方案之间做出抉择)提出了新观点。有两种方法:首先,我们可以尝试直接平衡掉由于做出错误决定而造成的金钱损失和试验成本。这类似于例 8.8 的方法。基于这些考虑,在两个备选决策之间进行选择的二重采样计划已由 Grundy 等(1954)提出。一般的想法是,必须在两个替代方法之间做出选择。如果初步的试验表明一个方法具有明显的优势,那么就可以做出适当的决定了。否则,将测试更多的单元,新单元的数量选择应使因错误决策而产生的平均损失与测试更多单元所需成本之和最小。为了应用这些结果,对问题进行合理准确的经济分析必须是可行的,而事实往往并非如此。在这种情况下,必须使用不同且更直观的方法。以下是一个示例。

例 8.12 Kilpatrick 和 Oldham(1954)介绍了一项试验,以便在缓解慢性肺病患者支气管痉挛的两种方法中进行选择。治疗方法是吸入常规的肾上腺素,或者被建议作为具有某些优点的可能替代品:氯化钙。药物的评估是根据客观指标——呼气流速(e. f. r.)进行的。

试验方法为成对对比类型,描述如下。早上测定受试者的 e. f. r.,然后吸入其中一种药物 15 min。决定使用哪一种药物是通过随机分配完成的,病人和测试者都不知道。吸入完成后再次测定 e. f. r.,并在同一天晚上使用另一种药物重复该过程。计算出由于吸入氯化钙或者肾上腺素所引起的 e. f. r. 的增量之间的差异,将其作为每个受试者的观测结果。

合适的受试者预计只能很少次出现在试验中,因此以最经济的方式做出适当的决定非常重要。该问题与上面刚刚讨论的问题具有相同的一般类型,但是对错误决定的后果进行任何经济分析都是不可能的。因而经过深思熟虑后,我们形成了以下要求:

(a) 如果从长期的平均水平上看,氯化钙比肾上腺素导致受试者增加的 e. f. r. 超过每分钟 10 升(10 L/min),那么建议使用氯化钙。

(b) 如果从长期平均来看,氯化钙并没有比肾上腺素带来更大的 e. f. r. 增量,那么鉴于肾上腺素公认的优点,建议使用肾上腺素。

(c) 在(a)和(b)所述情况下,由于观测结果中的机会波动而导致我们做出错误决定的机会仅为 1%。

对于设置的任何方案,将会有如图 8.1(a)所示的一般形状的操作特性曲线;我们在(a)~(c)中所做的是在此曲线上找到两个点,每个点朝向两端。可以推论出例如,如果有利于氯化钙增量的真正差异超过 10%,那么决定选择肾上腺素的可能性甚至不到 1%。

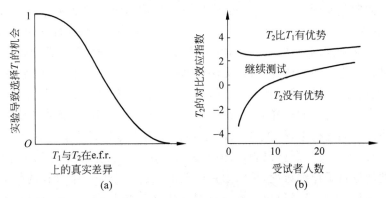

图 8.1　用于比较两种处理的序贯方案
(a)典型的操作特性曲线;(b)定义测试的边界

当已经形成了要求(a)~(c)时,确定进行试验的规则以满足这三个要求是一个统计问题。规则指出,在获得每个受试者的测试结果后,应执行以下决定之一:

(i) 停止试验并首选肾上腺素;

(ii) 停止试验,最好使用氯化钙;

(iii) 测试更多的受试者。

也就是说,试验可以继续进行,直到有充分的结果可用于合理做出决定为止。

用于表示采样规则的最方便的形式如图 8.1(b)所示。如上所述,对于每个受试者,计算出氯化钙和肾上腺素对应的 e.f.r. 的增量之差。在测试了每个受试者之后,计算出差异的累计总数,然后除以差异的平方的累计总数的平方根。由此,如果前三个差异是 2.6、7.3 和 -1.4,则计算值为 $(2.6+7.3-1.4)/\sqrt{2.6^2+7.3^2+1.4^2}=1.080$。这是氯化钙的对比效应指数。它在数学上等同于平均差异除以其标准误差。如果使用氯化钙是很好的治疗方法,则该指数很大且为正值;如果使用肾上腺素为很好的治疗方法,则该指数很大且为负值;如果观测到的差异的平均值为零,则该指数为零。在图 8.1(b)中逐步绘制该指数。在此图上有两个边界,只要其中一个边界被越过,试验就会停止并做出相应的决定。只要标绘的点在边界之间,就要继续进行试验。如果使用氯化钙是一种优越得多的处理方法,则该指标很可能会迅速越过上边界,从而可以快速做出决定。类似地,如果肾上腺素的优势大得多,仅对少数受试者进行测试后就可能越过下边界。但是,如果情况不太明确,则该指数很可能会一直保持在两边界之间,直到测试了相当数量的受试者为止。也就是说,所确定的边界会在明确的情况下迅速结束试验,而在不明确的情况下继续进行试验。Rushton(1950)给出了确定边界的公式。

这种类型的序贯方案的使用,使得观测的数量适配于在具有预先指定错误机会的两个替代方案之间进行选择的要求,导致在做出决策所需的受试者数量上平均而言是非常经济的。当处理之间的差异很大时尤其如此。

在 Kilpatrick 和 Oldham 介绍的试验中,观测到的结果基本上都是负的,表明肾上腺素更好,且仅对四个受试者进行测试之后就越过了下边界,见图 8.1(b),试验最终结果表明倾向于肾上腺素。

从严格的统计意义上讲,这是可以给出正式理由的唯一结论,即根据要求(a),(b)和(c)的合适选择是倾向于使用肾上腺素。然而,所有结果均为负的事实不仅表明肾上腺素是首选,而且肾上腺素实际上也是更好的;根据(b)的规定,即使药物之间没有差异,也应首选肾上腺素。尝试在误差范围内估计药物间的差异大小是很自然的,但是无论如何,除非对涉及的统计问题进行了进一步的研究,否则无法做到这一点。除了说在 1% 的水平下与(a)有显著不同外,我们也无法量度观测到的差异的统计显著性。因此,实现序贯方案的经济性是以将结论限于两个决策之间的选择为代价的。Kilpatrick 和 Oldham 指出,最好将试验设计为在以下三个决定之间进行选择:肾上腺素有优势、两者无差异以及氯化钙有优势。但是,即便如此,统计结论仍然受到严格限制,目前尚无法估计出真实差异的上下限。*

我们对此例进行了详细讨论,是因为它体现出了这些序贯决策过程的优缺点。对于许多标准的统计情形,人们已经得出了确定采样图中边界的公式(Wald,1947)。这是因为考虑到对于工业检验问题必须在接受和拒绝一个批次之间做出明确的决定。该方法在研究工作中并没有很多应用。Armitage(1954)很好地说明了这些方法在医学中的应用,他还给出了一些非常有趣的新型序贯方案(Armitage,1957),可能比 Wald 的方法更适用于某些类型的试验工作。

总而言之,每当需要在两个或三个(或任意少量)行动方案中进行选择时,如果试验单元按顺序接受测试,在测试每个单元或一组单元之后进行一定量的(通常是小规模的)计算是实际可行的,并且可以形成类似于例 8.12 的(a)、(b)和(c)的要求的话,就值得认真考虑序贯决策程序。其缺点是,就目前而言,试验结束时可以提供统计依据的陈述相当有限。

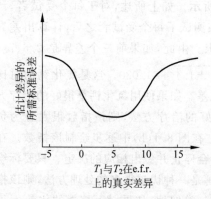

图 8.2　在要求的精度取决于估计的真实
值的情况下的所需标准误差

最后一点意味着,只要试验的目标之一是在一定误差范围内估计对照的大小,那么上面描述的序贯决策程序就不合适。即使主要目标是做出决策,在仍然要求进行类似估计的情况下,一个自然的方法是尝试建立一种机制以(比方说)估计处理之间的差异,其标准误差依赖于差异的真实值。这是序贯方案的第四种类型。例如,在例 8.12 的情况下,可以很合理地要求估计药物之间 e. f. r. 的真实差异所具有的标准误差的一般形式如图 8.2 所示。如果真正的差异在"可疑"范围(0,10)内,则我们要求较低的标准误差,于是可以进行适当精度的显著性检验以得出合适的决定;如果差异超出此范围,我们仍然需要估计差异,则可以接受很高的标准误差。Cox(1952)从理论上讨论了用于实现这些目标的二重采样设计,但在实际应用中尚无示例。

---

* 这提出了一般统计理论上的有趣问题。目前尚不清楚是否涉及传统理论的本质缺陷或者设计的本质属性,或者只是在数学上难以给出合适技术的细节。

概　　要

通常我们期望初步计算出设想好规模的试验所能得到的预期精度，或者更希望能确定试验的规模以达到所需精度。出于大多数的目的，可以通过所关心的对照的**标准误差**（standard error）（例如，两个处理之间的估计差异的标准误差）来量度精度。

标准误差的值取决于要估计的对照、单元数量和不可控变异的大小，后者本身是由残差**标准差**（standard deviation）量度的。它的估计可以通过以下方法得出：

（a）从接受相同处理的单元观测值之间观测到的分散情况得出，由试验设计平衡掉的任何变异都将被消除；

（b）从析因系统中的高阶交互效应的大小得出；

（c）从理论上的考虑得出，例如当观测是对随机发生事件的发生次数进行计数时；

（d）从单元内抽样变异的大小得出，例如，当每个单元的主要观测是多次读数的平均值时；

（e）根据先前类似试验的结果得出。

方法（a）通常是最适合数据分析的方法，尽管比较几种来源的残差变异的大小常常具有指导意义。方法（c）和（e）适用于精度的初步估计。

一旦获得了标准差的近似值，就可以针对任何指定数量的观测值计算出任何特定对照的标准误差，或者，可以预测能达到指定标准误差的观测数量。如果某些对比比其他对比更重要，则每个处理的单元数不应相同。在更复杂的情况下，试验单元的数量和每个单元上的观测数量都必须确定好。

序贯方法（最简单的是二次采样）有时会很有用，当试验可以方便地分阶段进行并且在两阶段之间进行一些中间计算时尤其如此。这里的想法是，单元数量应该根据实际获得的观测结果来确定，而不是事先确定。当标准差最初完全未知或者明显取决于估计量时，或者需要在两个或多个行动方案之间明确做出抉择时，或者要求对对照进行估计，而估计的精度明显取决于对照的值时，此方法尤其值得考虑。

参 考 文 献

Anscombe, F. J. (1953). Sequential estimation. *J. R. Statist. Soc.* B, 15, 1.

——(1954). Fixed-sample-size analysis of sequential observations. *Biometrics*, 10, 89.

Armitage, P. (1954). Sequential tests in prophylactic and therapeutic trials. *Q. J. of Medicine*, 23, 255.

——(1957). Restricted sequential procedures. *Biometrika*, 44, 9.

Cochran, W. G., and G. M. Cox. (1957). *Experimental designs*. 2nd ed. New York: Wiley.

Cox, D. R. (1952). Estimation by double sampling. *Biometnka*, 39, 217.

Eisenhart, C., M. W. Hastay, and W. A. Wallis. (1947). Selected techniques of statistical analysis. New York: McGraw-Hill.

Goulden, C. H. (1952). *Methods of statistical analysis*. 2nd ed. New York: Wiley.

Grundy, P. M., D. H. Rees, and M. J. R. Healy. (1954) Decision between two alternatives—how many experiments? *Biometrics*, 10, 317.

Haldane, J. B. S. (1945). On a method of estimating frequencies. *Biometrika*, 33, 222.

Kilpatrick, G. S., and P. D. Oldham. (1954). Calcium chloride and adrenaline as bronchial dilators compared by sequential analysis. *Brit. Med. J.*, part ii, 1388.

Rushton, S. (1950). On a sequential t-test. *Biometrika*, 37, 326.

Stein, C. (1945). A two-sample test for a linear hypothesis whose power is independent of the variance. *Ann. Math. Statist.*, 16, 243.

Wald, A. (1947). *Sequential analysis*. New York: Wiley.

Yates, F. (1952). Principles governing the amount of experimentation in developmental work. *Nature*, 170, 138.

第 9 章

单元、处理和观测的选择

9.1 引言

在前面的章节中已经介绍了本章主题的核心技术。在理想的情况下,使用随机化可以消除系统性误差。分区组和调整伴随观测值的方法会导致精度提高。析因试验的思想既可以提高实际精度,又可以扩展结论的有效性范围。另外,利用第 8 章概述的方法可以设计出适当规模的试验。这样看来,1.2 节中规定的一个设计上令人满意的试验的标准在原则上能得以满足。

但是,所有这些都假定已经解决了三个问题:我们已经确定了要比较的处理、要进行观测的类型以及要使用的试验单元的性质。这些问题显然是至关重要的,可以合理地认为它们是试验设计的本质。不过,它们通常被视为特定于试验主题的技术问题,因此在试验设计的统计研究中并未考虑。下文将提出一些一般性的观点。

9.2 试验单元的选择

在 1.1 节中定义了试验单元,对应于试验材料的最小细分,使得不同的单元可以接受不同的处理。我们认为不涉及处理的试验设置的所有方面(即与所采用的处理的具体分配无关的方面)都涵括在单元的定义中。因此,在工业调查中,试验单元可以定义为在某个时间加工的特定批次的原材料,由某位观测者在特定设备上进行的测试,等等,处理是一种特定的加工方法。

设置试验单元时,需要解决以下问题:

(i) 确定试验单元的适当规模。

(ii) "所研究的条件应代表**实际条件**"这一点是否重要,是否需要结论具有广泛的有效性。特别地,可能需要引入比最初可用的试验单元中所存在的变异更多的变异,或者引入特殊的处理以代表外部条件变化的影响。

(iii) 一个实物对象是否可以作为一个单元被多次使用,以及试验的这一方面和其他任何方面是否在不同单元的响应中缺乏重要的独立性。

(i) 单元的规模

在一些试验中,适当选择每个单元要包含的材料的用量是很重要的。例如在农业田间试验中选择地块的大小(和形状)。

技术上的考虑会在很大程度上影响这种选择。但是,有时会出现以下情况:一定总量的材料可供使用,并且在一定范围内可以将其划分为任意数量的试验单元。每个单元上进行重复观测的次数也由我们决定。最好的方案是什么? 或者,需要多少试验材料以最经济的方式达到指定的精度? 这个问题与 8.3 节的问题紧密相关,那里引入了单元间部分和单元内部分的散度的概念。

举个具体的例子,假设材料可用于 100 小时(h)的生产,比较 4 种处理,执行一次加工的最短时间为(比如说)5 h。一种可能性是仅有 4 个单元,即在前 25 h 中仅用一种处理执行加工,以此类推。在每个单元上进行了各种类型的大量观测。例如,如果生产流程是连续的,则可以每小时进行一次观测,最终对每种处理进行了 25 次观测。这是一个糟糕的设计,无法得到合适的误差估计,因为它基于对接受相同处理的不同的整单元的比较。为了评估处理之间对比的准确性,必须对偶然性变异的形式引入非常具体的假设。而且最好规避此类假设,即使假设成立,试验所获得的精度也可能是极低的。因此,只有在存在充分的实际理由说明需要将处理变更次数保持在最低水平时,才应使用这种安排。

另一种极端情况是,我们可以取 20 个试验单元,每个试验单元对应于 5 h 的生产,例如,这些试验单元可以(比如说)按 5 个随机区组排列,分区组是根据时间顺序安排的,同样每小时进行一次观测。类似地,存在多种中间状态的可能性。根据 8.4 节的公式,可得两种处理之间的估计差异的标准误差为

$$\sqrt{\frac{2}{每个处理的观测总数}\left[\left(\begin{matrix}单元内\\标准差\end{matrix}\right)^2 + \left(\begin{matrix}每个单元的\\观测总数\end{matrix}\right) \times \left(\begin{matrix}单元间\\标准差\end{matrix}\right)^2\right]}$$

其中,每个处理的观测总数是每个处理的试验单元数与每个单元的重复观测数的乘积。

首先应注意,如果单元间标准差为零,则精度仅取决于每个处理的观测总数,而不是每个处理的单元数。其次,只要我们可以指定公式中的两个标准差如何取决于单元的规模,就始终可以得出与任何希望的工作量分配相对应的精度。作为一阶近似,可以将单元内标准差视为常数,而单元间标准差的变化规律为

$$标准差 = A \times (单元规模)^{-B}$$

其中 B 通常为 0 ~ 1/2 之间的常数;有关其在农业试验上的应用,参见文献(Fairfield Smith,1938)。A、B 以及单元间标准差都属于试验材料的特征,可以通过分析来自先前试验的合适数据来估计。一旦确定了它们,就可以得出任意设置的精度。对于指定总数的观测以及指定总量的材料,将以最小的区组规模获得最大的精度,但这种对比通常不切实际。更为现实的分析是假设试验的总成本约为

$$C_1 \times 使用的材料总量 + C_2 \times 使用的试验单元总数 + C_3 \times 进行观测的总数$$

其中 C_1、C_2 和 C_3 为常数,表示相同的单元上每单位材料的成本、每个试验单元的成本(例如,从一种加工方法转换为另一种加工方法)以及每次观测的成本。

如果上述所有数量都可以近似确定,那么就可以利用这些信息来决定最有效的资源配置。显然,以任何精度进行此操作都需要对系统有非常详细的了解。

(ii) 单元的代表属性

在许多技术研究中,尤其是在紧接实际应用的最后阶段,重要的是所研究的条件应尽可能地代表要应用结果的条件。这可能对试验的设计产生重要影响,尤其是当实际条

件变化很大或处理效应可能对外部条件的变化非常敏感时。当然,在任何情况下都应纳入适当的对照处理,以验证明显的处理效应不仅仅是(例如)在试验期间对单元增加关注的结果。现在的问题是,在试验条件下完全纯粹的处理效应可能在工作条件下就大为改变了。

可以采取的步骤有多种。除了尽可能接近地重现实际条件的直接努力之外,还可以进行析因试验,其中一个或多个因子水平对应于在实践中可能出现的复杂情况的人为设定的极端形式。也就是说,我们可以单独加入一个处理"条件",并检验它与直接关心的处理效应之间的交互效应。

如果与试验单元有关的主要变异在于试验材料本身而不是外部条件,那么考虑所用单元的来源将很重要。例如,如果在动物饲养试验中需要将结论应用于特定品种的猪,那么理想情况下,试验中使用的猪应该是通过合理的统计抽样方法所选取的该品种的猪的样本。再者,在工业试验中,如果怀疑该处理效应在一定程度上取决于所用原料的特定运送,那么在试验中使用的材料应当从要应用结论的整个运送集合中或运送总体中进行适当选取。这是一个完美的建议,可能仅有极少数机会能切实可行。不过在这些情况下,最好尽可能地确认所使用的单元与结论需要推广到的总体没有明显差异。此外,以能够检测到单元之间处理效应的任何变异并分析其性质来设计试验几乎总是有利的,因为如果处理效应在整个试验中显示实际上是恒定的,那么外推结论的信心就大得多。

另一方面,在科学工作中我们对试验单元的代表性通常不太感兴趣。选择试验材料以便以简单而富有启发性的形式观测处理效应具有相当重要的意义。不过,首先要强调的往往是从最合适的材料中进行精心选择。即使如此,仍然可能希望纳入多种试验单元,以便获得更广泛的结论,可能的话还可以提供与早期工作的关联。

因此,在这两种类型的试验中,可能都需要在试验单元上故意纳入额外的变异,目的是检查处理效应的不稳定性和扩展结论的有效性范围。这些额外的变异,例如不同性别或两种截然不同类型的单元之间的差异,最好在析因试验中作为分类因子引入(见第 6 章)。在表 9.1 中,通过四种主要处理 $T_1 \sim T_4$ 以及分类因子的两个水平 M 和 F,对两种主要的设计类型进行了审视。在第一种类型中,使用简单的析因安排,两种类型的单元在每个区组中混合在一起。在第二种类型中,我们实际上对处理 $T_1 \sim T_4$ 进行了随机区组设计,每个区组由一种类型的单元组成,不同类型的区组随机混合。(使用 7.4 节的术语来说,这是一个裂分单元试验,将直接关心的处理视为子单元处理。)

表 9.1　包含第二个因子的两种设计

(a)随机区组的简单析因安排

区组 1	MT_4	MT_1	FT_2	MT_3	FT_1	MT_2	FT_4	FT_3
区组 2	FT_1	FT_3	MT_4	FT_2	MT_1	MT_3	FT_4	MT_2

(b)裂分单元安排

整单元 1	F	T_2	T_1	T_3	T_4
整单元 2	M	T_4	T_3	T_1	T_2
整单元 3	M	T_1	T_3	T_4	T_2
整单元 4	F	T_2	T_4	T_3	T_1

如果分别处理两种类型的单元更加方便,或者第二种设计的较小区组规模可能导致重要效应的估计精度得到提高,则第二种安排为首选。

(iii) 不同单元的独立性

理想的情况是,不同的试验单元彼此独立地做出响应,从某种意义上说,对一个单元进行的处理不应该对另一个单元进行的观测产生任何影响,一个单元发生(比方说)异常高或低的观测值对另一单元可能会发生什么也没有影响。第一项要求为了能够将不同处理的效应彼此区分开因而是必要的,第二项要求确保了从对接受相同处理的单元的观测结果进行比较能得出合适的误差估计。

要采取的预防措施取决于试验的性质,但通常包括对不同的单元进行物理隔离,尤其是对接受相同处理的单元。这需要在试验的所有可能引入重要变异的阶段进行。因此,如果获得观测值的过程中可能出现明显的变异(例如在测试工业产品时),则希望以一种涉及随机化的顺序处理不同的单元。这将确保测试过程中出现的系统性误差不会使对比产生偏差,并且还将趋于最大限度地减少主观倾向,使相同处理方法下的观测更相似。

对一个单元的观测可能会受到对另一个单元所进行的处理的影响的主要情景是,同一实物对象(受试者、动物等)多次作为一个单元被使用。由于消除了受试者之间差异的影响,通常可以利用这种方法极大地提高精度,但是即使采取了特殊的预防措施,也可能无法避免从一个单元到另一个单元的处理效应的延滞。考虑延滞效应的设计将在第 13 章中讨论。这种设计的另一个困难是,它可能涉及在与实际应用条件大不相同的条件下比较处理。

9.3　处理的选择

到目前为止,本书中我们一直在讨论如何规划试验,以便在存在不可控变异时可以对处理进行可靠且精确的比较。部分作为所研究领域的技术问题,部分作为一般科学化程序的问题,对于要比较的处理的选择则几乎完全不在讨论范围之内。

因此,要研究一种相当复杂的现象,可能首先采取的形式是对各种变化如何影响系统的全面调查,在这里进行析因试验可能非常合适。然后,通过适当修改系统(处理),尽可能严格地测试有关系统或其一部分如何"真正工作"的一个或多个设想。我们几乎总是需要进行一系列的试验,每个阶段都需要在必要时修正原来的想法。只要必须将处理效应与不相关的变异区分开,我们一直在讨论的方法就自然是适用的,处理的选择应该尽可能直接地代表潜在的机制。在合适的情况下,可以使用许多不同类型的修改系统,可能涉及截然不同的试验技术,还可能使用与初始系统大为不同的系统。

即使在具有直接实际目的的试验中,也可能包含旨在提供有关该过程基本认知的特殊处理。因此,在工业试验中比较新工艺和标准工艺时,可能会使用新工艺的各种形式,至少在小规模试验中是如此,尽管可能无意将这些额外的工艺直接用于实际中。

在许多试验中纳入对照处理是至关重要的,对照的正确规范也非常重要。它应该包括:应用于试验单元的操作与"被处理"的单元所接受的操作相比,除了希望进行测试的方面不同,在所有其他方面都相同。举一个简单的例子,在评估一种新药时,我们通常不希望将一般由于接受了无药理活性物质的处理而产生的改善作为处理效应的一部分。因此,对照处理应为安慰剂,对受试者而言与新疗法无法区别[*](见第 5 章);加入不作处理的对照组也可能是有利的。再有,如果要求评估受试动物被切除某部分的效应,则应该对对照组动物进行尽可能多的试验组操作;这里也可以加入一组不作处理的动物,但不应被视为主要对照。

例 2.5 关心的是用于缓解头痛的药物的对比,它以大为不同的方式阐明了对照的重要性。该例中,对照处理实际上被用于将受试者分为两种类型,因此显示出反应的不一致性。如果在没有对照组的情况下进行了此试验,极有可能会得出误导性的结论。例 1.8 是对照重要性的另一个说明。

当处理在定性上有所不同时,通常希望它们是在单一的、特定的、可识别的方面上不同。否则将无法明确所发现的任何处理差异的含义。因此,假设我们将标准的工业流程 A 与在若干方面均进行了修改的流程 B 进行比较,对比的结果可能具有直接实际的意义,但由于无法辨别所观测到的任何变化的原因,因此不太可能增加对该流程的理解。在科学试验中,发现的任何处理差异最好都应具有尽可能独特的解释。经常出现的情况是,试验产生了明确的处理效应,但经过分析,可以发现存在两种或两种以上截然不同的解释。应该引入进一步的处理以区分不同的解释。为避免此类歧义而对处理的最初选择是试验设计中最重要和最困难的步骤之一。为正在研究的处理建立析因结构通常会是一种优势。

7.2 节的讨论和示例涉及析因试验中包含因子的选择,建议重新阅读本节。7.3 节中讨论了定量因子时因子水平的选择,另请参见 14.3 节。

最后的一般性评注是,对试验的大体可靠性最好的检查之一就是表明其与该领域先前确立的结果相符。因此,经常值得为此目的而单独引入一个处理。

9.4　观测的选择

上一章讨论了应在每个单元上进行的特定类型重复观测的数量以及单元的数量。然而在大多数试验中,每个单元上都会进行几种不同类型的观测,下面简要讨论观测量的选择。可以首先根据它们产生的目的进行分类,然后根据它们的数学性质(例如它们是定量的还是仅仅等于不同对象的顺序)来分类。

观测可以大致分为以下几种类型。

(i) 主要观测

此类观测要么量度直接关心的处理对比的属性,要么在计算这些量时需要用到。产品的产量就是一个明显的例子;另一个例子是在甜菜试验的每个地块上需要的一组观测值,以便以英担/英亩(cwt/acre)为单位计算糖的产量。

(ii) 替代主要观测

如果某个特定的主要观测值难以获得,则可以使用更容易获得的替代观测值。例如,纺织品试验中的主要特性可以是机织织物的穿着特性、手感和外观。所有这些原则上都可以通过消费者试验来测量,但是测量织物的物理性能则容易得多,例如,实验室磨损测试中的

---

　　[*]　Rutstein(1957)说明了在这类试验中没有加入适当对照组的后果。

使用寿命、抗弯刚度和纱线不匀率被认为与消费者的模糊质量判断密切相关。另一个纺织方面的例子是,在纺纱试验中,主要量很可能是下一道工序(编织)中纱线的行为,这是通过(例如)每台织机每小时的断头数来衡量的。对此的替代观测是在实验室络纱或强度测试中测得的纱线强度。在极少量的此类试验中,我们可能完全依赖于这些替代观测。

一般只有在没有理论或经验关系能将观测结果转变为主要观测结果,尤其是在两者之间离完全相关差得很远的情况下,我们才将观测结果视为替代观测结果。通过观测与一个事物密切相关的另一个事物来量度这个事物的原则当然是许多量度方法的基础。

(iii) 解释性观测

这些观测是为了解释在主要观测结果上发现的任何处理效应。因此,假设在(ii)简要讨论的试验中,我们直接感兴趣的主要观测已被采用,且在本质上是主观的。我们将根据加工过程中的物理或化学行为来解释这些观测所发现的处理差异,并进行所需的额外观测。实际上,其中一些可能是(ii)中的替代观测。

(iv) 提高精度的补充观测

4.3节中介绍了一种通过**调整**(adjustment)过程来减少试验单元之间变异的影响的方法。其中,将每个处理的主要观测的均值调整为假如单元在次要观测或伴随观测上具有相同的值的情况下应该是多少。另一种较简单但通常效率较低的方案是使用响应指数。在心理试验中,主要观测可以是受试者在接受处理后获得的分数,伴随观测是在进行处理之前的类似测试中获得的分数。一个自然的响应指数是受试者的两个分数之差。

通过调整过程来减少试验单元之间变异的影响的方法,其有效的条件是,用作调整基础的观测应不受处理的影响。如果是在进行处理之前进行的观测,就满足这个要求。为了使该方法有用,两种类型的观测之间当然应具有高度相关性。若是怀疑不可控变异的主要来源在于试验单元的个体性质,而不是单元自然群组之间的变异,那么巧妙地选择伴随观测将会带来精度的显著提高。

(v) 探测交互效应的补充观测

(iv)中讨论的观测类型的另一个重要用途是检查处理效应是否在单元之间系统性地变化,例如,初始评分高的受试者是否倾向于与初始评分低的受试者对处理产生不同反应。第2章讨论了检查处理效应是否恒定的一般重要性。

(vi) 检查处理应用的观测

例如,若处理对应于不同的温度,则自然要独立检查实际上是否已经达到了合适的温度。如果存在较大差异且无法采取纠正措施,则可能需要在对结果的统计分析中因为错误而进行调整。

(vii) 检查外部条件的观测

通常必须进行常规观测,以核实外部条件没有意外的重大变化且任何单元均未发生与处理对比相关的事故。

对这些类型进行系统性的考虑常常可能是一件好事。当然,最好的试验通常在概念上很简单,并且许多观测类型可能也并不需要。

在某些情况下,毫无疑问,对于应该如何量度特定的属性,存在着公认的客观、定量的测量尺度。产品的产量等就是这种情况。一旦明确定义了什么是实际产品,原则上,所需的测量几乎不存在任何困难。类似地,经典研究已经建立了测量标准物理量和化学量的可靠方法。然而在新领域中,情况可能会大不相同。下面对一些可能需要考虑的一般问题进行讨论。

首先,在将一个复杂响应简化为可操作的形式时可能会出现状况。不过,这通常更多的是分析和解释的问题,而不是试验设计的问题。在研究金属表面的光滑度或纺织纱线的不规则性时,最初的观测会是显示厚度变化的不规则痕迹。在学习试验中,对一只动物的观测可能由一系列"成功"和"失败"组成,对应于对某项任务的连续尝试。在学习过程中,成功的比例增加到接近单位一;在消退过程中,成功的比例再次降低。为了展开进一步的研究,通常非常需要化简这样的数据,有两种一般性的方案可以使用。一种是定义一个或两个量,这些量可以根据更复杂的响应进行直接解释。例如,学习速率通常由获得(比如说)五个连续成功之前所需的试验次数来量度,不规则痕迹可以通过厚度变化系数来概括。第二个一般性的方案是估计被认为是代表系统的数学模型中的参数。在刚刚讨论的例子中,这些模型都是概率上的,例如被提出以代表学习的各种随机模型之一。如果此类模型能够令人真正理解系统,那么使用它们当然是非常可取的;假如不是这样(如果该模型纯粹是经验模型,并且在拟合模型时涉及大量的额外劳动),则值得考虑是否可以使用一些更简单的方法。第一种方法的风险在于,如果响应的变异多种多样,则经验指标可能会产生误导。举例来说,如果应该通过完成学习时正确回答的极限比例以及达到此极限的速率来真正描述学习曲线,那么很明显,任何单一的量度学习方法都可能具有误导性。在计划直接记录最终感兴趣的指标时,此种分析尤其重要。

有时,我们可能会采取二元观测,而不是按尺度记录观测值,例如判别圆柱直径是否大于或等于临界值,一种食品是否令人满意,一种食品是否优于另一种,等等。考虑使用此类观测可能是为了方便和简单起见,或者因为只可能进行定性判断。

首次使用此类观测的一个巧妙例子是 Anderson(1954)发明的一种技术,用于比较两种纺织纱线 A 和 B 的强度。各取一段 10 英寸(in*)长的纱线 A 和 B 连接在一起,总长 20 in。将其拉长直至断裂,断头的位置可以说明两段中哪段较弱。如果试验重复进行,假设两种纱线强度确实相同,则大约一半的试验中较弱的样品来自纱线 A,假如观测结果显著偏离了均等比例,那么就说明纱线强度之间是有差异的。于是我们就得到了一个简单的对比检验,无须特殊的设备,也无须定量测量。与测量每个部分的强度的定量方法相比,这种方法在确定存在微小差异方面的统计效率约为 64%。也就是说,一定数量的二分观测和 64% 该数量的定量观测具有相同的精度。如果达到了显著简化的话,就可以认为这是一个非常高的效率。定性方法的主要缺点是,如果存在中等或较大差异,则该方法将指出差异的存在,但仅能以较低的精度估计其大小。类似的讨论适用于与标准值的对比(例如,圆柱体直径与一个临界值相比),尽管这种方案在试验工作中不太可能使用。

前面讨论的配对方法的自然一般化是根据取值大小或主观偏好对两个以上的对象进行

---

* 1 in=2.54 cm。

排序(ranking)。同样,可以对微小差异的存在进行相当灵敏的测试,但是只能对较大差异的大小取得较差的估计。有时会出现的设计问题是,要在(比方说)对五个对象排序,还是对所有可能的成对对象按顺序排列之间进行选择。通常来说,如果可以在不损失精度的情况下同时判断多个对象,则排序可能是更经济的方法。

　　成对对象的定性判断和排序的另一种替代方法是在简单量表(例如五点量表)上对差异进行评分,具体如下:

$$+2: \quad A \text{ 比 } B \text{ 大为可取}$$
$$+1: \quad A \text{ 比 } B \text{ 可取}$$
$$0: \quad \text{没有区别}$$
$$-1: \quad B \text{ 比 } A \text{ 可取}$$
$$-2: \quad B \text{ 比 } A \text{ 大为可取}$$

向评判者提供一般性的指导,以尽可能地使量表的使用规范化。与前面的方法相比,这种方法的优越性一部分在于,即使是复杂设计的分析,通常也可以通过标准的统计方法完成(Scheffe,1952);还有一部分原因是,强烈偏好和偏好之间的区别,无论如何,从理论上讲,都应该引起灵敏度的增加。关于两种方法之间的差异在实践中表现如何的对比研究似乎尚无发表。初步的建议是,当对比不同评判者给出的结果不是特别重要时,使用 5 分或 5 分以上的量表。

　　可用统计技术从数据中确定对不同定性反应的评分系统,从而对处理进行灵敏的区分(Fisher,1954,p. 289)。

概　　要

　　本章简要讨论了试验单元、对比处理和观测类型的选择。

　　单元的规模和代表属性可能很重要,并且在单元间加入其他变异是有利的。有些情况下选择处理因为它们是直接被关注的,有些情况下是因为它们可能提供有关系统潜在机制的信息,而其他情况下则是为了使有关主要处理的结论达到更广泛的有效性范围。

　　进行特定数量观测的主要目的有:获得具有直接科学技术重要性的信息、替代此类主要观测、解释主要观测所产生的处理效应、用作补充变量以提高精度,或检测处理效应的变化。

　　本章还简要讨论了可能得到的观测结果的形式。

参 考 文 献

Anderson, S. L. (1954). A simple method of comparing the breaking load of two yarns. *J. Text. Inst.*, 45, T472.

Fairfield Smith, H. (1938). An empirical law describing heterogeneity in the yields of agricultural crops. *J. Agric. Sci.*, 26, 1.

Fisher, R. A. (1954). *Statistical methods for research workers*. 12th ed. Edinburgh: Oliver and Boyd.

Rutstein, D. D. (1957). The cold-cure merry-go-round. *Atlantic Monthly*, 199, No. 4, 63.

Scheffe, H. (1952). An analysis of variance for paired comparisons. *J. Am. Statist. Assoc.*, 47, 381.

第 10 章

有关拉丁方的更多知识

10.1 引言

在第 3 章中,我们讨论了拉丁方这一工具的重要性,它可以消除两个不可控变异来源的影响。总体思路是通过将试验单元排列成正方形阵列(方阵),每个处理在方阵的每一行、每一列中均出现一次,来实现这种消除。

本章将给出拉丁方及相关设计的表格,并讨论有关其使用的各种详细说明。

10.2 拉丁方表

表 10.1 给出了大小从 3×3 到 8×8 的拉丁方排列。可以使用与写下 7×7 和 8×8 方阵相同的方法生成高阶方阵,即每行字母由上一行向左移动一位组成。因此,可以以 $AB\cdots IJ$ 作为第一行,$BC\cdots JA$ 作为第二行,$CD\cdots JAB$ 作为第三行,等等,写出一个 10×10 的拉丁方。

为了选择要使用的处理安排,我们须将表 10.1 中给出的适当方阵随机化,这些方阵皆以标准化顺序排列,其中第一行和第一列按字母表顺序。方案如下:

(a) 对于 3×3 的方阵,将表中方阵的行和列随机化;

(b) 对于 4×4 的方阵,随机选择表中四个方阵中的一个,然后像(a)一样将其行和列随机化;

(c) 对于高阶方阵,行和列应独立随机化,并将处理随机分配给字母 $A,B,C,\cdots$。

对于 3×3 和 4×4 方阵,此方案从所需大小的所有方阵的集合中随机选择一个方阵;对于较高阶方阵,它则从一组方阵中随机选择一个方阵,这一组尽管不包括所有特定大小的拉丁方,但是适用于实践和理论目的。这种随机系统的理论依据是它可以保证在 5.6 节中简要讨论的数学性质。更详细的研究可以表明,与此处所使用方法不同的随机方法或许在理论上有优势,但是我们在撰写本章时对此似乎一无所知,并且该问题是否具有实际意义还令人怀疑。

表 10.1 拉丁方的例子

3×3			4×4												
			(i)				(ii)				(iii)				(iv)
A B C			A B C D				A B C D				A B C D				A B C D
B C A			B A D C				B C D A				B D A C				B A D C
C A B			C D B A				C D A B				C A D B				C D A B
			D C A B				D A B C				D C B A				D C B A

5×5	6×6
A B C D E	A B C D E F
B A E C D	B C F A D E
C D A E B	C F B E A D
D E B A C	D E A B F C
E C D B A	E A D F C B
	F D E C B A

7×7	8×8
A B C D E F G	A B C D E F G H
B C D E F G A	B C D E F G H A
C D E F G A B	C D E F G H A B
D E F G A B C	D E F G H A B C
E F G A B C D	E F G H A B C D
F G A B C D E	F G H A B C D E
G A B C D E F	G H A B C D E F
	H A B C D E F G

例 10.1 首先选择一个 4×4 的拉丁方。使用附录中给出的 1,2,…,9 的随机排列。假设要使用的前三个排列是 2、1、3、4，3、2、1、4，3、1、4、2，其中省略了数字 5,6,…,9。第一个排列的第一个数字是 2，所以我们从第二个列出的方阵开始：

$$
\begin{array}{cccc}
A & B & C & D \\
B & C & D & A \\
C & D & A & B \\
D & A & B & C \\
\end{array}
\tag{10.1}
$$

现在，根据第二个排列对行进行置换，首先将式(10.1)的第三行放上，然后放上第二行，以此类推。可得

原始行序数

$$
\begin{array}{llll}
3 & \quad C & D & A & B \\
2 & \quad B & C & D & A \\
1 & \quad A & B & C & D \\
4 & \quad D & A & B & C \\
\end{array}
\tag{10.2}
$$

最后根据第三个排列对列进行置换，即将式(10.2)的第三列先放上，以此类推。可得

原始列序数   3   1   4   2

$$
\begin{array}{cccc}
A & C & B & D \\
D & B & A & C \\
C & A & D & B \\
B & D & C & A \\
\end{array}
\tag{10.3}
$$

一般来说，如果最终设计通常是由几个这样的方阵组成的，则必须独立地对分量方阵进行随机化。

要选择一个较大的方阵，例如 7×7 方阵，需要数字 1,2,…,7 的三个随机排列。第一个用于置换表 10.1 中标准方阵的行，这对应于刚才针对 4×4 方阵描述的步骤(10.1)和(10.2)。第二个和第三个置换分别用于置换列以及分配字母 A,B,…,G 给七个处理。

10.3 正交拉丁方表

3.4 节中介绍了正交拉丁方。正交拉丁方是扩展了的拉丁方,它使用了两种"语言"的字母,每种语言的字母分别形成一个拉丁方,一种语言的每个字母与另一种语言的每个字母仅共同出现一次。

表 10.2 给出了阶数为 3、4、5 和 7 的方阵。要选择实际排列的方式来使用方阵时,应将行、列、拉丁字母和希腊字母独立地随机化。

表 10.2　正交拉丁方的例子

3×3						
$A\alpha$	$B\beta$	$C\gamma$				
$B\gamma$	$C\alpha$	$A\beta$				
$C\beta$	$A\gamma$	$B\alpha$				

4×4			
$A\alpha$	$B\beta$	$C\gamma$	$D\delta$
$B\delta$	$A\gamma$	$D\beta$	$C\alpha$
$C\beta$	$D\alpha$	$A\delta$	$B\gamma$
$D\gamma$	$C\delta$	$B\alpha$	$A\beta$

5×5				
$A\alpha$	$B\beta$	$C\gamma$	$D\delta$	$E\epsilon$
$B\delta$	$C\epsilon$	$D\alpha$	$E\beta$	$A\gamma$
$C\beta$	$D\gamma$	$E\delta$	$A\epsilon$	$B\alpha$
$D\epsilon$	$E\alpha$	$A\beta$	$B\gamma$	$C\delta$
$E\gamma$	$A\delta$	$B\epsilon$	$C\alpha$	$D\beta$

7×7						
$A\alpha$	$B\beta$	$C\gamma$	$D\delta$	$E\epsilon$	$F\phi$	$G\eta$
$B\delta$	$C\epsilon$	$D\phi$	$E\eta$	$F\alpha$	$G\beta$	$A\gamma$
$C\eta$	$D\alpha$	$E\beta$	$F\gamma$	$G\delta$	$A\epsilon$	$B\phi$
$D\gamma$	$E\delta$	$F\epsilon$	$G\phi$	$A\eta$	$B\alpha$	$C\beta$
$E\phi$	$F\eta$	$G\alpha$	$A\beta$	$B\gamma$	$C\delta$	$D\epsilon$
$F\beta$	$G\gamma$	$A\delta$	$B\epsilon$	$C\phi$	$D\eta$	$E\alpha$
$G\epsilon$	$A\phi$	$B\eta$	$C\alpha$	$D\beta$	$E\gamma$	$F\delta$

没有 6×6 的正交拉丁方。存在大小为 8×8、9×9、11×11 和 12×12 的正交拉丁方;较大的方阵不太可能具有实用价值。

例 10.2　选择一个 5×5 的正交拉丁方。需要数字 1,2,…,5 的四个随机排列[*],假设分别为 1、4、3、5、2,3、1、2、4、5,4、3、1、5、2,1、5、4、3、2。按照例 10.1 的方法,我们使用第一个置换重新排列表 10.2 中标准方阵的行:

$$A\alpha \quad B\beta \quad C\gamma \quad D\delta \quad E\epsilon$$
$$D\epsilon \quad E\alpha \quad A\beta \quad B\gamma \quad C\delta$$
$$C\beta \quad D\gamma \quad E\delta \quad A\epsilon \quad B\alpha$$
$$E\gamma \quad A\delta \quad B\epsilon \quad C\alpha \quad D\beta$$
$$B\delta \quad C\epsilon \quad D\alpha \quad E\beta \quad A\gamma$$

根据第二个置换重新安排各列,得

$$C\gamma \quad A\alpha \quad B\beta \quad D\delta \quad E\epsilon$$
$$A\beta \quad D\epsilon \quad E\alpha \quad B\gamma \quad C\delta$$
$$E\delta \quad C\beta \quad D\gamma \quad A\epsilon \quad B\alpha$$
$$B\epsilon \quad E\gamma \quad A\delta \quad C\alpha \quad D\beta$$
$$D\alpha \quad B\delta \quad C\epsilon \quad E\beta \quad A\gamma$$

用拉丁字母表示的处理为 $T_1, T_2, \dots, T_5$,用希腊字母表示的处理为 $S_1, S_2, \dots, S_5$。根据

---

[*] 译者注:排列也称为置换,permutation。

以下方案,使用最后两个排列为字母分配处理:

$$
\begin{array}{ccccc}
T_1 & T_2 & T_3 & T_4 & T_5 \qquad S_1 & S_2 & S_3 & S_4 & S_5 \\
D & C & A & E & B \qquad \alpha & \varepsilon & \delta & \gamma & \beta
\end{array}
$$

所得的方阵为

$$
\begin{array}{ccccc}
T_2S_4 & T_3S_1 & T_5S_5 & T_1S_3 & T_4S_2 \\
T_3S_5 & T_1S_2 & T_4S_1 & T_5S_4 & T_2S_3 \\
T_4S_3 & T_2S_5 & T_1S_4 & T_3S_2 & T_5S_1 \\
T_5S_2 & T_4S_4 & T_3S_3 & T_2S_1 & T_1S_5 \\
T_1S_1 & T_5S_3 & T_2S_2 & T_4S_5 & T_3S_4
\end{array}
$$

值得注意的是,不存在 6×6 的正交拉丁方[*],这是 Euler 于 1782 年猜想的,他认为此类方阵与多种组合问题有关,但是直到最近,其不存在性才通过系统地列举所有可能性得以证明。通常人们认为,当 n 被 4 整除剩下的余数为 2 时,不存在 $n\times n$ 正交拉丁方,例如,不存在 10×10 的正交拉丁方。但是,尚未对此进行准确的数学证明,系统枚举的任务过于艰巨,因此无法确定是否不存在 10×10 的正交拉丁方。其他情况下,即当方阵的阶数不能被 2 整除或者能够被 4 整除时,都可以构建正交拉丁方(Mann,1949,第 8 章)[**]。

10.4 拉丁方的正交划分

正交拉丁方是在拉丁方设计中加入进一步分类或单元分组的需要而衍生出来的,其水平数与拉丁方中的处理、行和列数相同。因此,在例 3.11 中,我们从 4 种处理的一个 4×4 的拉丁方开始,其中试验单元按天(方阵的行)和一天中的时段(方阵的列)分类。然后,作为进一步的分类,我们考虑了 4 个观测者,要求每个观测者对每个处理进行一次测量,并在每天及一天中的每个时段测量一次。这些要求正交拉丁方都能满足。(表 10.3(a))

现在假设有两个观测者,而不是 4 个。我们要求每个观测者对每个处理进行两次测量,每天观测两个试验单元,并在每天的每个时段进行两次测量。具有这些性质的设计可以很容易地从正交拉丁方安排中获得,方法是接受原先观测者 1 和观测者 2 的单元成为新观测者 Ⅰ 的单元,接受原先观测者 3 和观测者 4 的单元成为新观测者 Ⅱ 的单元。表 10.3(b)显示了这样形成的设计

表 10.3 由一个 4×4 正交拉丁方得到的正交划分

(a) 4 名观测者参加时的流程和观测者安排[见表 3.9(a)]

	时段 1	时段 2	时段 3	时段 4
第 1 天	P_2O_3	P_4O_1	P_3O_2	P_1O_4
第 2 天	P_3O_4	P_1O_2	P_2O_1	P_4O_3
第 3 天	P_1O_1	P_3O_3	P_4O_4	P_2O_2
第 4 天	P_4O_2	P_2O_4	P_1O_3	P_3O_1

---

[*] 共有 9 408 个不同的简约的(reduced) 6×6 拉丁方,即字母在第一行、第一列中均以字母表顺序排列。

[**] 译者注:1959 年 4 月,Euler 猜想被证明在所有 $n\geqslant10$ 的情况下均不成立。故除了 $n=6$ 之外,所有 $n\geqslant3$ 阶的正交拉丁方都是存在的。

（b）两名观测者参加时的流程和观测者安排

	时段 1	时段 2	时段 3	时段 4
第 1 天	$P_2 O_{\mathrm{II}}$	$P_4 O_{\mathrm{I}}$	$P_3 O_{\mathrm{I}}$	$P_1 O_{\mathrm{II}}$
第 2 天	$P_3 O_{\mathrm{II}}$	$P_1 O_{\mathrm{I}}$	$P_2 O_{\mathrm{I}}$	$P_4 O_{\mathrm{II}}$
第 3 天	$P_1 O_{\mathrm{I}}$	$P_3 O_{\mathrm{II}}$	$P_4 O_{\mathrm{II}}$	$P_2 O_{\mathrm{I}}$
第 4 天	$P_4 O_{\mathrm{I}}$	$P_2 O_{\mathrm{II}}$	$P_1 O_{\mathrm{II}}$	$P_3 O_{\mathrm{I}}$

我们称这样的操作为拉丁方的**正交划分**（orthogonal partition）。通过适当地组合希腊字母，始终可以由正交拉丁方形成正交划分。因此，在一个 8×8 的正交拉丁方中，我们可以将 8 个希腊字母更改为以下几种形式：

（a）两个希腊字母，每个在每一行、每一列中均出现四次，与每个拉丁字母共同出现四次；

（b）四个希腊字母，每个在每一行中出现两次，以此类推；

（c）两个希腊字母，每个在每一行中出现三次，等等，以及一个希腊字母在每一行中再出现两次，等等。

因此，正交拉丁方可以很容易地应对这种更常见的情况。

该方法不适用于阶数为 6 的方阵，因为如上文所述，不存在阶数为 6 的正交拉丁方。然而这种不存在性并不排除其他正交划分的可能（Finney，1945），最有趣的两个划分如表 10.4 所示。

表 10.4　6×6 拉丁方的正交划分

（a）第二种语言有两个字母，每个字母在每行出现三次，等等。

$A\alpha$	$B\alpha$	$C\beta$	$D\beta$	$E\alpha$	$F\beta$
$B\beta$	$C\alpha$	$F\beta$	$A\alpha$	$D\beta$	$E\alpha$
$C\alpha$	$F\alpha$	$B\beta$	$E\beta$	$A\beta$	$D\alpha$
$D\alpha$	$E\beta$	$A\alpha$	$B\beta$	$F\alpha$	$C\beta$
$E\beta$	$A\beta$	$D\alpha$	$F\alpha$	$C\beta$	$B\alpha$
$F\beta$	$D\beta$	$E\alpha$	$C\alpha$	$B\alpha$	$A\beta$

（b）第二种语言有三个字母，每个字母在每行出现两次，等等。

$A\alpha$	$B\beta$	$C\gamma$	$D\beta$	$E\alpha$	$F\gamma$
$B\gamma$	$C\alpha$	$A\beta$	$F\alpha$	$D\gamma$	$E\beta$
$C\beta$	$A\gamma$	$B\alpha$	$E\gamma$	$F\beta$	$D\alpha$
$D\gamma$	$F\beta$	$E\alpha$	$B\gamma$	$A\alpha$	$C\beta$
$E\beta$	$D\alpha$	$F\gamma$	$C\alpha$	$B\beta$	$A\gamma$
$F\alpha$	$E\gamma$	$D\beta$	$A\beta$	$C\gamma$	$B\alpha$

以下是使用表 10.4(a)安排的示例。

例 10.3　考虑一个比较六个品种并以 6×6 拉丁方安排的农业试验。假设需要在品种试验中对氮肥基本施用的存在效应进行对比。也就是说，我们有第二个因子，其两个水平 N_0、N_1 分别表示肥料不存在和存在。

将它用表 10.4(a)中的希腊字母表示，那么此表将为我们提供合适的设计，每种肥料处理在每行出现三次，在每列出现三次，每个品种出现三次。

通过三步随机化表 10.4(a)以获得实际使用的设计：(a)随机化行；(b)随机化列；

(c)将品种随机分配给拉丁字母,肥料处理随机分配给希腊字母。如果用 $V_1, V_2, \cdots, V_6$ 表示品种,则最终设计为

$V_1 N_1$	$V_4 N_0$	$V_6 N_0$	$V_3 N_0$	$V_5 N_1$	$V_2 N_1$
$V_6 N_1$	$V_5 N_1$	$V_3 N_1$	$V_2 N_0$	$V_1 N_0$	$V_4 N_0$
$V_4 N_0$	$V_3 N_1$	$V_5 N_0$	$V_6 N_1$	$V_2 N_0$	$V_1 N_1$
$V_5 N_0$	$V_2 N_1$	$V_1 N_1$	$V_4 N_1$	$V_6 N_0$	$V_3 N_0$
$V_2 N_1$	$V_6 N_0$	$V_4 N_1$	$V_1 N_0$	$V_3 N_1$	$V_5 N_0$
$V_3 N_0$	$V_1 N_0$	$V_2 N_0$	$V_5 N_1$	$V_4 N_1$	$V_6 N_1$

10.5 两种以上"语言"组成的方阵

在拉丁方中,试验单元按行、列和表示处理的拉丁字母进行分类。在正交拉丁方中,试验单元按行、列、拉丁字母和希腊字母分类。我们很自然会想到是否可以添加其他语言的字母,以保留"新语言"的每个字母每行出现一次、每列出现一次以及与其他语言的每个字母组合出现一次的性质。

表 10.5 给出了 4×4 和 5×5 方阵的示例。这些安排具有相当大的数学意义,并且经常用作推导进一步设计的基础。但是,它们在实践中并不经常直接使用,因此我们将不对其进行详细讨论。

表 10.5 若干"语言"组成的 4×4 和 5×5 方阵

(a)由三种"语言"组成的 4×4 方阵

$A\alpha a$	$B\beta b$	$C\gamma c$	$D\delta d$
$B\gamma d$	$A\delta c$	$D\alpha b$	$C\beta a$
$C\delta b$	$D\gamma a$	$A\beta d$	$B\alpha c$
$D\beta c$	$C\alpha d$	$B\delta a$	$A\gamma b$

(b)由四种"语言"组成的 5×5 方阵

$A\alpha a 1$	$B\beta b 2$	$C\gamma c 3$	$D\delta d 4$	$E\varepsilon e 5$
$B\gamma d 5$	$C\delta e 1$	$D\varepsilon a 2$	$E\alpha b 3$	$A\beta c 4$
$C\varepsilon b 4$	$D\alpha c 5$	$E\beta d 1$	$A\gamma e 2$	$B\delta a 3$
$D\beta e 3$	$E\gamma a 4$	$A\delta b 5$	$B\varepsilon c 1$	$C\alpha d 2$
$E\delta c 2$	$A\varepsilon d 3$	$B\alpha e 4$	$C\beta a 5$	$D\gamma b 1$

于是在 5×5 的方阵中,任意一对"语言"构成一个正交拉丁方。例如,可以验证每一个希腊字母与一个数字的组合仅出现一次,并且每个数字和每个希腊字母在每一行、每一列均出现一次。

有关此类方阵的主要事实是,最多语言数目比方阵的阶数少一,并且当方阵的行数是质数*或质数的幂时,这个最多语言数目可以达到。也就是说,对于一个 3×3 的方阵,只能插入两种语言,即不可能超过正交拉丁方。对于 4×4 和 5×5 方阵,表 10.5 中的排列包含了

---

* 质数是指除了 1 和它本身之外,不能被其他自然数(0 除外)整除的自然数(例如,2、3、5、7、…)。

最多数目的语言。我们已经说过,不可能有 6×6 的正交拉丁方(两种语言)。对于 7×7、8×8 和 9×9 方阵,可以构造最多语言数为 6、7 和 8 的排列。

如上所述,这些方阵的直接应用很少见,以下基于一个著名的例子(Tippett,1934)。

例 10.4 在棉络纱过程中,发现五个纺锤之一的产品是有缺陷的,该缺陷的原因尚不清楚。但是,纺锤的四个组成部分可以互换,我们用四种符号表示它们,即

组成部分 Ⅰ: A, B, C, D, E

组成部分 Ⅱ: α, β, γ, δ, ε

组成部分 Ⅲ: a, b, c, d, e

组成部分 Ⅳ: 1, 2, 3, 4, 5

例如,组合 $B\gamma a5$ 指的是由 Ⅰ 型的第二种组件、Ⅱ 型的第三种组件、Ⅲ 型的第一种组件和 Ⅳ 型的第五种组件所组成的纺锤。

然后在每个纺锤上进行五次操作,组件的排列按照表 10.5(b)的随机形式进行。

假设组件的安排如下,导致缺陷产品的操作带有星号:

周期	纺锤	1号	2号	3号	4号	5号
1		$E\alpha d\,2$	$C\varepsilon b\,1$	$A\gamma e\,4$	$D\delta c\,5$	$B\beta a\,3\,*$
2		$C\gamma c\,3$	$A\delta a\,2$	$D\beta d\,1$	$Bab\,4$	$E\varepsilon e\,5$
3		$A\beta b\,5$	$D\alpha e\,3$	$B\varepsilon c\,2\,*$	$E\gamma a\,1$	$C\delta d\,4$
4		$D\varepsilon a\,4$	$B\gamma d\,5\,*$	$E\delta b\,3$	$C\beta e\,2$	$A\alpha c\,1$
5		$B\delta e\,1\,*$	$E\beta c\,4$	$C\alpha a\,5$	$A\varepsilon d\,3$	$D\gamma b\,2$

导致产品有缺陷的四次操作均具有类型 Ⅰ 的第二种 B,充分说明 B 是产生故障的原因。应注意,拉丁方性质可确保在每个纺锤和每个周期中都出现 B,这表明故障与纺锤或周期无关。同样,正交拉丁方性质可确保类型 Ⅱ、Ⅲ 和 Ⅳ 的每一种与 B 一起出现一次,如果不是这种情况,比方 B 与 γ 共同出现的频率很高,那么,就有可能是 γ 引起了故障。作为练习,读者可以分析其中原因,如果试验涉及定量测量,而不是定性观测具有较大缺陷的产品的出现,那么正交拉丁方的优势会更明显。

这是所谓的析因试验的部分重复的示例(参见 13.2 节)。假设有一个包含 6 个因子的系统,每个因子有 5 个水平,而一个完整系统的重复将需要 $5^6=15\,625$ 个观测值。其中,根据 $5^2=25$ 个观测值就有可能获得有关因子主效应的有用信息。

10.6 其他示例

在本节中,我们将介绍其他一些使用拉丁方和相关设计的示例,主要是为了指出拉丁方设计的其他应用领域。

例 10.5 Brunk 和 Federer(1953)讨论了市场研究中所精心设计的调查的一些实例,其中之一涉及定价、展示和包装苹果的各种做法对苹果销售量的影响。

在本系列的每个试验中,比较了四种销售实践 A、B、C 和 D,有四家超市参与。显然希望每家超市都使用到每个处理,所以明智的做法是试验持续时长周期取为 4 的倍数。于是,试验单元被分成 16 个一组,并按超市和按时段(即按时间顺序)分类。为了消除不同超市之间以及不同时段之间的系统性差异,宜使用一个 4×4 的拉丁方。但是,实际上,一周被分为两部分,

从星期一到星期四,以及星期五和星期六,并且对每个部分都建立了一个 4×4 的拉丁方。这是一个好方法,因为周末客户的杂货订单更大,试验的两个部分中处理差异很可能会不同。

表 10.6 显示了设计的结果。这是一个持续一周且比较四个处理的试验。实际上进行的是一系列此类试验:任何一周内检验的四个处理是部分地根据到当时为止获得的结果来选择的。

表 10.6　市场研究中的拉丁方设计

星期	商　店			
一周第一部分				
	1	2	3	4
一	B	C	D	A
二	A	B	C	D
三	D	A	B	C
四	C	D	A	B

星期	商　店			
一周第二部分				
	1	2	3	4
五,上午	B	A	C	D
五,下午	C	D	B	A
六,上午	A	B	D	C
六,下午	D	C	A	B

注:字母 A、B、C、D 表示"对苹果展示等操作"的四种可选方法。每个试验单元的观测结果是超市中每 100 位客户的苹果销售量。

与确定某些实际行动方案的试验有关的一个问题总是涉及试验条件与应用结果的条件相一致的程度。当前的设计类型不可避免地会造成试验条件与实际条件之间的差异是,商品销售实践会经常变化。从工业生产力方面的试验中可以很清楚地知道,仅仅是改变的发生就会对性能有影响,不过在这个案例中,即使总体的销售水平会受到很大影响,处理对比也不太可能会受到多大影响。Brunk 和 Federer 报告称对此进行了进一步的调查。

例 10.6 Vickery 等(1949)巧妙地将拉丁方应用于相同试验单元的选择上。在这项工作中,每个试验单元由五片叶子组成,问题不在于将处理分配给单元,而是形成五片叶子的集合,每个集合尽可能地彼此相同。

每株植物上有五个小叶位置,为了形成五个单元的小组,使用了五株植物。以下容易记住的拉丁方用于形成试验单元,每个罗马数字表示一组叶子以形成一个单元:

植物

小叶位置	1	2	3	4	5
1	I	II	III	IV	V
2	II	III	IV	V	I
3	III	IV	V	I	II
4	IV	V	I	II	III
5	V	I	II	III	IV

即,从第一株植物中依次去除五片叶子。同样地,从第二株植物中去除叶子:将第一片叶子与第一株植物的第二片叶子放在一起,将第二片叶子与第一株植物的第三片叶子放在一起,以此类推。第三、四、五株植物的处理过程相同,每次将错开一片。最后,可以得到五组叶子,每组叶子包含每株植物的一片,各个位置都有一片。因此,可以合理地预期,各组叶片的整体性质在组间变化很小,即,这些叶片组形成了用于对比处理的合适的试验单元集合。

Vickery 等用试验的方式表明,这种形成试验单元的方法相较于其他方法可以造成单元间较小的随机变异。在这种情况下,对拉丁方进行随机化是没有意义的,并且进行随机化确实也会使该方法不可行,因为要合理快速地完成叶子的分组,重要的是必须记住分组方法。

例 10.7 Davies(1945)使用正交拉丁方比较了在特定汽车上使用七种替代形式的汽油所达到的每加仑英里数(miles per gallon)*。每个测试都涉及在 20 英里(mile)(包括各种坡度)的固定路线上驾驶汽车。为了消除与驾驶员相关的可能偏差,我们使用了七个驾驶员,此外,为了消除与交通状况相关的可能影响,试验在一天的七个不同时段进行。因此,除了要比较的七种处理,我们还对试验单元进行了三种分类,即按驾驶员、按第几天和按一天中的时段分类。建议试验单元的双重分类使用拉丁方,三重分类使用正交拉丁方。

下面显示了一种可能的安排,是通过对表 10.2 中的计划加以随机化得到的:

一天中的时段

	1	2	3	4	5	6	7
第1天	G_4D_5	G_1D_3	G_3D_6	G_2D_4	G_6D_2	G_5D_7	G_7D_1
2	G_7D_6	G_4D_1	G_2D_2	G_6D_7	G_5D_3	G_1D_5	G_3D_4
3	G_6D_1	G_2D_5	G_1D_4	G_4D_2	G_7D_7	G_3D_3	G_5D_6
4	G_2D_3	G_3D_7	G_5D_1	G_1D_6	G_4D_4	G_7D_2	G_6D_5
5	G_1D_7	G_5D_2	G_7D_5	G_3D_1	G_2D_6	G_6D_4	G_4D_3
6	G_3D_2	G_7D_4	G_6D_3	G_5D_5	G_1D_1	G_4D_6	G_2D_7
7	G_5D_4	G_6D_6	G_4D_7	G_7D_3	G_3D_5	G_2D_1	G_1D_2

注:其中,$G_1,G_2,\cdots,G_7$ 代表七种汽油,$D_1,D_2,\cdots,D_7$ 代表七位驾驶员。

注意到每种汽油每天被使用一次、由每位驾驶员使用一次、在一天中的每个时段使用一次,以确保对比平衡。分析的观测结果是 20 mile 路程的汽油消耗量。

Menzler(1954)讨论了进行这类试验的其他方法。刚才讨论的设计会得到一组平均于驾驶员、第几天等方面的处理差异的估计。不过,可能有利的方法是在试验中纳入驾驶"策略"因子(即要达到的平均速度)并将该试验设置为析因试验,其目的之一是研究汽油差异与驾驶策略之间的交互效应。在试验中使用多辆汽车通常也是一件好事,以使结论具有更广泛的适用范围。

例 10.8 **假设在一个修复牙齿的试验中要比较 7 种处理,这些处理是使用不同材料的商业义齿且从不同角度进行安装。为了尽可能消除因患者之间的差异而造成的不同,每位患者要佩戴一种类型的义齿一个月,然后再佩戴另一种类型的义齿一个月,以此类推,直

---

* 1 mile≈1.61 km;1 美制加仑≈3.785 L。

** 感谢 B. G. Greenberg 博士对此例进行的描述。

到七个月后,每位患者都佩戴过了各种类型的义齿,即都接受过了各种处理。

在此过程中,结果很可能会出现时间趋势,因此明智的做法是安排每个处理在每个时间点使用的次数相同。这个平衡掉两种类型的变异(患者之间和时间之间的变异)的要求自然提示我们要使用拉丁方,对于 7 位患者,随机化之后可以得到以下设计:

	患者						
	1	2	3	4	5	6	7
1	T_5	T_4	T_3	T_7	T_2	T_6	T_1
2	T_7	T_6	T_4	T_1	T_3	T_5	T_2
3	T_6	T_3	T_2	T_5	T_1	T_4	T_7
月份 4	T_2	T_7	T_5	T_3	T_6	T_1	T_4
5	T_4	T_2	T_1	T_6	T_7	T_3	T_5
6	T_3	T_1	T_7	T_4	T_5	T_2	T_6
7	T_1	T_5	T_6	T_2	T_4	T_7	T_3

其中,$T_1, T_2, \cdots, T_7$ 表示七种可选的处理。

这 7 名患者一有机会就被纳入试验,即为试验开始后出现的前 7 名合适的患者。如果从一开始就知道很可能需要 7 名以上的患者才能获得所需的精度,那么使用 7 名患者的简单倍数将是理想的。假设有 21 名患者,则合理的是使用三个混合的拉丁方[参阅表 3.8(b)],即三个 7×7 的拉丁方,其 21 列完全随机化。

评估每种处理是否成功的量是一个称为咀嚼效率的指标,该指标基于在标准条件下咀嚼花生的能力。每次义齿安装后立即测量,一个月后再次测量。初始值和最终值量度了处理的不同方面,分别被加以分析和解释。

第 2 章的两个基本假设需要在此处进行特别讨论。这些假设是:处理差异是恒定的,且从一个试验单元到另一个试验单元没有处理效应的叠加。在该试验中,看起来很有可能处理差异以重要的方式依赖于患者的类型。对此主要可行的是尝试将各个患者的表观处理差异与患者的属性(例如他们以前使用义齿的经历)相关联。估计咀嚼效率中有多少变异是测量误差,即安排任一时间的测量值为重复测量的平均,也将是有利的。

另外,关于处理效应的叠加,可以部分地通过设计的详细阐述来解决(见第 13 章);或者,对数据的查看可能表明效应实际上并不重要抑或可以对其进行一些简单的校正。

概　要

拉丁方是 $n \times n$ 方阵中 n 个字母的排列,使得每个字母在每一行中出现一次、在每一列中出现一次。本章给出了这种方阵的列表以及关于随机化的说明。

正交拉丁方是 $n \times n$ 方阵中成对的、分别来自两种语言中各 n 个字母的排列方式,每种语言分别形成一个拉丁方,一种语言的每个字母与另一种语言的每个字母一起出现仅一次。对于实际感兴趣的 n 值,除了 n 为 6 外均存在正交拉丁方,已给出列表。至于 n 等于 6 的情况,偶尔会使用一些具有正交拉丁方性质的特殊安排。

本章还简单介绍了具有两种以上语言的方阵。

　　当通过两种方式对试验单元进行交叉分类时，拉丁方可能会很有用；当通过三种方式对试验单元进行交叉分类时，正交拉丁方可能会很有用。在所有情况下，如果设计以未经修改的形式使用，则每个分类的水平数应等于处理数以及每个处理的单元数。

参 考 文 献

Brunk, M. E., and W. T. Federer. (1953). Experimental designs and probability sampling in marketing research. *J. Am. Statist. Assoc.*, 48, 440.

Davies, H. M. (1945). The application of variance analysis to some problems of petroleum technology. London: Publication of Inst of Petroleum.

Finney, D. J. (1945). Some orthogonal properties of the 4×4 and 6×6 Latin squares. *Ann. of Eugenics*, 12, 213.

Mann, H. B. (1950). *Analysis and design of experiments*. New York: Dover.

Menzler, F. A. A. (1954). The statistical design of experiments. *Brit. Transport Rev.*, 3, 49.

Tippett, L. H. C. (1934). Applications of statistical methods to the control of quality in industrial production. *Manchester Statistical Society*.

Vickery, H. B., C. S. Leavenworth, and C. I. Bliss. (1949). The problem of selecting uniform samples of leaves. *Plant Physiology*, 24, 335.

第 11 章

不完全非析因设计

11.1 引言

本章我们将分析的试验,要么没有将处理安排成析因形式,要么其析因结构并不重要。也就是说,假设我们有一组处理,任何一对处理都可能需要进行对比。

在第 3 章及其之后的章节中,我们不断说明了随机区组和拉丁方原则作为提高精度方法的重要性,其思想是将试验单元分组为预期具有相似行为的集合。在对这些方法的整个讨论过程中都假设,区组或拉丁方的行、列都包含足够多的试验单元,使得每个处理在每个区组或行、列中至少出现一次。现在假设情况并非如此,例如,处理数量超过了每个区组最合适的试验单元数量。

下面通过一个例子说明发生困难的情况。假设非常希望能消除两天之间的差异,一天中最多可以处理三个试验单元,我们有五个处理。表 11.1 给出了在这种情况下一个有用的设计。很明显,这里简单形式的随机区组设计是没有用的,因为我们不能使每个处理在每个区组中都出现一次。实际上,表 11.1 是所谓的平衡不完全区组设计的示例。

表 11.1 三个单元构成的区组中对五个处理的简单平衡不完全区组设计

第 1 天	T_4	T_5	T_1
第 2 天	T_4	T_2	T_5
第 3 天	T_2	T_4	T_1
第 4 天	T_5	T_3	T_1
第 5 天	T_3	T_4	T_5
第 6 天	T_2	T_3	T_1
第 7 天	T_3	T_1	T_4
第 8 天	T_3	T_5	T_2
第 9 天	T_2	T_3	T_4
第 10 天	T_5	T_1	T_2

注:这些天内的处理顺序已经随机化。

例如,假设第一天的所有结果都很高,在一个普通的随机区组试验中,所有处理都会受到同等的影响,因此处理均值之间的差异将不受影响。而在这里情况并非如此,处理 4、5 和 1 的增量是其他处理所没有的。结果是,如果想要实现区组效应的消除,则不应基于处理均值来估计处理差异。必须针对未出现特定处理的区组效应来调整每个处理的均值。在这种情况下选择一个设计的问题是如何安排而使其能够满足以下要求之一:

（a）所产生的处理效应估计具有尽可能高的精度；

（b）刚才提到的调整能够尽可能简单地进行；

（c）以几乎相同的精度进行具有同等实际重要性的处理对比。

幸运的是，这些要求可以同时得到满足。

一般地，如果将试验单元分为区组，目的是消除区组之间的差异，并且每个区组中的单元数少于处理数，则我们将试验安排称为**不完全区组设计**（incomplete block design）。

如果在表 11.1 所示的例子中，我们还希望从处理对比的误差中消除与区组（一天中的时段）内的顺序相关的任何系统性影响，则应该需要一个类似于拉丁方的不完全设计。11.3 节和 11.5 节中分析了这种采用双向消除误差的设计。

本章的总体安排为，在 11.2 节中相当完整地描述不完全区组设计的最简单类型；11.3 节给出对误差进行双向控制的最简单设计类型的相应说明；11.4 节和 11.5 节给出对一些偶尔有用的更复杂设计的简短概述。

11.2　平衡不完全区组设计

（i）概况

最简单、最重要的不完全区组设计类型具有以下性质：

（a）每个区组包含相同数量的单元；

（b）每个处理总共出现相同的次数；

（c）如果我们使用任意两个处理并计算它们在同一区组中一起出现的次数，则所有成对处理都得到相同的计数。

因此，在表 11.1 的布置中，每个区组包含三个单元，每个处理出现六次。此外，两个处理，比如说 T_2 和 T_5，在区组 2、8 和 10 中一起出现，即出现三次。类似地可以发现任何其他的两种处理都是仅同时出现在三个区组中。因此，这个案例满足条件（a），（b）和（c）。满足条件的任何不完全区组设计都称为**平衡不完全区组**（balanced incomplete block）设计。

如果我们打算在特定情况下使用这种设计，则应关注四个数量，即处理的数量、每个处理出现的次数（重复的数量）、区组的数量和每个区组内试验单元的数量。现在试验单元的总数等于

$$处理的数量 \times 每个处理的重复数量 = t \times r \qquad (11.1)$$

也等于

$$区组的数量 \times 每个区组内试验单元的数量 = b \times k \qquad (11.2)$$

因此，式（11.1）和式（11.2）须相等。也就是说，只能独立分配上述四个数量中的三个，再由它们确定第四个。例如在表 11.1 中，$t=5$，$r=6$ 且 $b=10$，$k=3$，因此 $t \times r = b \times k = 30$。

选择设计的问题常常通过以下方式出现：我们要研究一定数量的处理，希望使用的区组中每个区组包含的单元数都不超过一定的数量，关于试验的总规模存在一些可能含糊不清的限制。如果成对处理的所有对比都具有大致相同的重要性，并且每个区组的最大单元数少于处理的数目，那么使用平衡不完全区组设计似乎很自然，但是也可能对于第一组 t、r、b 和 k 的取值就不存在平衡不完全区组设计。例如，若是不满足上面讨论的等式 $tr=bk$，

则不可能存在平衡不完全区组设计。但是，即使满足方程式也可能不存在此类设计。因此，我们需要一个简洁的表格来显示何时确实存在平衡不完全区组设计，以及一些表格来显示设计的实际形式。这些将在下一部分中讨论。

（ii）设计的存在和形式

表 11.2 列出了 t、b、k、r 的取值，对于这些值存在着具有普遍实际意义的平衡不完全区组设计。表中未包含的设计对应于 150 个以上单元的试验，并且可能仅仅在特殊类型的应用中才需要用到。

表 11.2　不超过 150 个试验单元的平衡不完全区组设计索引

每区组单元数,k	处理数,t	区组数,b	重复数,r	单元总数,$bk=rt$	说明及注释
2	3	3	2	6	unr. * ; Y^+
2	4	6	3	12	unr.
2	5	10	4	20	unr.
2	任意 t	$\frac{1}{2}t(t-1)$	$(t-1)$	$t(t-1)$	unr.
3	4	4	3	12	unr. ; Y
3	5	10	6	30	unr.
3	6	10	5	30	
3	6	20	10	60	unr. ; res.$^{++}$
3	7	7	3	21	Y
3	9	12	4	36	res.
3	10	30	9	90	
3	13	26	6	78	
3	15	35	7	105	res.
4	5	5	4	20	unr. ; Y
4	6	15	10	60	unr.
4	7	7	4	28	Y
4	8	14	7	56	res.
4	9	18	8	72	
4	10	15	6	60	
4	13	13	4	52	Y
4	16	20	5	80	res.
5	6	6	5	30	unr. ; Y
5	9	18	10	90	
5	10	18	9	90	
5	11	11	5	55	Y
5	21	21	5	105	Y
5	25	30	6	150	res.
6	7	7	6	42	unr. ; Y
6	9	12	8	72	
6	10	15	9	90	
6	11	11	6	66	Y
6	16	16	6	96	Y
6	16	24	9	144	

每区组单元数,k	处理数,t	区组数,b	重复数,r	单元总数,$bk = rt$	说明及注释
7	8	8	7	56	unr. ; Y
7	15	15	7	105	Y
8	9	9	8	72	unr. ; Y
8	15	15	8	120	Y
9	10	10	9	90	unr. ; Y
9	13	13	9	117	Y
10	11	11	10	110	unr. ; Y
11	12	12	11	132	unr. ; Y

　* unr. 表示非简约(unreduced)。

$^{+}$ Y 表示存在相应的尧敦方(Youden square,11.3 节)。

$^{++}$ res. 意味着可分解(resolvable)。

Cochran 和 Cox(1957,9.6 节)提供了更完整的设计索引。

现在给出使用此表的一些示例。

例 11.1　在比较多种用于家用洗碗碟的洗涤剂的试验中使用了以下方法(Pugh,1953)。为了获得一系列均匀的试验单元,将工厂食堂中盛装过一道菜的一堆盘子分成几组。然后将每组盘子在标准温度下使用水和控制用量的一种洗涤剂进行洗涤,观测结果是泡沫减少至薄薄的表面一层之前洗涤的盘子数的对数。盛装过一道菜的盘子组成一个区组,一个区组的洗涤由一个人完成。于是,试验条件在一个区组内尽可能恒定。不同的区组可能由以不同方式弄脏的盘子组成,并由不同的人进行清洗。

现在已知一个区组中用到的盘子数量是有限的,并且通常只允许完成 4 个测试,即每个区组有 4 个试验单元的限制。假设需要比较 8 个处理。表 11.2 显示存在一个平衡不完全区组设计,每个区组有 4 个单元($k=4$)并有 8 个处理,需要 56 个试验单元,每个处理进行 7 次,这是自然首先要考虑的设计。

如果考虑到可用资源和所需精度,这似乎是一个合理的试验规模,于是可以确定要使用的设计。如果希望获得更高的精度,则可以使用基本设计的两个或多个完整重复。如果认为基本设计规模太大,则可以尝试以下多种可能的考虑:

(a) 有时候,如果我们添加一个或多个其他处理,将能找到更合适的设计。在当前情况下,具有 9 个和 10 个处理的设计所涉及的单元数量不少于具有 8 个处理的设计,因此这个方法不可行。

(b) 经常发生的情况是,如果省略一个或多个处理,则存在一个近似所需规模的设计。因此,在当前情况下,如果省略一个处理,共 7 个处理,则可以使用一个仅需 28 个试验单元的设计。在许多调查中,包含处理的数量是颇为任意的,并且试验中排除的处理总是可以在研究的后期接着加以检查。(在其他情况下,为了获得简单的设计而遗漏重要的调查元素是非常不应该的。)

(c) 我们可以在每个区组中使用少于 4 个单元,即**最大**(maximum)数。表 11.2 中没有每个区组 3 个单元共 8 个处理的设计,不过确实存在针对 7 个和 9 个处理的潜在合适设计。我们将在对这种试验结果的分析的讨论中看到,对于指定数量的处理,每区组包含的单元数应与保持区组内试验条件均匀一致的个数一样多。因此,如果可能的话,最好每区组使用 4 个单元。

(d) 我们可能会放弃使用平衡不完全区组设计的想法。在不关心分析复杂性的试验中,我们可以使用 11.4 节中介绍的更复杂的部分平衡设计之一。或者,如果试验能简单进行安排是非常重要的,那么我们可能不得不放弃这种分区组系统,使用具有更多试验单元的区组,并接受由此导致的任何精度损失。

这些考虑是选择平衡不完全区组设计所涉及的典型代表。

由表 11.2 得出的一般性结论有两个。首先,除非我们可以进行大型试验,否则对于较大的 k 值(每个区组的单元数),很难存在平衡不完全区组设计。其次,对于较小的 k 值,大多数处理个数 t 值都存在平衡不完全区组设计,但即使如此,单元总数的可能值也是有限的。

接下来,我们必须考虑设计的形式。表 11.2 中用 unr. 表示非简约的那些设计是通过从全部 t 个处理的集合中抽取所有可能的 k 子集,每个子集形成一个区组而得到的。因此,当 $k=3$,$t=5$ 时,我们可以通过系统地写下从 $T_1, T_2, \cdots, T_5$ 中选择三个处理的所有方式来形成设计。得到

$$
\begin{array}{cccccc}
T_1 & T_2 & T_3 & \quad T_1 & T_4 & T_5 \\
T_1 & T_2 & T_4 & \quad T_2 & T_3 & T_4 \\
T_1 & T_2 & T_5 & \quad T_2 & T_3 & T_5 \\
T_1 & T_3 & T_4 & \quad T_2 & T_4 & T_5 \\
T_1 & T_3 & T_5 & \quad T_3 & T_4 & T_5
\end{array}
$$

最后一步是通过随机排列这些区组,在每个区组中随机重新排列三种处理并随机编号来使该设计随机化,这将导致如表 11.1 所示的排列。

在其他情况下,构造方法更加复杂,并出现了有趣的数学问题(Mann,1949)。但是,实际工作者不需要关心这些,在大多数情况下都可以得到类似表 11.3 中所给出的安排。这里列出的是较小规模的设计,Cochran 和 Cox 给出了更完整的表(1957,第 11 章)。使用前,应将表中给出的安排随机化。

表 11.2 和表 11.3 中将某些设计标记为**可分解**(resolvable)。这意味着可以将这些区组分为几类,每个处理在每类中仅出现一次。在某些情况下,这样会使得精度提高,所以只要能选择,就应优先使用可分解的设计,而不是不可分解的设计。

例 11.2 Wadley(1948)在牛的关于对比过敏原的制备方法的工作中使用了平衡不完全区组设计。牛的结核病可以通过向皮肤注射适当的过敏原并观测其产生的增厚来诊断。在比较过敏原的试验中,每种过敏原的观测值是产生 3 mm 增厚所需的对数浓度,通过对四种不同浓度下观测到的增厚值进行插值来估计。

在 Wadley 的试验中,要比较的是 16 种过敏原。每头奶牛有 4 个主要区域,每个区域可进行约 16 次注射。这表明是将每个区域作为一个区组,每个区组中有 4 种过敏原制剂,每种制剂以 4 种浓度使用,因此每个区组中进行 16 次注射。如果没有针对这种情况的合适设计,那么自然要考虑每个区域是否应包含 5 种制剂(20 次注射)。

因此我们检查了表 11.2 中每区组 4 个单元的部分,发现确实存在采用 16 个处理、5 次重复的设计。此外,这个设计是可分解的,即分为 5 个独立的部分,每个部分 4 个区组,并且每个处理在每个部分中出现一次(参见表 11.3)。于是可以方便地对 5 例结核菌素敏感的奶牛进行试验,每只奶牛进行一次处理,每只奶牛有 4 个区组(区域),在每个区组上进行 16

次注射。在 Wadley 的试验中,有 10 头奶牛可供使用,因此使用了上述设计的两组独立重复。

表 11.3 不是非简约的且不符合尧敦方的较小规模的平衡不完全区组设计的详细信息

(a) $k=3,t=6$ $b=10,r=5$	(1,2,5) (1,4,5) (3,5,6)	(1,2,6) (2,3,4) (4,5,6)	(1,3,4) (2,3,5)	(1,3,6) (2,4,6)	
(b) $k=3,t=9$ $b=12,r=4$	Repl Ⅰ Repl Ⅱ Repl Ⅲ Repl Ⅳ	(1,2,3) (1,4,7) (1,5,9) (1,8,6)	(4,5,6) (2,5,8) (7,2,6) (4,2,9)	(7,8,9) (3,6,9) (4,8,3) (7,5,3)	
(c) $k=3,t=10$ $b=30,r=9$	(1,2,3) (1,5,7) (1,9,10) (2,5,9) (3,4,7) (3,8,9) (4,6,9) (6,7,10)	(1,2,4) (1,6,8) (2,3,6) (2,6,7) (3,4,8) (3,9,10) (4,7,8) (6,8,9)	(1,3,5) (1,7,9) (2,4,10) (2,7,9) (3,5,6) (4,5,9) (5,6,10)	(1,4,6) (1,8,10) (2,5,8) (2,8,10) (3,7,10) (4,5,10) (5,7,8)	
(d) $k=3,t=13$ $b=26,r=6$	(1,2,3) (1,10,11) (2,6,11) (3,5,10) (4,6,10) (5,7,12) (8,10,13)	(1,4,5) (1,12,13) (2,7,10) (3,6,12) (4,7,13) (5,9,11) (9,10,12)	(1,6,7) (2,4,9) (2,8,12) (3,7,9) (4,11,12) (6,9,13)	(1,8,9) (2,5,13) (3,4,8) (3,11,13) (5,6,8) (7,8,11)	
(e) $k=3,t=15$ $b=35,r=7$	Repl Ⅰ Repl Ⅱ Repl Ⅲ Repl Ⅳ Repl Ⅴ Repl Ⅵ Repl Ⅶ	(1,2,3) (1,4,5) (1,6,7) (1,8,9) (1,10,11) (1,12,13) (1,14,15)	(4,8,12) (2,8,10) (2,9,11) (2,13,15) (2,12,14) (2,5,7) (2,4,6)	(5,10,15) (3,13,14) (3,12,15) (3,4,7) (3,5,6) (3,9,10) (3,8,11)	(6,11,13) (7,9,14) (6,9,15) (7,11,12) (4,10,14) (5,8,13) (5,11,14) (6,10,12) (4,9,13) (7,8,15) (4,11,15) (6,8,14) (5,9,12) (7,10,13)
(f) $k=4,t=8$ $b=14,r=7$	Repl Ⅰ Repl Ⅱ Repl Ⅲ Repl Ⅳ Repl Ⅴ Repl Ⅵ Repl Ⅶ	(1,2,3,4) (1,2,7,8) (1,3,6,8) (1,4,6,7) (1,2,5,6) (1,3,5,7); (1,4,5,8);	(5,6,7,8) (3,4,5,6) (2,4,5,7) (2,3,5,8) (3,4,7,8) (2,4,6,8) (2,3,6,7)		
(g) $k=4,t=9$ $b=18,r=8$	(1,2,3,4) (1,4,6,8) (2,3,8,9) (2,5,6,8) (3,6,7,8)	(1,2,5,6) (1,3,6,9) (2,4,5,9) (3,5,8,9) (4,5,7,8)	(1,2,7,8) (1,4,8,9) (2,6,7,9) (4,6,7,9)	(1,3,5,7) (1,5,7,9) (2,3,4,7) (3,4,5,6)	

(h) $k=4,t=10$	(1,2,3,4)	(1,2,5,6)	(1,3,7,8)	(1,4,9,10)	
$b=15,r=6$	(1,5,7,9)	(1,6,8,10)	(2,3,6,9)	(2,4,7,10)	
	(2,5,8,10)	(2,7,8,9)	(3,5,9,10)		
	(3,6,7,10)	(3,4,5,8)	(4,5,6,7)	(4,6,8,9)	
(i) $k=4,t=16$	Repl Ⅰ	(1,2,3,4)	(5,6,7,8)	(9,10,11,12)	(13,14,15,16)
$b=20,r=5$	Repl Ⅱ	(1,5,9,13)	(2,6,10,14)	(3,7,11,15)	(4,8,12,16)
	Repl Ⅲ	(1,6,11,16)	(5,2,15,12)	(9,14,3,8)	(13,10,7,4)
	Repl Ⅳ	(1,14,7,12)	(13,2,11,8)	(5,10,3,16)	(9,6,15,4)
	Repl Ⅴ	(1,10,15,8)	(9,2,7,16)	(13,6,3,12)	(5,14,11,4)
(j) $k=5,t=9$	(1,2,3,5,9)	(1,2,3,7,8)	(1,2,4,6,8)		
$b=18,r=10$	(1,2,5,6,8)	(1,2,6,7,9)	(1,3,4,5,6)		
	(1,3,4,5,7)	(1,3,6,7,9)	(1,4,5,8,9)		
	(1,4,7,8,9)	(2,3,4,6,9)	(2,3,4,7,8)		
	(2,3,5,8,9)	(2,4,5,6,7)	(2,4,5,7,9)		
	(3,4,6,8,9)	(3,5,6,7,8)	(5,6,7,8,9)		
(k) $k=5,t=10$	(1,2,3,4,5)	(1,2,3,6,7)	(1,2,4,6,9)		
$b=18,r=9$	(1,2,5,7,8)	(1,3,6,8,9)	(1,3,7,8,10)		
	(1,4,5,6,10)	(1,4,8,9,10)	(1,5,7,9,10)		
	(2,3,4,8,10)	(2,3,5,9,10)	(2,4,7,8,9)		
	(2,5,6,8,10)	(2,6,7,9,10)	(3,4,6,7,10)		
	(3,4,5,7,9)	(3,5,6,8,9)	(4,5,6,7,8)		
(l) $k=5,t=25$	Repl Ⅰ	(1,2,3,4,5)	(6,7,8,9,10)	(11,12,13,14,15)	
$b=30,r=6$		(16,17,18,19,20)	(21,22,23,24,25)		
	Repl Ⅱ	(1,6,11,16,21)	(2,7,12,17,22)	(3,8,13,18,23)	
		(4,9,14,19,24)	(5,10,15,20,25)		
	Repl Ⅲ	(1,7,13,19,25)	(21,2,8,14,20)	(16,22,3,9,15)	
		(11,17,23,4,10)	(6,12,18,24,5)		
	Repl Ⅳ	(1,12,23,9,20)	(16,2,13,24,10)	(6,17,3,14,25)	
		(21,7,18,4,15)	(11,22,8,19,5)		
	Repl Ⅴ	(1,17,8,24,15)	(11,2,18,9,25)	(21,12,3,19,10)	
		(6,22,13,4,20)	(16,7,23,14,5)		
	Repl Ⅵ	(1,22,18,14,10)	(6,2,23,19,15)	(11,7,3,24,20)	
		(16,12,8,4,25)	(21,17,13,9,5)		
(m) $k=6,t=9$	(1,2,3,4,5,6)	(1,2,3,7,8,9)	(1,2,4,5,7,8)		
$b=12,r=8$	(1,2,4,6,8,9)	(1,2,5,6,7,9)	(1,3,4,5,8,9)		
	(1,3,4,6,7,9)	(1,3,5,6,7,8)	(2,3,4,5,7,9)		
	(2,3,4,6,7,8)	(2,3,5,6,8,9)	(4,5,6,7,8,9)		
(n) $k=6,t=10$	(1,2,4,5,8,9)	(5,6,7,8,9,10)	(2,4,5,6,9,10)		
$b=15,r=9$	(1,2,4,6,7,8)	(3,4,7,8,9,10)	(2,3,4,6,8,10)		
	(1,2,6,7,9,10)	(1,3,5,6,8,9)	(1,2,3,8,9,10)		
	(2,3,4,5,7,9)	(1,4,5,7,8,10)	(1,2,3,5,7,10)		
	(2,3,5,6,7,8)	(1,3,4,5,6,10)	(1,3,4,6,7,9)		

(o) $k=6, t=16$	(1,2,5,6,11,12)	(1,2,7,8,13,14)
$b=24, r=9$	(1,2,9,10,15,16)	(1,3,5,7,10,12)
	(1,3,6,8,13,15)	(1,3,9,11,14,16)
	(1,4,5,8,10,11)	(1,4,6,7,13,16)
	(1,4,9,12,14,15)	(2,3,5,8,14,15)
	(2,3,6,7,9,12)	(2,3,10,11,13,16)
	(2,4,5,7,14,16)	(2,4,6,8,9,11)
	(2,4,10,12,13,15)	(3,4,5,6,15,16)
	(3,4,7,8,9,10)	(3,4,11,12,13,14)
	(5,6,9,10,13,14)	(5,7,9,11,13,15)
	(5,8,9,12,13,16)	(6,7,10,11,14,15)
	(6,8,10,12,14,16)	(7,8,11,12,15,16)

注：通过排列区组（重复）内和区组内的数字并通过将数字随机分配给处理来进行随机化。表 11.2 中用 Y 标记的设计是由表 11.5 中的尧敦方设计得到的。

在这种情况下，可分解性的部分优势是可能提高上述精度，这将在 11.3 节中做出解释；还有一部分优势是，如果不同奶牛的处理效应有所不同，则可以估计出试验中奶牛的平均效应。

（iii）观测值的分析

（i）已经解释了结果分析中涉及的一般思想，对特定处理的所有观测结果的平均值根据未使用该处理的区组效应进行调整。残差标准差的估计很简单，但是对此计算的解释有些超出了本书的范围，因此这里不再给出，请参阅文献（Cochran, Cox, 1957, 11. 55 节）。为了估计处理效应本身，可使用以下示例的方法。

例 11.3 假设在表 11.1 的试验中获得了以下观测结果：

区组总和

			区组总和
T_4 4.43	T_5 3.16	T_1 1.40	8.99
T_4 5.09	T_2 1.81	T_5 4.54	11.44
T_2 3.91	T_4 6.02	T_1 3.32	13.25
T_5 4.66	T_3 3.09	T_1 3.56	11.31
T_3 3.66	T_4 2.81	T_5 4.66	11.13
T_2 1.60	T_3 2.13	T_1 1.31	5.04
T_3 4.26	T_1 3.86	T_4 5.87	13.99
T_3 2.57	T_5 3.06	T_2 3.45	9.08
T_2 3.31	T_3 5.10	T_4 5.42	13.83
T_5 5.53	T_1 4.46	T_2 3.94	13.93
			111.99

我们首先计算每个区组上观测值的总和，结果在观测值的右边给出。然后在下表中找到处理总和，17.91 是处理 T_1 的 6 个观测值的总和。

	处理总和	处理出现的 区组总和	调整后的 处理总和	调整后的 处理均值	未调整的 处理均值
T_1	17.91	66.51	−12.78	2.88	2.98
T_2	18.02	66.57	−12.51	2.90	3.00
T_3	20.81	64.38	−1.95	3.60	3.47
T_4	29.64	72.63	16.29	4.82	4.94
T_5	25.61	65.88	10.95	4.46	4.27
	111.99	335.97	0.00		

总体均值 3.73

接下来,对于每种处理,我们找到出现了该处理的所有区组的区组总和。因此,对于处理 1,66.51 是区组 1、3、4、6、7 和 10 的区组总和。(此列的总和为前一列的总和乘以每个区组中的单元数。)

然后,计算调整后的处理总和:

$$每区组中单元数 \times 处理总和 - 相关的区组总和$$

即,对于处理 1,为 $3 \times 17.91 - 66.51 = -12.78$。该列数字总和为零。

最后,可得调整后的处理均值为

$$调整后的处理总和 \times \frac{处理个数 - 1}{单元总个数 \times (每区组中单元数 - 1)} + 原始观测值的总体均值$$

这些在倒数第二列给出。为了进行对比,最后一列给出了未经调整的处理均值,是将处理总和除以重复次数,这里为 6 次。实际上,此处分析的数据是人为构造的,使得 T_2、T_3、T_4、T_5 与 T_1 的真正差异是 $\frac{1}{2}$、1、$1\frac{1}{2}$、2。就目前这个案例而言,调整已经改善了估计结果。

刚刚给出的公式可以通过两种方式得到。第一,可以使用一般性的最小二乘方法来得到该公式。最小二乘方法是用于在某些类型的情况下获得最大精度估计的一种理论技术。第二,假设从直觉上认为特定处理的最终估计显然一定是以下各项的线性组合:(a)总体均值;(b)该处理的观测值总和(或平均);(c)处理出现(或未出现)的区组总和。然后一些基础的代数运算可以表明,当存在任意区组差异、任意处理差异以及每个区组内存在零随机变异时,以上公式是能给出一致答案的唯一公式。

在前几章的较简单的试验中,两个处理之间的估计差异的标准误差为

$$\sqrt{\frac{2}{每个处理的观测数}} \times 残差标准差 \qquad (11.3)$$

实际上,在平衡不完全区组设计中,标准误差大于由式(11.3)计算的值,这是由于为校正区组效应而进行的调整所导致的误差。通常用以下形式表示差异的标准误差:

$$\frac{式(11.3)}{\sqrt{效率因子}} \qquad (11.4)$$

其中,效率因子等于

$$\frac{处理个数 \times (每区组中单元数 - 1)}{(处理个数 - 1) \times 每区组中单元数} \qquad (11.5)$$

在本例中,为 $(5 \times 2)/(4 \times 3) = 5/6$。效率因子的解释将在下面讨论。

我们通过估计残差标准差来完成分析,此过程这里并未说明,其值为 0.75,于是两个调整后的处理之间的差异的标准误差为 $\sqrt{2/6}\times0.75\times\sqrt{6/5}=0.47$。因此,真实差异的不确定性的大约 95% 的上下限是估计差异加上或减去 0.94。

效率因子的一般性解释如下。两个处理之间的估计差异的标准误差由式(11.4)给出。如果不使用以上的分区组系统,而是采用相同数量的单元形成普通的随机分区组设计,每个处理在每个区组中均出现一次,则标准误差由式(11.3)给出,其中标准差将在大规模的区组内部得以量度。使用平衡不完全区组设计的要点是,人们期望实现标准差的显著降低。如果实际上没有实现这种降低并且两种设计中的标准差相同,则公式表明:

$$\binom{\text{不完全区组设计}}{\text{的标准误差}}=\frac{1}{\sqrt{\text{效率因子}}}\times\binom{\text{随机区组设计}}{\text{的标准误差}}$$

本例中,乘积因子为 $\sqrt{1.2}=1.1$。就是说,如果我们使用不完全区组设计并且没有因此降低标准差,那么不确定性范围的宽度将增加 10%。为了使不完全设计具有优势,我们必须至少将标准差降低 10%。[*]

效率因子通常可以表明使用不完全设计且没有降低残差标准差所导致的损失。对于平衡不完全区组设计,当每个区组中的单元数较少且处理个数较多时,效率因子最小。于是,每个区组中有两个单元且处理个数很多时,效率因子为 1/2。当处理个数并未远远超过每个区组中的单元数时,或者当每个区组中的单元数很多时,效率因子接近于 1。

如果效率因子大约小于 0.85,并且区组的数量大约超过 10,则可以使用更复杂的分析方法,使得任何可能的精度损失与随机区组设计相比较小。该方法基于以下思想:如果区组之间的差异不太大,则区组总和将包含有关处理效应的一定量的信息。前面提到的教科书中介绍了一种称为区组间信息恢复的方法,使用该方法可以使设计具有可分解的优点。

11.3　双向消除误差的不完全设计

(i) 概况

在 11.2 节中,我们分析了不完全设计,其中消除了区组之间的变异,这些设计类似于随机区组设计。本节介绍对应于拉丁方的设计,其中以两种方式对单元进行分类,类似于拉丁方的行和列。当一个方向上的容许单元数量少于处理数量时,或者当两个方向上的容许单元数量少于处理数量时,就需要用到不完全设计。下面将分别针对这两种情况进行分析。

(ii) 尧敦方

举例来说,假设有一个试验,希望将 7 种处理放在一个 7×7 的拉丁方中,以消除一天中的不同时段和一周中的某一天,或不同时段和不同设备之间的影响等。同样假设可以将单元安排为七"行"(一周中的某一天),但是要有(比如说)四个以上的"列"(一天内的时段)是不切实际的。于是自然的做法是安排每个处理在每一列中出现一次,使得行具有平衡不完

---

[*]　这忽略了由于残差自由度的变化而引起的差异。

全区组设计的性质。这种设计称为尧敦方。

表 11.4 列出了随机化后的这种安排。检查每个处理是否在每列中出现一次,以及每对处理是否在同一行中一起出现两次。实际上,这七行可以视为以特殊顺序记下的平衡不完全区组设计的区组 $r=k=4,t=b=7$。

表 11.4 尧敦方的例子

T_7	T_1	T_2	T_5
T_5	T_6	T_7	T_3
T_1	T_2	T_3	T_6
T_6	T_7	T_1	T_4
T_4	T_5	T_6	T_2
T_3	T_4	T_5	T_1
T_2	T_3	T_4	T_7

尧敦(Youden)最初提出这种设计(Youden,1937)时给出了该设计如何在实践中使用的更具体的示例。

例 11.4 Youden 曾对烟草花叶病毒进行温室试验。一片叶子形成了一个试验单元,观测结果是通过用含病毒的溶液摩擦而在叶子上产生的病变数量。经验表明,不受控制的变异的主要来源是植物之间的差异,每株植物的响应从顶部朝下到底部也呈稳定变化的趋势。

通常建议使用拉丁方来控制两种类型的变异,但是当用于比较的处理数量超过了每株植物的叶片数量时,就会遇到上述困难。对于每株植物有四片叶子以及七种处理方法的情况,表 11.4 的安排是合适的,每行代表一种对植物的处理方法,四列代表从上到下的叶子。

如果认为从一个这样的尧敦方提供的数据不能达到足够的精度,则设计将重复进行所需的次数,每次都重新随机化。

例 11.5 Durbin(1951)给出了尧敦方的一个重要应用。在某些类型的心理学和社会学研究以及其他领域中,观测者有必要按优先顺序对许多对象进行排序。如果要排序的对象数量庞大,那么一次要显示超过某个极限数量的对象来进行比较将是不理想的。合理的做法是根据平衡不完区组设计将对象划分为区组,并依次将呈现在一个区组中的对象进行排序。在整个试验中,任一对象都与其他每个对象进行总共次数相同的比较。

进一步假设在进行排序时,首先给观测者一个对象,然后再给另一个对象,以此类推,直到检查完该区组中的所有对象为止。这样,安排每个试验对象以相同的次数以每个位次进入试验是合理的,可以通过使用尧敦方来实现。

例如,如果有七个对象 $T_1,T_2,\cdots,T_7$,并且希望一次只检查四个,那么表 11.5 的设计(b)将在随机化之前给出:

		组					
呈现顺序	1	2	3	4	5	6	7
第 1 个对象	T_1	T_2	T_3	T_4	T_5	T_6	T_7
第 2 个对象	T_3	T_4	T_5	T_6	T_7	T_1	T_2
第 3 个对象	T_4	T_5	T_6	T_7	T_1	T_2	T_3
第 4 个对象	T_5	T_6	T_7	T_1	T_2	T_3	T_4

可以由不同的观测者或同一观测者在不同的时段检查不同的组。观测结果将包括(例如)：在组 1 中，T_4 最优(等级 1)，然后是 T_5(等级 2)，然后是 T_1(等级 3)，最后是 T_3(等级 4)，以此类推。Durbin 讨论了对此类观测的分析，第一步是计算每个对象的平均等级。

仅在有限的情况下才能构造出尧敦方，实际上是只有存在表 11.2 中所示的平衡不完全区组设计时，其中，数 k 等于数 r 等于所需的列数，数 t 等于数 b 等于所需的处理数。这些情形在表 11.2 的最后一栏中以 Y 标记。

对应于表 11.2 中 $k=t-1$ 的非简约设计的尧敦方是通过省略一个 $t \times t$ 的拉丁方的最后一列来构造的。例如，如果写出一个 5×5 的拉丁方，省略最后一列，就会得到一个包含五行、四列和五个处理的设计，那么读者应该通过检查每个处理是否在每一列中出现一次、每对处理在同一行中出现的次数相同(三次)来验证它是否形成了一个尧敦方。

表 11.5 列出了其他的尧敦方。Cochran 和 Cox(1957 年，第 13 章)给出了每个重复需要超过 150 个试验单元的其他一些尧敦方。

表 11.5 中，通过按顺序写出在第一行、第二行等中出现的处理而指定了设计。于是，列出的第一个设计如果写得更充分，将显示为

$$
\begin{array}{ccc}
T_1 & T_2 & T_4 \\
T_2 & T_3 & T_5 \\
T_3 & T_4 & T_6 \\
T_4 & T_5 & T_7 \\
T_5 & T_6 & T_1 \\
T_6 & T_7 & T_2
\end{array}
$$

表中给出的所有设计都可以通过以下从第一行开始的**循环替代**(cyclic substitution)过程来获得。该过程是，在刚刚给出的示例中，第二行是通过将 1 添加到第一行中的处理编号来获得的，以此类推。当我们到达倒数第二行时，规则给出 $T_5 T_6 T_8$；我们采用进一步的规则，即 T_8 代表 7 个处理下的 T_1，以此类推。在表 11.5 较长的情况下，仅明确给出前两行，其余部分则由如上所述的循环替代确定。

随机化遵循拉丁方给出的方法。也就是说，将行随机化，将列随机化，然后对处理进行随机编号。

通过与平衡不完全区组完全相同的方法来估计处理效应，实际上忽略了列的安排。处理效应的估计精度由式(11.4)和式(11.5)给出，其中，残差标准差量度的是去除行和列影响后剩余的不可控变异大小。然而，平衡不完全区组设计与尧敦方之间实质性的区别在于与估计残差标准差有关的分析部分。

表 11.5　一些尧敦方设计的细节

(a) 3 列，7 个处理	(1,2,4); (2,3,5); (3,4,6); (4,5,7); (5,6,1); (6,7,2); (7,1,3)
(b) 4 列，7 个处理	(1,3,4,5); (2,4,5,6); (3,5,6,7); (4,6,7,1); (5,7,1,2); (6,1,2,3); (7,2,3,4)
(c) 4 列，13 个处理	(1,2,4,10); (2,3,5,11); (3,4,6,12); (4,5,7,13); (5,6,8,1); (6,7,9,2); (7,8,10,3); (8,9,11,4); (9,10,12,5); (10,11,13,6); (11,12,1,7); (12,13,2,8); (13,1,3,9)

(d) 5 列,11 个处理	$(1,5,6,7,9)$；$(2,6,7,8,10)$；…
(e) 5 列,21 个处理	$(1,2,5,15,17)$；$(2,3,6,16,18)$；…
(f) 6 列,11 个处理	$(1,2,3,7,9,10)$；$(2,3,4,8,10,11)$；…
(g) 6 列,16 个处理	见 Cochran 和 Cox(1957,设计案例 13.9)
(h) 7 列,15 个处理	$(1,2,3,5,6,9,11)$；$(2,3,4,6,7,10,12)$；…
(i) 8 列,15 个处理	$(1,4,5,7,9,10,11,12)$；$(2,5,6,8,10,11,12,13)$；…
(j) 9 列,13 个处理	$(1,4,5,6,8,9,10,11,12)$；$(2,5,6,7,9,10,11,12,13)$；…

综上所述,只要希望将试验单元以双向方式布置并且使得一个方向上的单元数量等于处理数量,而另一个方向上最大单元数量小于处理数量,就应该考虑使用尧敦方。

(iii) 格子方区组

在尧敦方中,行数等于处理数,并且设计只在一个方向(即列)上具有不完全的特征。现在可能的情况是,我们希望消除两个方向上的变异,并且在任何一个方向上都无法获得足够多的同质试验单元来使用每一个处理,那么就需要一种新的设计来解决这个问题。

只有当每行的单元数等于每列的单元数,即试验为"方阵"时,似乎可以使用合理的简单设计。如果整个试验是由几个这样的方阵组成的,使得

(a) 每个处理在每个方阵中出现一次;

(b) 每对处理在一个方阵的同一行或同一列中共同出现相同的次数;

就说我们有一组**平衡格子方**(balanced lattice squares)。

最简单的例子是表 11.6(a)所示的两个 3×3 方阵的集合,即

$$\begin{array}{ccc} & \text{方阵 1} & \\ T_1 & T_2 & T_3 \\ T_4 & T_5 & T_6 \\ T_7 & T_8 & T_9 \end{array} \qquad \begin{array}{ccc} & \text{方阵 2} & \\ T_1 & T_6 & T_8 \\ T_9 & T_2 & T_4 \\ T_5 & T_7 & T_3 \end{array}$$

平衡格子方定义的本质是成立的,因为每个处理在每个方阵中出现一次,并且每对处理在一行或一列中共同出现一次。于是 T_2 和 T_7 在第二个方阵的第二列中一起出现,而在其他任何地方不再出现,T_4 和 T_6 一起出现在第一个方阵的第二行中,在其他地方都不出现,以此类推。在使用这些方阵时,应尽一切努力使每个方阵内的试验条件保持恒定(行和列之间允许的差异除外),但这组两个方阵之间在设备或观测者上的系统性差异不应影响最终达到的精度。

平衡格子方存在的条件是,处理数是一个数字的平方,对于该数字存在一组具有最多语言数的拉丁方(10.5 节),即,当处理数为 3^2、4^2、5^2 时,我们已经有平衡格子方的例子,且 7^2、8^2、9^2、11^2,以此类推都有例子。Kempthome(1952,p. 485)给出了一般化的构造方法。设计应通过对方阵组中的每个方阵独立地随机排列行和列来进行随机化。

对这样一个试验的观测结果的分析遵循与平衡不完全区组相同的一般原理。Cochran 和 Cox(1957,12.2 节)以及 Kempthome(1952,p. 486)给出了详细描述。

表 11.6　最小的平衡格子方

(a) 两个 3×3 方阵 （9 个处理）	方阵 1：(1,2,3)；(4,5,6)；(7,8,9)
	方阵 2：(1,6,8)；(9,2,4)；(5,7,3)
(b) 五个 4×4 方阵 （16 个处理）	方阵 1：(1,2,3,4)；(5,6,7,8)；(9,10,11,12)；(13,14,15,16)
	方阵 2：(1,11,16,6)；(12,2,5,15)；(14,8,3,9)；(7,13,10,4)
	方阵 3：(1,8,10,15)；(2,7,9,16)；(3,6,12,13)；(4,5,11,14)
	方阵 4：(1,5,9,13)；(6,2,14,10)；(11,15,3,7)；(16,12,8,4)
	方阵 5：(1,7,12,14)；(8,2,13,11)；(10,16,3,5)；(15,9,6,4)
(c) 三个 5×5 方阵 （25 个处理）	方阵 1：(1,2,3,4,5)；(6,7,8,9,10)；(11,12,13,14,15)；(16,17,18,19,20)； (21,22,23,24,25)
	方阵 2：(1,9,12,20,23)；(24,2,10,13,16)；(17,25,3,6,14)；(15,18,21,4,7)； (8,11,19,22,5)
	方阵 3：(1,14,22,10,18)；(19,2,15,23,6)；(7,20,3,11,24)；(25,8,16,4,12)； (13,21,9,17,5)

注：如果需要对奇数个处理的设计进行第二次重复，则列出的设计应互换行和列来使用。如果处理数为 k^2，则当 k 为偶数时，集合中的方阵数为 $(k+1)$；而当 k 为奇数时，集合中的方阵数为 $\frac{1}{2}(k+1)$。

以下是在实验室试验中使用格子方的示例。

例 11.6 [*]该试验涉及对许多阔叶红三叶草后代的茎腐病抗性的比较。将幼苗种在箱子里，每个箱子可分成五个"地块"，将一个子代的约 30 株幼苗种到同一个地块上，不同的地块种植不同的子代。

数出每个地块上的幼苗数量，然后在叶子表面撒上粉末状的接种物，将箱子放在湿度笼中进行攻击试验。经过适当的一段时间后，将笼子移开，再将箱子晾干，并数出存活的幼苗数量。每个地块上要分析的观测是存活的幼苗比例。

人们怀疑不同箱子之间受攻击的严重程度可能存在系统性差异，并且在任何一个箱子内部，末端位置的后代受到的攻击可能远不如中央位置的后代严重。这表明在箱子之间和位置之间采用双向消除误差的设计将是一个好主意。

我们希望在一个试验中测试约 20～30 个后代，这从一开始就排除了拉丁方，因为这种大小的拉丁方不仅需要在每个箱子中划出 20～30 个地块，而且需要 20～30 个箱子，重复数远远超过了实际可行或期望的数目。出于本质上相同的原因，尧敦方也被排除了；对于每箱 5 个单元和 21 个处理，我们可能会考虑表 11.5 的尧敦方(e)，但这又需要 21 个箱子，超过了一次可以处理的数量，代表了目标精度所需的规模太过庞大的试验。因此需要一种行数和列数均少于处理数的设计，于是格子方看起来很合适。对于每箱 5 个地块，采用这种设计，一个方阵中必须有 5 箱，并比较 25 个处理（子代）。由表 11.6 可知，整个试验由三个这样的方阵组成，可以在不同的时段进行试验处理。

因此，这是一个用于比较大量子代、每个子代的重复数少且平衡两种类型的不可控变异的试验。如果一组三个方阵似乎不太可能提供所需的精度，则再进行一组添加三个方阵，按照表 11.6 的注互换行和列。在本案例中我们认为没有必要。

关于平衡格子方设计的关键当然是对方阵布置的严格限制，这也包括处理的个数是行

---

[*]　有关此例的细节，非常感谢英格兰剑桥植物育种研究所的 J. Drayner 小姐。

数的平方。11.5 节中简要提到了进一步的设计,但分析起来往往相当复杂。

11.4 进一步的不完全区组设计

(i) 概况

11.2 节中分析了平衡不完全区组设计,该设计的主要特征是,每对处理均以相同的精度进行比较,每个区组包含数量相同的试验单元,并且每种处理总共均出现相同的次数。这些是最重要的不完全区组设计,但是有时会出现其他需求,那是因为或者不存在合适的平衡不完全区组设计,或者(例如)一些对比需要比其他对比更精确。

实际上,存在一类范围非常广泛的不完全区组设计,称为**部分平衡不完全区组**(partially balanced incomplete blocks),其具有一些但非全部平衡设计的对称性。以下各部分简要介绍某些有时有用的特殊设计。我们并没有试图进行完整描述,特别是没有考虑分析方法,因为这些方法往往相当复杂。一般原则是,尽管试验者发现广泛了解或许能用的设计很有效,但在没有统计帮助的情况下也不应使用这些设计。特别是,除非使用适当的分析方法,否则无法从设计中获得精度提高时。

尽管从基本原理出发得出方法通常会更好,Rao(1947)介绍了一般的分析方法。Kempthorne(1952,第 27 章)概述了一般设计类的理论,并给出了进一步的参考。关于特殊情况还有很多文献进行过讨论。

(ii) 区分精度的设计

可能会出现以下这种情况:尽管存在一个平衡不完全区组设计适合进行所考虑的试验,但它并不是实现试验目标的最佳设计,因为某些处理对比比其他处理对比重要得多。例如,可能有一个特殊处理 S,以及许多其他处理 $T_1, T_2, \cdots$,主要关注点是 $T_1, T_2, \cdots$ 分别与 S 进行对比,而 T 本身内部的对比是次要的。于是,S 可能是对照处理或哑处理,在研究的早期阶段,人们主要的兴趣是确定哪些试验处理与对照相比有差异,而不是对试验处理之间进行具体的对比。

按照通常的方式,我们将使用改进的随机区组设计,其中在每个区组中多次出现特殊处理 S,而其他每个处理仅出现一次。但是如果必须使用不完全区组设计,则对于适当不同的精度,这种设计可能就不存在。于是,我们采取的方法是使 S 在每个区组中出现相同的次数(一次、两次或多次),并以平衡不完全区组设计在其余单元上分配其他处理。于是,对于 S 和 8 个普通处理,每个区组有 5 个单元,我们可以在每个区组中尝试一次 S,并在每个区组有 4 个单元的平衡不完全区组设计中使用 $T_1, T_2, \cdots, T_8$。在使用这种设计来评估不同对比所产生的精度之前,应始终进行数学分析。

当在每个区组中均出现两种或多种"特殊"处理时,这种将平衡不完全区组设计与在每个区组中出现一次或多次处理的安排相联合的想法以明显的方式被一般化了。有时也可能会针对存在两种类型的处理 $T_1, T_2, \cdots$ 和 $S_1, S_2, \cdots$ 需要在准确地对比每个 T 与其余每个 T,以及每个 S 与其余每个 S,而 T 与 S 之间的对比是次要的情况下建立不完全区组设计。不过仅在非常特殊的情况下才使用的此类设计可能最好是根据需要特别构造的。

（iii）每个区组中的单元数超过处理数

当自然分区组系统中每个区组中的单元数大于处理数、但小于处理数的两倍,且成对处理的所有对比大致同等重要时,平衡不完全区组设计的某种类似修改偶尔会很有用。在某些情况下,可以从每个区组中省略足够的单元以保留简单的随机区组设计。但是,如果这意味着浪费了试验材料,则以下替代方法将是更可取的。首先写出一种安排,使得每个处理在每个区组中都出现一次。这样在每个区组中都留下了一定数量的未使用单元,再以平衡不完全区组设计将处理分配在这些单元上。之后将整体随机化。

（iv）大量处理的设计

表 11.2 显示,当处理数量很大时,就不会有重复数适中且每个区组中的单元数较少的平衡不完全区组设计了。例如,对于每区组中不超过 10 个单元,约 20 个处理,没有一个设计比有 21 个处理、5 个重复、105 个单元的设计规模小;对于 25 个处理,没有设计比有 6 个重复、150 个单元的设计规模更小;如果处理超过约 35 个,则没有重复数少于 10 的平衡不完全区组设计,而且通常需要更多的重复。

使用这么多处理进行的试验通常是初步试验,选择其中少量处理进行详细研究,可能不需要很高的精度。因此,我们需要一种系统的设计类别,其中每个处理的重复数很少。主要的应用是植物育种工作,其中可能需要安排多达数百个品种的田间试验,且很少会在每个区组上安排 12～16 个以上的地块。

表 11.7 总结了针对这种情况所引入的称为格子(lattice)* 的广泛设计类别的某些属性。表 11.7 中的前三种类型针对的是 9、16、25、49、64、81、100、121、144… 个处理,立方格子为 27、64、125、216… 个处理提供了一组设计,矩形格子可用于 12、20、30、42、56、72、90、110… 个处理,将这些值合并起来的集合可以相当不错地覆盖大量个数的处理。另外还有其他的格子设计,但除植物育种工作外这些格子设计几乎用不到。

表 11.7　格子设计主要类型的关键

名称	处理数	重复数为数倍之	区组数为数倍之
简单格子[1]	k^2	2	$2k$
三重格子	k^2	3	$3k$
四重格子[2]	k^2	4	$4k$
立方格子	k^3	3	$3k^2$
简单矩形格子	$k(k+1)$	2	$2(k+1)$
三重矩形格子	$k(k+1)$	3	$3(k+1)$
所有情况下每个区组中的单元数均为 k			

[1] 有时称为平方格子(square lattice),但一定不要与格子方(lattice square)混淆(11.3 节)。

[2] 如果不存在 $k \times k$ 的正交拉丁方(例如,当 $k=6$ 时)则不存在。

---

* 格子设计通常精确定义为由特定类型的构造而得到的安排。但是,在这里,我们以该设计最常被使用的情景粗略地介绍了它们。

读者可以从表 11.7 中获得在指定情况下最有可能的设计类型,但有关构造方法和分析的详细信息应该参考 Cochran 和 Cox(1957,10.28 节)以及 Kempthorne(1952,第 22 章)的教科书中的深入描述。这些设计并没有以相同精度对比所有的成对处理,但是除了非常小的 k 值以外,精度的变化通常都很小。

(v) 每区组中有两个单元的设计

第 3 章给出了几个例子,其中自然地将试验单元分为两个区组。例如,在动物试验中使用成对的同卵双胞胎将经常使得对比非常精确。对于超过 2 的处理数,需要不完全区组设计。表 11.2 显示,每个区组中有两个单元的唯一的平衡不完全区组设计是采用所有可能的成对处理所形成的非简约设计。使用 t 个处理时,至少需要 $\frac{1}{2}t(t-1)$ 个区组,并且每个处理需要 $t-1$ 个重复。于是,使用 10 个处理时,最小的平衡不完全区组设计将包含 45 个区组,每个处理总共出现 9 次。尽管这些设计对于较小的 t 值可能是令人满意的,但是对于较大 t 值的设计存在着要求较少区组总数的需求。

表 11.8 每个区组中两个单元的设计关键

处理数	重复数	与处理 1 同时出现	处理数	重复数	与处理 1 同时出现
6	4	2,3,5,6	10	4	2,5,7,10
7	4	2,3,6,7	11	8	2,3,4,5,8,9,10,11
8	6	2,3,4,6,7,8	11	6	2,3,5,8,10,11
8	5	2,3,5,7,8	11	4	2,4,9,11
8	4	2,4,6,8	12	10	2,3,4,5,6,8,9,10,11,12
8	3	2,5,8	12	9	2,3,4,6,7,8,10,11,12
9	6	2,3,5,6,8,9	12	8	2,3,5,6,8,9,11,12
9	4	2,4,7,9	12	7	2,4,6,7,8,10,12
10	8	2,3,4,5,7,8,9,10	12	6	2,4,6,8,10,12
10	7	2,3,4,6,8,9,10	12	5	2,5,7,9,12
10	6	2,3,4,8,9,10	12	4	3,4,10,11
10	5	2,4,6,8,10	12	3	2,7,12

处理	同时出现
1	2,3,6,7
2	3,4,7,1
3	4,5,1,2
4	5,6,2,3
5	6,7,3,4
6	7,1,4,5
7	1,2,5,6

Zoellner 和 Kempthorne(1954)给出了多达 12 种处理的设计,如表 11.8 所示。从该表中可以找到与处理 1 同时出现的处理,通过向其添加 1 来形成与处理 2 同时出现的处理,以此类推。因此,对于七个处理且每个处理有四个重复的设计,处理 1 的同伴具有的处理编号为 2、3、6、7。因此,处理 2 的同伴为编号 2+1、3+1、6+1 和 7+1,即,数字 3、4、7 和 1(按照惯例,使用

7 种处理时,数字 8 表示处理 8−7＝1)。上述设计关键由此形成,并确定区组为

1 2	2 3	3 5	5 7
1 3	2 4	4 5	6 7
1 6	2 7	4 6	
1 7	3 4	5 6	

在使用之前,应在每个区组内将处理随机化,并随机分配区组顺序。

利用 Zoellner 和 Kempthorne 提供的一些表格,对设计的分析是非常简单的。所有设计的效率因子均约为 1/2,即(例如)两个处理之间的差异估计的标准误差约为

$$\sqrt{\frac{2}{重复数}} \times \frac{1}{\sqrt{1/2}} \times \binom{成对}{标准差}$$

或 2×成对标准差/$\sqrt{重复数}$。为了使成对的分区组有利,至少须将标准差减小至原来的 $\sqrt{2}$。

Quenouille(1952)、Youden 和 Connor(1954)以及 Clatworthy(1955)讨论了两个单元一区组的其他设计。偏好研究(如例 11.5)有时也要求对设计进行成对处理。因为在一次试验中或许只能比较两样物品,比如两种食物。Bose(1956)研究了合适的设计。

(vi) 少量重复的设计

有时会发生这种情况,特别是在物理和某些类型的工程试验中,对每个单元的观测精度很高,并且尽管需要一个不完全分区组系统,但每个处理的重复次数应该不多。此种情况下很少存在平衡不完全区组设计。Youden 和 Connor(1953)描述的**链式区组设计**(chain block design)对此很有用,在整个试验中,每个处理仅出现一次或两次。有关详细信息请查阅其论文。

(vii) 缺乏合适的平衡设计

例 11.1 中,我们讨论了用以确定平衡不完全区组设计的试错法过程。偶尔会有对设计参数的精确定义的限制,尽管对于参数的邻近值存在着平衡不完全区组设计,但对于所需的值却不存在。在这种情况下,如果十分希望使用不完全区组设计,则应使用具有尽可能多对称性的设计,以尽可能接近平衡不完全区组设计的最佳性能。

在简单的情况下,可以通过试错法轻松地构建设计,但是一般而言,应该查阅 Bose 等(1955)汇编的部分平衡不完全区组设计表。

(viii) 总结

在前面的各部分中,我们概述了不完全区组设计,当每个区组的单元数受到限制并且没有合适的平衡不完全区组设计时这种设计可能很有用。考虑到的情况有以下几种:

(a) 要求有些对比比其他对比更精确,见(ii);

(b) 每个区组须使用的单元数大于处理数且小于处理数的 2 倍,见(iii);

(c) 处理数很大,见(iv);

(d) 每个区组要有两个单元,见(v);

（e）重复数会特别少，见（vi）；

（f）对于与所研究问题相似的情况存在平衡不完全区组设计，但对于精确的所需值组合不存在，见（vii）。

在除（a）之外的所有情况下，总的思路是尽可能对称地安排处理，其目的是在估计处理差异时获得最大的精度，并简化结果的统计分析。统计分析的方法在所有情况下都遵循相同的一般模式，并且本质上很简单，但是对于不熟悉高级统计方法的人来说，计算非常耗时。试验结果总是可以通过比较不同处理的平均观测结果而粗略地得以解释，但这会牺牲掉因分区组而带来的精度提高。正如（i）中所强调的，在安排试验时使用这些设计但不使用恰当的分析方法是毫无意义的。

11.5　双向消除误差的进一步设计

原则上我们有可能列出用于双向消除误差的不完全设计，其与尧敦方和格子方的关系同上一节的设计与平衡不完全区组的关系一样，这里不再介绍。相反，我们简要介绍 Shrikhande（1951）的工作，他给出了广义的尧敦方，其广义在于：

（a）每个处理在每一行中出现相同的次数 m，并且各列形成平衡不完全区组设计。如果 $m=1$，则为尧敦方。

（b）列数不是处理数的简单倍数，这时的设计处理起来更加复杂。

格子方的主要一般化是 Kempthorne（1952，p. 503）简要分析的一组格子矩形设计。Mandel（1954）给出了类似于 11.4 节（vi）中的链式区组设计的有趣的双向设计，并描述了一个在汽车轮胎测试中的应用。

概　　要

假设有许多处理要进行比较，而这些处理没有以任何重要的析因形式被排列。如果可能，这样的试验通常被安排在随机区组或拉丁方设计中，例如选择区组以使任何一个区组内的单元尽可能相似。

这要求每个处理在每个区组、行或列中出现一次（或多次）。如果处理的数量超过了在似乎可以最大程度减小误差的单元分组系统中每个区组的单元数量，则无法使用简单的随机区组。我们于是需要一种称为**不完全区组**（incomplete block）设计的新设计，其中每个处理不会出现在每一个区组中。

最简单的此类设计是**平衡不完全区组**（balanced incomplete block），除非某些处理对比需要具有更高的精度，否则这些设计应优先于其他不完全区组设计而得以采用。这些设计中任何一对处理在一个区组中一起出现的次数总计相同。它们仅在相当有限的情况下存在（参见表 11.2），并且可能需要进行试错法调整才能找到最适合于指定情况的设计。

在一般的不完全区组试验中，对处理效应的估计包括对每个处理的平均观测值根据未出现特定处理的区组效应所进行的调整。对于平衡不完全区组，这些调整既简单又相对精确。

与拉丁方类似的最重要的不完全设计是尧敦方和格子方，它们可以同时控制两个方向的变异。在尧敦方中，列数等于处理数，但行数小于处理数。在格子方中，行数和列数均等于处理数的平方根。这两种类型的设计仅在相当有限的情况下存在,但应在通常使用拉丁方但处理次数超过了行数或列数或两者都超过了的情况下考虑使用。

　　除了平衡不完全区组、尧敦方和格子方之外,还有各种各样的所谓部分平衡设计,读者应当阅读 11.4 节(viii)以简要总结主要情况。

参 考 文 献

Bose,R. C. (1956). Paired comparison designs for testing concordance between judges. *Biometrika* ,43,113.

—W. H. Clatworthy,and S. S. Shrikhande. (1955). *Tables of partially balanced designs with two associate classes*. Institute of Statistics,University of North Carolina.

Clatworthy,W. H. (1955). Partially balanced incomplete block designs with two associate classes and two treatments per block. *J. Res. Nat. Bureau Standards* ,54,177.

Cochran,W. G. ,and G. M. Cox. (1957). *Experimental designs*. 2nd ed. New York：Wiley.

Durbm,J. (1951). Incomplete blocks in ranking experiments. *Brit. J. Statist. Psychol* ,4,85.

Kempthorne,O. (1952). *Design and analysis of experiments*. New York：Wiley.

Mandel,J. (1954). Chain block designs with two-way elimination of heterogeneity. *Biometrics* ,10,251.

Mann,H. B. (1949). *Analysis and design of experiments*. New York：Dover.

Pugh,C. (1953). The evaluation of detergent performance in domestic dishwashing. *Applied Statistics* ,2,172.

Quenouille,M. H. (1952). Design and analysis of experiment. London：Griffin.

Rao,C. R. (1947). General methods of analysis for incomplete block designs. *J. Am. Statist. Assoc.* ,42,541.

Shrikhande,S. S. (1951). Designs for two-way elimination of heterogeneity. *Ann. Math. Statist* ,22,235.

Wadley,F. M. (1948). Experimental design in the comparison of allergens on cattle. *Biometrics* ,4,100.

Youden,W. J. (1937). Use of incomplete block replications in estimating tobacco-mosaic virus. *Contr. Boyce. Thompson Inst.* ,9,41.

—and W. S. Connor. (1953). The chain block design. *Biometrics* ,9,127.

—(1954). New experimental designs for paired observations. *J. Res. Nat. Bureau Standards* ,53,191.

Zoellner,J. A. ,and O. Kempthorne. (1954). Incomplete block designs with blocks of two plots. *Agric. Expt. Station ,Iowa State College* ,Research Bulletin 418.

第 12 章

部分重复和混杂

12.1 引言

在第 6 章和第 7 章中,我们介绍了析因试验的主要特性,析因试验即每个最终处理由许多更基本的处理(称为因子)的组合所构成的试验。这些章节中描述的试验都是**完全**(complete)的,因为每种因子水平组合都总计出现了相同的次数。同样,如果试验以随机区组的形式进行,则每个组合在每个区组中出现的次数相同;如果试验在拉丁方中进行,则每个组合在每行每列中出现的次数均相同。对完全系统的限制意味着可以用一种简单的方法分别估计各个因子的主效应及其交互效应。

本章介绍不完全析因试验很有用的两种情形。第一,对于所需的精度,完全重复涉及太多观测。例如,在初步研究中,可能需要对 6 个或 8 个因子的影响进行粗略的估计,而使用这些个数的因子的最小的完全试验有 64 个或 256 个单元,可能比适宜的单元数多得多。因此很自然地要寻找仅选择使用合适的因子组合的设计。在 12.2 节中将分析这种称为**部分析因**(fractional factorials)的设计。

第二种情况类似于上一章中的讨论。我们可能希望将完全或部分重复的析因系统安排在每个区组的单元数少于处理数的区组中,或者行数列数少于处理数的拉丁方中。实现此目的的技术称为**混杂**(confounding),在 12.3 节中进行描述。

部分重复和混杂取决于这样的想法:处理之间的某些比较,即所谓的高阶交互效应(参见第 6 章),相对而言意义不大。这两种方法,特别是部分重复,在某些领域非常重要,并得到了很大的发展。以下内容仅是对所涉及的一般性原理的介绍,并没有尝试进行全面的说明。希望应用这些方法的读者需要查询更全面的说明或者听取专家建议。

12.2 部分重复

(i) 总体思路

在普通析因系统的一个完全重复中,仅获得足够的观测以分别估计每个主效应和交互效应。显然,如果试验是由少于一次的重复构成的,则将不可能分别估计每个对照,并且计算出的用于估计(比如说)一个指定主效应的量一般也将依赖于一个或多个其他对照(通常是交互效应)的真实值。一个好的设计是使得每个主效应估计,以及(如果可能的话)每个低阶交互效应的估计,仅仅与高阶交互效应混淆在一起。

我们利用第 7 章中介绍的方法找到能够给出合理精度估计值的试验单元数,来决定何时进行部分重复是有利的。例如,在一个两水平试验中,因子的主效应是通过两个均值 $\left(每项有 \frac{1}{2}N \text{ 个观测值}\right)$ 之差来估计的,其中 N 是试验中的单元总数。因此,主效应的标准误差为 $2 \times$ 残差标准差$/\sqrt{N}$。

例如,假设标准差约为 10%,而我们认为标准误差约为 3.5% 是合理的。在大约 30 个单元上进行的试验可以提供所需的精度,因此自然可以计划以 32 个单元进行试验,其中 32 是最接近的 2 的幂。如果要研究的因子有 5 个,则可以使用单个重复的 2^5 系统。但是假设我们要研究 5 个以上的因子,比如说 8 个,完全的单个重复的 2^8 系统所涉及的单元数是达到所需精度所需单元数的 8 倍。一种可能性是将试验分为两半,每一半有 32 个单元,两半都有不超过 5 个因子。出于许多目的,一种更好的方法(涉及 32 个而不是 64 个单元)是查看所有因子却不使用完整的因子组合所构成的集合。实际上,有可能用 32 个单元测试 8 个因子,以获得有关所有主效应和某些两因子交互效应的信息。

当出于实际考虑使得单元数量是固定的,以及满足于只要获得足够的精度那么试验就值得做的情况下,我们希望使用可利用的材料来测试尽可能多的因子,情况会稍有不同。在此,部分重复的使用实际上是必需的。

(ii) 一个简单的案例

我们从研究一个非常简单的案例开始。假设存在 3 个因子 A、B 和 C,考虑一个试验,每个因子在两个水平上出现,分别为高水平和低水平,即这是一个 2^3 系统。使用 6.7 节的符号,例如,(a_2b_1) 表示处理 a_2b_1 对应的所有观测值的平均值,其中 A 取高水平,B 取低水平。

完全析因系统的一个重复仅涉及 8 个试验单元,需要更少的单元数是非常不寻常的。不过假设要求我们仅使用 4 个试验单元就要研究一个 2^3 系统。现在三因子交互效应 $A \times B \times C$ 将处理分为两组:

(i) $a_2b_1c_1$, $a_1b_2c_1$, $a_1b_1c_2$, $a_2b_2c_2$

(ii) $a_2b_2c_1$, $a_1b_1c_1$, $a_1b_2c_2$, $a_2b_1c_2$

集合(i)在估计交互效应时取正号,集合(ii)取负号(见 6.7 节),因此交互效应的估计是基于(i)与(ii)的比较。在 4 个单元的试验中,不可能估计出 8 个处理之间的所有对照,所以从完全牺牲关于 $A \times B \times C$ 的信息开始是明智的。这样,我们只需在试验中研究集合(i)和(ii)中的一个,比如前者(尽管选哪一个无关紧要)。现在无法估计 $A \times B \times C$。

于是我们得到了 4 个观测值$(a_2b_1c_1)$,$(a_1b_2c_1)$,$(a_1b_1c_2)$,$(a_2b_2c_2)$。应该如何估计主效应和两因子交互效应?对于诸如 C 之类的主效应,我们将 C 出现在高水平的观测结果与 C 出现在低水平的观测结果进行比较,即

$$\frac{1}{2}\left[(a_1b_1c_2)+(a_2b_2c_2)-(a_1b_2c_1)-(a_2b_1c_1)\right] \tag{12.1}$$

如果因子 A 和 B 都没有效应,那么这无疑将对 C 的主效应做出明智的估计。此外,A 或 B 或 A、B 两者同时存在简单主效应将不会影响到式(12.1),因为出现 A 的低水平的两个观

测结果一个带正号,一个带负号,等等。

现在考虑对两因子交互效应 $A \times B$ 的估计。如果 C 不存在,则我们要估计 $A \times B$ 是通过式

$$\frac{1}{2}[(a_1b_1) + (a_2b_2) - (a_1b_2) - (a_2b_1)] \tag{12.2}$$

这说明我们应该试一试

$$\frac{1}{2}[(a_1b_1c_2) + (a_2b_2c_2) - (a_1b_2c_1) - (a_2b_1c_1)] \tag{12.3}$$

这是我们能得到的最接近于式(12.2)的式子。如果因子 C 不起作用,那么这就是 $A \times B$ 的估计值。但是,式(12.1)和式(12.3)是相同的,因此相同的量似乎同时估计了 C 和 $A \times B$。没有其他这些对照的估计可用,因此不可能仅从 4 个单元的观测区分出主效应 C 和两因子交互效应 $A \times B$,我们说 C 和 $A \times B$ 是彼此的**别名**(aliases)。

同样,A 和 $B \times C$ 是彼此的别名,B 和 $C \times A$ 也是。

因此,即使不可控变异可以忽略不计,除非在试验数据之外还有关于 $A \times B$ 的信息,否则无法得出关于主效应 C 的结论。如果可以假设 $A \times B$ 不太可能是明显的,并且式(12.3)表达的量大于靠机会才可能出现的量,那么我们可以合理地推断出 C 的显著主效应是真实的。为了得出这样的结论,有必要在数据以外引入两个假设,一个关于交互效应,另一个关于不可控变异的大小,其不能仅从 4 个观测值中估计出来。采用相同的方式,只要对 $B \times C$ 和 $C \times A$ 进行假设,我们就可以估计 A 和 B 的主效应。三个主效应是独立估计的,指的是两个因子存在的任意的真实主效应对第三个因子的估计都没有影响。

从理论上讲,任何关于 $A \times B$ 的先验知识都可以推断出有关主效应 C 的某些信息。因此,如果认为 $A \times B$ 很有可能在一个方向上,而式(12.3)的估计很可观且在相反的方向上,那么 C 的显著主效应就很可能是真实的。

我们分析的这个具有 4 个单元的设计被称为基于**定义对照**(defining contrast)$A \times B \times C$ 的 2^3 试验的一半重复。可以通过以下正式的规则来获得特定对照的别名。以普通的代数法则将对照的名称乘以 $A \times B \times C$,然后省略任何带平方的符号。于是,A 的别名为 $A \times (A \times B \times C) = A^2 \times B \times C = B \times C$,其中根据一般规则省略了 A^2。类似地,$B \times C$ 的别名为 $(B \times C) \times (A \times B \times C) = A \times B^2 \times C^2 = A$。

像表 12.1 那样在一个表格中列出处理和对照通常很有用。每个主效应和交互效应旁边的 1 和 -1 序列显示了如何估计每个对照。

表 12.1　2^3 系统的一半重复中的对照定义

		处理			
		$a_2b_1c_1$	$a_1b_2c_1$	$a_1b_1c_2$	$a_2b_2c_2$
	A	1	-1	-1	1
	B	-1	1	-1	1
	C	-1	-1	1	1
对照					
	$B \times C$	1	-1	-1	1
	$C \times A$	-1	1	-1	1
	$A \times B$	-1	-1	1	1

于是,当 C 处于高水平时为 1,而当 C 处于低水平时为 -1,对应于式(12.1)。除了因数 1/2 以外,系数行与式(12.1)等效。类似地,表格的下部显示了如何估计两因子交互效应。请注意,可以通过将 A 和 B 的相应系数相乘来获得 $A \times B$ 的系数。设计的别名属性的特征由 $A \times B$ 和 C 相同的系数行表示,等等。

只要两个因子都在两个水平上出现,这些性质就可以直接推广到更复杂的情况。

综上所述,我们进行一个试验,能够从中估计出主效应,前提是可以假设两因子的交互效应忽略不计。在相当特殊的情况下,这样的试验可能会得出有益的建议,说明哪些因子值得进一步研究,或者,比方说,可能在产生过多次品的工业过程中建议采取补救措施或在一个设备中指导检测出缺陷部件。但是设计的主要关注点是指出在更复杂的情况下会发生什么。应把握的要点是,除非我们假设某种其他对照可以忽略不计,否则无法估计主效应(或交互效应)。

(iii) 两水平析因系统

现在,我们简要地分析一些更复杂的系统,其中的因子仍然全部具有两个水平。下面的示例说明了决定是否使用部分重复所涉及的一些注意事项。

例 12.1　*试验装置由已确定化学成分的培养基组成,在该培养基上生长着鸡胚骨。该培养基中含有 20 种氨基酸,初步工作表明其中 11 种氨基酸对于生长是必需的,因为当从培养基中去掉其中任何一种时,以胫骨湿重衡量的生长速度就会下降。

我们要设计一个进一步的试验以研究这 11 个因子之间的交互效应,其思路是发现哪些因子对或因子组合存在或不存在交互效应将提供有关潜在机理的信息。我们将进行两个水平的试验,因为在此阶段不关心各个因子的响应曲线的曲率。$2^{11} = 2\,048$,用这个数量的单元进行的试验是不切实际的,并且对于所需的精度来说也不是必需的。此外,由于对交互效应特别感兴趣,于是应在一个试验中一起处理这些因子。因此就明确要求进行部分重复,并参考这些设计的表格(National Bureau of Standards,1957)以找到在两个水平下具有 11 个因子的最小试验,其中可以相互独立地计算主效应和两因子交互效应。实际上,有一个具有 128 个观测值的设计是合适的,即,1/16 重复。

表 12.2 列出了因子水平为 2 的一些较小规模的部分重复设计。1/2 重复设计没有提出与(ii)中本质上不同的观点。但是,随着因子数量增加到 5 个或更多,就有可能获得可以分别估计每个主效应和两因子交互效应的设计。于是,在 2^5 试验的 1/2 重复中,以 $A \times B \times C \times D \times E$ 作为定义对照,根据一般规则,A 的别名是 $A \times (A \times B \times C \times D \times E) = B \times C \times D \times E$,为高阶交互效应,$B \times C$ 的别名是 $A \times D \times E$,等等。试验中出现的因子组合为 16 个,其中 0、2 或 4 个因子出现在高水平,即与定义对照中的字母相同。

为了形成 1/4 重复,必须再引入一个定义对照。于是,在 2^5 的 1/4 重复中,两个定义对照是 $A \times B \times C$ 和 $A \times D \times E$。规则如下:

(a) 任何对照的别名是通过乘以 $A \times B \times C$、$A \times D \times E$ 以及 $(A \times B \times C) \times (A \times D \times E) = B \times C \times D \times E$ 来获得的。于是,A 的别名为 $B \times C$、$D \times E$ 和 $A \times B \times C \times D \times E$,而 B 的别名为 $A \times C$、$A \times B \times D \times E$ 和 $C \times D \times E$。

---

*　感谢 J. D. Biggers 博士给出的针对此示例的详细信息。

（b）试验中的 8 个处理是因子组合，其中出现在高水平的因子有 0 或 2 个，与两个定义对照都相同，即 $a_1b_1c_1d_1e_1$，$a_1b_2c_2d_1e_1$，$a_1b_1c_1d_2e_2$，$a_1b_2c_2d_2e_2$，$a_2b_2c_1d_2e_1$，$a_2b_1c_2d_2e_1$，$a_2b_2c_1d_1e_2$，$a_2b_1c_2d_1e_2$。

表 12.2　2^n 系统的一些部分析因设计

部分	因子数	单元数	定 义 对 照	主效应的别名	两因子交互效应的别名
1/2	3	4	ABC	2 f int. *	主效应
	4	8	$ABCD$	3 f int.	2f ints.
	5	16	$ABCDE$	4 f int.	3 f ints.
	⋮	⋮	⋮	⋮	⋮
1/4	5	8	ABC，ADE（$BCDE$）	一个或两个 2 f ints.	主效应或 2 f ints.
	6	16	$ABCF$，$ADEF$（$BCDE$）	3 f ints.	一个或两个 2 f ints.
	7	32	$ABCDE$，$CDFG$，$ABEFG$	3 及 4 f ints.	大多 3 f ints. 一些 2 f ints.
	8	64	$ABCDE$，$ABFGH$（$CDEFGH$）	4 f ints.	3 f ints.
1/8	6	8	ADE，BCE，ACF（及其乘积）	2 f ints.	主效应或 2 f ints.
	7	16	$ABCD$，$CDEF$，$ACEG$（及其乘积）	3 f ints.	2f ints.
	8	32	$ABCD$，$ABEF$，$ACFGH$（及其乘积）	3 f ints. 或更高阶	一些 2 f ints. 一些 3 f ints.
	9	64	$ABCD$，$ABEFG$，$ACEHJ$（及其乘积）	3 f ints. 或更高阶	大多 3 f ints. 一些 2 f ints.
	10	128	$ABCDG$，$ABEFH$，$AGHJK$（及其乘积）	4 f ints.	3 f ints. 和更高阶
1/16	8	16	$ABCD$，$CDEF$，$ACEG$，$EFGH$（及其乘积）	3 f ints.	2 f ints.
	9	32	$ABCD$，$ABEF$，$BCEG$，$ACEHJ$（及其乘积）	3 f ints.	一些 2 f ints. 一些 3 f ints.
	10	64	$ADHJ$，$BEGK$，$ABCGH$，$ABFJK$（及其乘积）	3 f ints.	一些 2 f ints. 一些 3 f ints.
1/32	10	32	$ABCD$，$CDEF$，$EFGH$，$GHJK$，$ACEGJ$（及其乘积）	3 f ints.	2 f ints.

遵循相同的规则可以应对更复杂的情况。但是，不建议在这里讨论规则的合理性以及选择最佳设计的确切方式。Davies（1954）仔细考虑了针对工业应用的设计，而 Brownlee 等（1948）、Daniel（1956）以及美国国家标准局（National Bureau of Standards，1957）的出版物给出了可用设计的多个列表。基于其工作的表 12.3 显示了在指定数量的试验单元下可以研究的最多因子数量，保持：（a）主效应彼此清晰不混杂；（b）确保主效应的别名为三因子交互效应（或更高阶的交互效应）；（c）确保主效应和两因子交互效应的别名为三因子交互效应（或更高阶的交互效应）。

---

*　2 f int. 是两因子交互效应（two-factor interaction）的缩写。当一个对照具有两个或多个别名为两因子交互时使用复数形式 2 f ints. 。

表 12.3 在 2^n 系统的部分重复中可以研究的因子数

试验单元数	能纳入的最多因子数		
	保持所有主效应清晰	保持所有主效应彼此清晰且与两因子交互效应清晰	保持所有主效应及两因子交互效应彼此清晰
8	7	4	3
16	15	8	5
32	31	13	6
64	63	*	8

* 未知。

在(vi)部分中,我们将分析使用这些设计时必须注意的一些实际要点,但首先将简要说明两个以上水平的因子的部分重复。

(iv) 两个以上水平的因子

可以将两水平因子的方法一般化,以分析所有因子都具有(比方说)三个水平或四个水平的试验。然而,这种推广并不完全令人满意,并且某些设计必须通过或多或少特设的方法而不是系统性的规则来构造。

最重要的情况是所有因子都具有三个水平。表 12.4 列出了针对这种情况的一些设计,可以通过适当推广(iii)中的方法获得。细节由 Davies(1954,第 9 章)和 Kempthome(1952,第 16 章)给出。

表 12.4 所有因子具有三个水平的一些部分析因设计

部分	因子数	试验单元数	主效应的别名	两因子交互效应的别名
1/3	3	9	2 f ints.	主效应及 2 f ints.
	4	27	3 f ints.	2 f ints.
	5	81	4 f ints.	3 f ints.
	⋮	⋮	⋮	⋮
1/9	4	9	2 f ints.	主效应及 2 f ints.
	6	81	3 f ints.	2 f ints. 及 3 f ints.
1/27	6	27	2 f ints.	2 f ints. 及 3 f ints.
	7	81	2 f ints.	2 f ints. 及 3 f ints.

可以相互独立地估计主效应和两因子交互效应的设计数量很有限。例如,对于 5 个因子,除了具有 243 个观测的完全系统外,没有这种类型的设计可以分别估计两个因子的交互效应。

一个重要的特例是当因子均为定量时。如果需要拟合二次响应曲面(6.9 节),则每个因子必须出现三个(或三个以上)水平。如果表 12.4 中存在一个设计规模适当,并且主效应和两因子交互效应可以单独得以估计,就可以使用这个设计。但是进入二次曲面拟合的线性×线性交互效应仅构成两因子交互效应的一部分。因此,即使表 12.4 中没有相应的设计,也应该有合适的设计来拟合二次响应曲面,这是非常合理的,事实也如此。于是,Box 和 Wilson(1951)[另见文献(Davies,1954)]介绍了所谓的复合设计来拟合响应曲面,另请参见文献(Box,Hunter,1957)。

（v）拉丁方作为部分析因

前文在讨论拉丁方和正交拉丁方时(10.5 节)指出,可以将这些方阵的某种类型的应用视为部分重复,尤其是参见例 10.4。

在我们考虑的拉丁方的第一个应用中,将试验单元按两个方向分类(对应于方阵的行和列),一组处理(对应于拉丁字母)的应用使得行之间和列之间所存在的恒定差异不会在处理对比中引起误差。最好不要将其视为部分重复,因为方阵的行和列是相应于对单元(而不是对处理)的任何方便的分类,因此拉丁字母只是代表试验中唯一的一个处理因子,每个处理都出现了好几次。

但是,如果我们将行和列视为要检验的因子,无论是作为处理因子还是分类因子,则情况就不同了。比如,拉丁方

列

	1	2	3	4
1	B	A	D	C
行 2	C	D	A	B
3	D	C	B	A
4	A	B	C	D

代表 $4 \times 4 \times 4 = 64$ 个因子的可能组合中的一个特定的 16 元集合,其中行、列、处理均有 4 个水平。这样,就可以保证拉丁方的定义属性(比方说)第 1 列的平均观测值减去第 2 列的平均观测值不受行之间和处理之间的恒定差异的影响。也就是说,只要不存在任何交互效应,就可以独立于其他因子的主效应来估计列主效应,以及类似地,行主效应或处理主效应。因此,假定没有交互效应,则 4×4 的拉丁方是 4^3 试验的 1/4 重复,利用它可以估计出所有的主效应。

一般一个拉丁方或含有多种"语言"的更高类型的方阵定义了部分析因设计,其中所有因子有相同数量的水平,假定不存在交互效应,则所有主效应都能得到估计。使用具有最多"语言"数的设计是一种极端的部分化形式。例 10.4 是一个 5^6 试验的 $1/5^4$ 重复。

（vi）一般讨论

当考虑使用部分重复时,需要想到许多一般要点。与其他析因试验一样,首先是每个因子的水平数的选择。在这种工作中使用两个以上水平的主要情况很可能是在因子为定量时要拟合二次响应曲面。在初步工作的类型中,具有许多因子的析因试验是最合适的,对于定性因子,通常两个水平就足够了。对于定量因子,如果目标是将二阶方程拟合到一个未知的响应曲面上,那么在不估计主效应曲率的情况下估计交互效应是不合理的。不过经常像例 12.1 一样,我们主要关注一个因子的主效应的方向和大小,以及两个不同的因子是否存在交互效应,而"许多对因子应该独立起作用,它们相应的交互效应很小"是可疑的。在此种情况下,需要使用两水平设计来估计主效应和两因子交互效应。出于这些原因,最重要的设计包括:(a)两水平设计,其主效应估计可以独立于两因子交互效应,如果可能,也独立于三因子交互效应;(b)两水平设计,所有主效应和两因子交互效应可以得到估计;(c)可以拟合二次响应曲面的三水平设计。

确定了要使用的总体设计类型后,通常建议仔细识别出与设计中的关键字母 $A, B, \cdots$

对应的要纳入的因子。例如,可能出现这样的情况,比方说,交互效应 $A \times B$ 可以独立于主效应和其他两因子交互效应而得以估计,但某些其他两因子交互效应是彼此的别名。因此,明智地命名这些因子,使得 $A \times B$ 被认为是特别受到关注或特别可能显著的交互效应。一般说来,如果可能,应充分利用所使用设计的一切特殊属性。

在规模较小的设计中,根据观测值本身很难或不可能估计出残差标准差,因此,最好根据先验知识进行估计。在规模较大的试验中,可以通过假设所有三因子以及更高阶的交互效应都可以忽略不计来估计。这种估计的可用性是每个设计的又一个特殊属性,需要在每一个应用中特别地加以考虑。

设计的最后一个重要方面是如果获得可疑或模棱两可的结果时扩展它们的可能性。例如出现的情况是,交互效应 $A \times B$ 以 $C \times D$ 作为其别名之一,且 $A \times B$(以及 $C \times D$)的样本估计相当可观,表明存在某个重要的效应。如果 A 和 B 的主效应显著,而 C 和 D 的主效应不明显,那么更可能是 $A \times B$ 比 $C \times D$ 大。但是,也很可能主效应并不允许做出这样的推论,那么对任何情况都希望进行深入研究。这在某些情况下,最好通过做一个与初始试验相同规模的进一步试验来完成,比如,将 1/16 重复转换为 1/8 重复,组合设计比初始试验具有更好的别名结构,尤其是要分离出解释有争议的一对或多对对照。又或者,可能需要设置一个新的试验,或许是纳入第一个试验中未包含的因子,来解开存疑的别名。Davies(1954)和 Daniel(1956)在某种程度上讨论了这个问题,但是可能性如此之多,以至于最好是具有此类设计的详细知识的人对每个特定应用进行特殊分析。

综上所述,如果许多因子可能与所分析的情况有关,或者至少在调查的初始阶段如此,即使经济地研究许多因子的效应可能会得出一些不明确的结论,也仍然比详细检查几个因子要好,那么部分重复可能是一个有用的工具。在这些情况下,部分重复使研究切实可行,否则很难进行下去。

12.3　混杂

(i) 概况

前文介绍的部分重复方法在某些情况下确实提供了研究由于其复杂性而无法企及的系统的可能性。另一方面,混杂仅涉及精度的提高,并且是析因试验中的技术,类似于非析因试验中不完全区组设计的使用。

像部分重复一样,混杂的一般想法是高阶交互可能不太重要,并且正如部分重复,同样会出现相当复杂的设计。我们将仅概述一般原则。

(ii) 一个特例

我们从介绍一个简单的特例开始,类似于 12.2 节(ii)中的部分重复。考虑一个 2^3 试验,有 8 个处理。为了获得所需的精度,可能需要对这 8 个处理进行几次重复,如果可以形成含 8 个合理均质的试验单元的区组,则自然会使用随机区组或 8×8 拉丁方。

但是,假设自然的或最有用的分组是含 4 个单元的区组,如果我们进行非析因试验,则应首先分析任何 8 个处理、每个区组含 4 个单元的平衡不完全区组设计。不过对于析因试验,还有一个事实,即对照 $A \times B \times C$ 可能不像主效应和两因子交互效应那么重要。这表明我们应该从 $A \times B \times C$ 划分 8 个处理所得到的两个集合中形成区组,如下所示:

区组 1: $a_2b_1c_1$, $a_1b_2c_1$, $a_1b_1c_2$, $a_2b_2c_2$

区组 2: $a_1b_1c_1$, $a_1b_2c_2$, $a_2b_1c_2$, $a_2b_2c_1$

整个试验将由几对此类区组适当地随机化组成。

在这样的试验结果的分析中,以通常的方式估计除 $A \times B \times C$ 以外的其他对照。于是,对于两因子交互效应 $B \times C$,我们取(a)处理 $a_1b_1c_1$、$a_2b_1c_1$、$a_1b_2c_2$、$a_2b_2c_2$ 的所有观测值的平均值与(b)处理 $a_1b_1c_2$、$a_2b_1c_2$、$a_1b_2c_1$、$a_2b_2c_1$ 的所有观测值的平均值的差。于是每个区组为(a)贡献两个观测值,为(b)贡献两个观测值,因此与特定区组相关的恒定效应的存在对 $B \times C$ 的估计没有影响,即 $B \times C$ 的估计的随机误差由区组内不可控变异的大小决定。类似地,可以根据通常的公式估计主效应和其他两因子交互效应,并且不受区组效应影响。

如果尝试估计三因子交互效应 $A \times B \times C$,我们会发现,正如从构造设计的方式可以明显看出的,必须对成对的区组总和(或均值)进行比较,所以估计 $A \times B \times C$ 的随机误差由区组之间的变化量所确定。在将试验单元形成区组时,目的是使区组内的变化最小,即,使区组之间的变化最大,因此,我们预计对区组总和的比较是非常不精确的。实际上在实践中,通常无法从试验中获得有关 $A \times B \times C$ 的有用信息。

我们说在这种情况下,$A \times B \times C$ 与区组**混杂**(confounded),并称 $A \times B \times C$ 为设计的**定义对照**(defining contrast)。如果整个试验由成对的区组组成,并且每对都与 $A \times B \times C$ 混杂,那么这个混杂就被认为是**完全**(total)的。与基于 $A \times B \times C$ 的部分重复不同,此混杂系统具有实用价值。

例 12.2 Bainbridge(1951)介绍了在试验车间进行的气体合成试验。研究的因子是温度、流量和浓度,每个因子均具有两个水平。不可控变异的可能形式表明,使用 4 个单元的区组(各个区组在时间上相继进行处理)将减小误差,并且三因子交互效应不太可能是重要的,它在操作的两个重复中都被混杂了。

在区组内的处理和重复的处理集合均进行了随机化之后,设计的一种可能形式是:

重复 1
区组 1: $a_1b_1c_2$, $a_2b_2c_2$, $a_2b_1c_1$, $a_1b_2c_1$
区组 2: $a_1b_2c_2$, $a_1b_1c_1$, $a_2b_1c_2$, $a_2b_2c_1$

重复 2
区组 1: $a_1b_1c_1$, $a_2b_1c_2$, $a_2b_2c_1$, $a_1b_2c_2$
区组 2: $a_2b_2c_2$, $a_2b_1c_1$, $a_1b_1c_2$, $a_1b_2c_1$

其中 A、B 和 C 表示这三个因子,下标 1 和 2 如常,分别表示低水平和高水平。

在普通的随机区组试验中,调整伴随变量(4.5 节)是可行的。这种提高精度的方法几乎无须改变就适用于混杂设计。Bainbridge 认为,不可控变异的一个重要来源是气体纯度,被用作伴随变量。混杂使得残差标准差降低了近 30%,协方差分析进一步降低了 30%。因此,这两种方法共同作用将残差标准差几乎减半,在精度的提高上与试验单元数量增加 4 倍的效果相当。

如果要进行多次重复试验,则有很多种可能性以实现所谓的部分混杂。例如,若使用 4 个重复,32 个单元,则可能在第一个重复中会将 $A \times B \times C$ 混杂,而在第二个、第三个和第四个重复中分别将 $B \times C$、$C \times A$、$A \times B$ 混杂。于是,第三个重复将包括

区组 1： $a_1b_1c_1$，　$a_1b_2c_1$，　$a_2b_1c_2$，　$a_2b_2c_2$

区组 2： $a_2b_1c_1$，　$a_2b_2c_1$，　$a_1b_1c_2$，　$a_1b_2c_2$

$C \times A$ 被混杂。在安排试验时,将处理顺序在每个区组内再次随机化,将每对区组的各自顺序随机化,最后,将 4 个重复的顺序随机化。在对这种试验的结果进行分析时,每个对照都是根据常规公式进行估计的,只是仅使用不会混杂特定对照的区组。也就是说,主效应是由所有观测值估计出的,交互效应是由 4 个区组中的 3 个区组所包含的观测值估计出的。每个交互效应被称为是与区组 1/4 混杂。

我们可以轻松构造更复杂的系统,比如,其中 $A \times B \times C$ 的混杂比两因子交互效应的混杂更严重。

有趣的是,如果通过使用较小的区组可以显著减少变异,则所有对照(包括那些混杂的对照)的估计都将比没有混杂的情况下估计出的更为精确。

读者可以检查一下,如果包括主效应在内的所有对照被同等混杂,需要七对区组,则可得到一个平衡不完全区组设计。因为通过将主效应与交互效应同等混杂,可以预计我们不会利用处理的析因结构优势,而是在平等的基础上应对所有对照。

(ⅲ) 2^n 系统中的混杂

现在,让我们考虑将刚才介绍的方法扩展到更复杂的设计,其中所有因子都有两个水平。如果所需的区组大小是因子组合总数的一半,则情况类似于(ⅱ)。单个对照(几乎总是最高阶的交互效应)用于将处理分为两组,以形成不同的区组。

例如,在 5 个因子的情况下,每个区组可以基于五因子交互效应 $A \times B \times C \times D \times E$,以每区组 $\frac{1}{2} \times 2^5 = 16$ 个单元进行安排。32 个处理被分为两组,由形式上的乘法确定:

$$(a_2 - a_1)(b_2 - b_1)(c_2 - c_1)(d_2 - d_1)(e_2 - e_1)$$

具有正号的处理归于一组,具有负号的处理归于另一组(见 6.7 节)。因此,这些区组在随机化之前为:

区组 1： $a_1b_1c_1d_1e_1$，　$a_2b_2c_1d_1e_1$，　$a_1b_2c_2d_1e_1$，　$a_2b_1c_2d_1e_1$

$a_1b_1c_2d_2e_1$，　$a_2b_2c_2d_2e_1$，　$a_1b_2c_1d_2e_1$，　$a_2b_1c_1d_2e_1$

$a_1b_1c_1d_2e_2$，　$a_2b_2c_1d_2e_2$，　$a_1b_2c_2d_2e_2$，　$a_2b_1c_2d_2e_2$

$a_1b_1c_2d_1e_2$，　$a_2b_2c_2d_1e_2$，　$a_1b_2c_1d_1e_2$，　$a_2b_1c_1d_1e_2$

区组 2： $a_1b_1c_1d_1e_2$，　$a_2b_2c_1d_1e_2$，　$a_1b_2c_2d_1e_2$，　$a_2b_1c_2d_1e_2$

$a_1b_1c_2d_2e_2$，　$a_2b_2c_2d_2e_2$，　$a_1b_2c_1d_2e_2$，　$a_2b_1c_1d_2e_2$

$a_1b_1c_1d_2e_1$，　$a_2b_2c_1d_2e_1$，　$a_1b_2c_2d_2e_1$，　$a_2b_1c_2d_2e_1$

$a_1b_1c_2d_1e_1$，　$a_2b_2c_2d_1e_1$，　$a_1b_2c_1d_1e_1$，　$a_2b_1c_1d_1e_1$

通过这种设计的一个或多个重复,可以在不受任何区组间差异影响的情况下估计出除五因子交互效应之外的所有对照。而五因子交互效应很少引起人们的关注,因此完全混杂应该是令人满意的。

如果要求每个区组中的单元数少于析因系统中全部处理数量的一半,则必须混杂一个以上的对照。存在一系列类似的设计,其中每个区组中的单元数是试验中处理组合数 2^n 的

$1/4$、$1/8$、$1/16$…。我们不介绍选择和构造这些设计的详细原理，但说明以下重要属性。要获得 $1/4\times2^n$ 的区组大小，必须混杂两个对照，而不是(ii)中设计的一个。事实证明，当两个对照混杂时，根据 12.2 节介绍的乘法规则得到的乘积形式，即第三个对照，也是如此。因此，如果 $A\times B\times C$ 和 $A\times D\times E$ 是混杂的，那么 $(A\times B\times C)\times(A\times D\times E)=A^2\times B\times C\times D\times E=B\times C\times D\times E$ 也是混杂的。

为了获得 $\frac{1}{8}\times2^n$ 的区组大小，必须混杂三个独立的对照，并且这样又混杂了另外四个对照，是通过以所有可能的方式将三个对照相乘来确定的。其一般后果是，为了获得比因子组合的数量小得多的区组大小，必须混杂不能任意选择的大量对照，因此，可能不会有所需性质的设计。

表 12.5 列出了较小规模的两水平析因系统的有用混杂方式。例如，可以将 2^6 试验以每个区组 8 个单元混杂，这样就不会混杂主效应或两因子交互效应，但是如果每个区组有 4 个单元，则必须混杂 15 个两因子交互效应中的三个以避免混杂主效应。在每个处理仅使用一次的应用中，当然会选择最不感兴趣的三个两因子交互效应来混杂。如果有多个重复，则将使用部分混杂，其中每个重复中混杂不同的对照。

以下是一个相当复杂的混杂系统的实际使用示例。

例 12.3 Campbell 和 Edwards（1954，1955）介绍了关于精液稀释剂在牛的人工授精中对受孕率的影响的大规模试验。试验是 2^4 析因，16 个处理由柠檬酸盐或磷酸盐的缓冲液与磺胺、链霉素和青霉素的所有组合构成。该工作在 4 个中心完成，每个处理在每个中心重复两次。（最后一点此处不需要特别关注。）

这个产生混杂需求的设计的中心思想是，将每个精液样本（即每头公牛每次采集的结果）分成两部分，在这两个部分上使用不同的处理。目的是通过比较同一头公牛样本上的处理提高精度（参见 3.2 节中有关配对单元的说明）。

因此，需要对两个单元的区组、4 个因子进行设计。当区组很小时，主效应有些混杂是不可避免的，Campbell 和 Edwards 在其第二篇论文中介绍了所使用的平衡部分混杂系统。在 8 个重复中用 6 个估计了主效应，用 4 个估计了两因子交互效应。

表 12.5　一些混杂的 2^n 试验系统

因子数	每区组中单元数	混杂的对照	混杂的两因子交互效应个数
4	4	AD，ABC，BCD	1
5	8	ABC，ADE，$BCDE$ *	0
	4	AB，CD，ACE，及所有乘积 *	2
6	16	$ABCD$，$ABEF$，$CDEF$	0
	8	ACE，BDE，BCF，及所有乘积	0
	4	$ABEF$，$CDEF$，ACF，AB，及所有乘积	3
7	16	$ACEG$，BDE，BCF，及所有乘积	0
	8	ABC，ADE，BDF，$DEFG$，及所有乘积	0
8	16	ABC，ADE，CDF，$DEFG$，及所有乘积	0
	8	ABH，ADE，AFG，BDG，CH，及所有乘积	1

注：只有一个对照被混杂的设计，即以 2^{n-1} 个单元为一个区组的 2^n 系统，通常最好将混杂建立在最高阶交互效应的对照上。此类设计这里不再列出。

* 可以设置带有星号的设计的 5 个重复，以给出对称的部分混杂系统。

每对处理在一个中心使用约两周,观测的结果是在此期间接受人工授精的母牛的受孕率。在中心使用一对处理两周后,接下来的两周使用新的一对,以此类推,直到完成第一个重复的八对。然后以类似方式进行第二个重复。

有关该试验的特殊分析问题请查阅 Campbell 和 Edwards 的论文。他们关于所使用混杂的一般性结论是,尽管标准差有了大幅度降低,但仅在 3/4 重复中估计主效应这一事实意味着对主效应的实际精度提高很小,且存在关于两因子和三因子交互效应的信息的丢失。这说明了关于感兴趣的对照存在部分混杂的试验的一个重要的一般性结论。如果标准差没有获得充分减小,那么除非使用更复杂的分析方法(涉及区组间信息的恢复),否则精度可能会在一定程度上下降。这个问题不会出现在主要感兴趣的对照在所有的重复中都没有被混杂的较为简单的设计中。在简单设计中,残差标准差的任何减小都会带来估计效应精度的提高。

(iv) 两个以上水平的因子

当所有因子都处于 3 个或 4 个水平时,可以使用令人满意且相当简单的混杂系统,当所有因子是 5、7…个水平时,它也存在,但不容易使用。例如,当因子为 3 个水平时,为两个或三个因子存在设计的 3 个单元的区组混杂了两因子交互效应,而为最多 4 个因子存在设计的 9 个单元的区组仅仅混杂了三因子交互效应,等等。Yates(1937)、Cochran 和 Cox(1957,第 6 章)、Kempthorne(1952,第 16 章)以及 Davies(1954,第 9 章)给出了很好的描述。

当某些因子处于三个水平而另一些因子处于两个水平时,混杂往往不那么直接,不过以下情况存在一些简单的设计:3×2^2,每组有 6 个单元,重复数是 3 的倍数;$3^2 \times 2$,每区组有 6 个单元,重复数为偶数;3×2^3,每区组有 6 个单元,重复数是 3 的倍数;$3^3 \times 2$,每区组有 6 个单元。对于四个和两个水平的混合因子可以轻松处理。相关详细信息请参考上面给出的文献。

(v) 裂区试验中的混杂

通常很重要的进一步发展涉及裂区试验(7.4 节),也就是牺牲了有关一个因子的主效应的信息,从而其他对照可能获得更高精度的试验。这可以被视为混杂的一种特例,其中定义对照为主效应。然而,重要的区别在于,在裂区试验中,我们通常还会尝试估计有问题的主效应,而在交互效应的混杂中,我们通常将混杂对照的信息视为丢失。

当子块处理本身是析因的时候,为了减少整块中子块的数量,存在着混杂额外对照的多种可能性。相关详细信息请参见(iv)中提到的书籍。

(vi) 部分重复试验中的混杂

混杂和部分重复虽然在推导方式上密切相关,但它们的目的截然不同,不要将其混淆。混杂的目的是通过使用较小的区组来提高精度,而部分重复则是减小试验所需的最小规模。不过,将两种方法一起使用是可能的,而且在试验单元总数非常大的那些部分重复试验中特别有用。

比如,在例 12.1 中讨论的将部分重复应用于组织培养工作中,一次不可能处理超过 32 个试验单元,但是整个试验需要 128 个单元。因此,试验必须在不同的时间、4 个不同的部分进行。如果以每个区组 32 个单元的 4 个区组进行区组设计,则可以消除各部分之间试验条件的任何系统性变异的影响,从而使对照混杂是 3 个或更多个因子的交互效应。美国国家标准局的表格提供了一个具有这些属性的混杂系统。若不存在这样的混杂,则可能必须将 128 个处理随机按 32 个分组,并接受由此产生的误差增加。

12.2 节给出的设计表中提供了混杂部分析因的方法。合适的混杂系统绝不会始终存在,因为如果混杂了任何一个对照,则其别名也被混杂,这意味着在高度部分化的设计中混杂了许多对照。

(vii) 双重混杂

到目前为止我们讨论的所有设计都对应于随机区组,因为试验单元仅在一个方向上分组。有时需要进行双向消除误差的试验,即类似于拉丁方的形式。

如果行和列的最大可能数目少于处理数,则有必要将一组对照与行混杂,将另一组对照与列混杂。此过程称为双重混杂,如果设计结果是方阵,则将其称为准拉丁方(quasi-Latin square)。Yates(1937)讨论了这些设计,特别是针对以下情况给出了安排:2^3 试验在两个 4×4 方阵中;2^5 试验在一个 8×8 方阵中;2^6 试验在一个 8×8 方阵中;3^3 试验在一个 9×9 方阵中;3^4 试验在一个 9×9 方阵中;$3 \times 3 \times 2$ 试验在一个 6×6 方阵中。另请参见上面提到的一般教科书。

(viii) 总结

混杂是在以下相当明确定义的环境中考虑的一种手段。析因试验(无论是否部分重复)可能会因为每个区组需要大量的单元而使得直接使用随机区组或拉丁方不太可能有效地减小误差。在这种情况下,如果要保留使用小区组,则我们已经说明一些对照必须与区组差异混杂。通常,我们尝试安排混杂的对照是高阶交互效应,从而确保主效应和低阶交互效应具有仅由区组内不可控变异所引起的随机误差。

在决定是否应使用混杂时,有时值得研究类似材料的先前试验结果。统计方法可用于评估由于混杂而可能产生或确实产生的精度增益。

如果要使用混杂,则必须选择区组大小、要混杂的对照,以及在进行多个重复的试验中,选择混杂是部分的还是完全的。通常,允许的区组大小会受到严格限制,例如限制为 2 的幂,于是合适的区组规模通常会非常明显。除此以外,可能我们需要做出艰难的决定:一方面是要减小区组规模,将一些重要的对照混杂;另一方面,要增大区组规模,减小对所关心对照的混杂,但误差会有所增加。在选择用于混杂的对照时,要注意有关系统的先验知识以及不同对照的实际重要性。例如,在必须混杂一两个两因子交互效应的设计中,应谨慎选择,使得它们是最不感兴趣或最可能忽略不计的特定的两因子交互效应。

如果可能的话,应避免两因子(通常是三因子)交互效应的完全混杂,即在不同的重复中应混杂不同的对照集合。

除了因子水平数超过两个的复杂的混杂系统,混杂试验的观测结果分析是非常简单的。一般的原则是,使用普通析因试验的估计公式,每个对照仅从不混杂该对照的重复中进行估计。

概　要

　　考虑具有中等规模或大量因子的析因试验。即使单个重复也需要大量的试验单元,从而获得的用于估计最重要的对照(例如主效应)的精度可能要比研究性质真正要求的精度要高,甚至高得多。因此,寻找一种设计,仅研究那些选择出来的可能因子,是明智的。

　　当所有因子都处于两个水平时,有一系列的设计可用,包括 1/2、1/4、…的因子组合,这些称为**部分析因**(fractional factorials)。某些对照,主效应以及(如果可能)两因子交互效应是彼此独立估计的,而其他对照则是混杂在一起的。即,用于估计特定对照的量同时估计了一个或多个其他对照,并且把它们分离开变得不可能。以这种方式混杂起来的对照称为彼此的**别名**(aliases)。我们尝试选择一种具有足够多试验单元的设计以提供所需的精度,且其别名系统使得我们最感兴趣的效应的别名可能被忽略。

　　当所有因子都处于三个水平时,1/3、1/9、…的重复总数情况可以以类似的方式安排。对于定量因子,通常最好使用所谓复合设计。

　　混杂是一种用于将析因试验安排在区组中的技术,每个区组的单元数少于试验中要处理的数目,或者在方阵或矩形设计中行和列的数目少于处理数。牺牲有关某些选定对照(通常是高阶交互)的信息,以便可以使用较小的区组来较高精度地估计其余对照。

　　因此,混杂是用于析因试验的方法,类似于平衡不完全区组和相关设计用于分析没有析因结构的试验。

参 考 文 献

Bambridge,J. R. (1951). Factorial experiments in pilot plant studies. *Ind. and Eng. Chemistry*,43,1300.

Box,G. E. P., and K. B. Wilson. (1951). On the experimental attainment of optimum conditions. *J. R. Statist. Soc. B*,13,1.

——and J. S. Hunter. (1957). Multifactor experimental designs. *Ann. Math. Statist.*,28,195.

Brownlee,K. A., B. K. Kelly, and P. K. Loraine. (1948). Fractional replication arrangements for factorial experiments with factors at two levels. *Biometrika*,35,268.

Campbell,R. C., and J. Edwards. (1954). Semen diluents in the artificial insemination of cattle. *Nature*, 173,637.

——and——. (1955). The effect on conception rates of semen diluents containing citrate or phosphate buffer with ail combinations of sulphanilamide,streptomycin,and penicillin. *J. Agric. Sci.*,46,44.

Cochran,W. G., and G. M. Cox. (1957). Experimental designs. 2nd ed. New York. Wiley.

Daniel,C. (1956). Fractional replication in industrial research. *Proc. 3rd. Berkeley Symp. on Math. Statist and Prob.*,5,87. Berkeley. University of California Press.

Davies,O. L. (editor) (1954). *Design and analysis of industrial experiments*. Edinburgh:Oliver and Boyd.

Kempthome,O. (1952) *Design and analysis of experiments*. New York. Wiley.

National Bureau of Standards (1957). *Fractional factorial experiment designs for factors at two levels*. *Washington*,D. C.: N. B. S. Applied Mathematics Series.

Yates,F. (1937). *Design and analysis of factorial experiments*. Harpenden,England:Imperial Bureau of Soil Science.

第 13 章

交 叉 设 计

13.1　引言

　　如果试验中的大多数不可控变异是由于试验单元响应的外部条件的质变引起的,那么通过随机区组、拉丁方及其相关设计进行平衡的技术可能有效。例如,在农业田间试验中,局部肥力差异占主导;在分析工作中,观测者之间、设备组之间和星期几之间的差异是误差的最大来源;在动物试验中,来自不同窝的动物之间的系统性差异占了总变异中的相当大的比例;等等。

　　另一方面,如果大多数变异是由于试验对象个体的特殊性所引起的,则基于明显的空间、时间或相似群组的平衡区组无论如何都不可能令人满意。例如,在许多类型的针对人或动物受试者的试验中,即使对明显的特征(例如年龄、性别等)进行分组后,也可能存在非常大的变异。

　　针对这种情况,一种方法是通过巧妙地选择一个或多个伴随观测来表征各个试验对象,然后将其用作区组或计算第 4 章中所述类型的调整后的处理均值的基础;另一种方法是人为地将受试者划分为多个部分,然后将每个部分各自视为一个单元,原始的受试者形成了一个区组。于是,在 3.2 节中,我们介绍了通过沿主根切开将三叶草植物分成两半的方法,该试验以每个区组含两个单元布置,可以使用不完全区组方法或适当时也可使用混杂方法。例 11.2 也说明了相同的想法,其中母牛的不同区域用作注射部位,该例使用的是不完全区组设计。

　　如果将受试者划分为不同部分,各部分是彼此独立做出响应的,从这个意义上说,在一个部分上获得的观测结果不依赖于分配在其他部分上的处理,那么就不会出现新的问题。在刚刚提到的第一个示例中这确实是正确的,因为在细分之后,植物的两个部分是完全隔开的。那里唯一需要特别考虑的是,这种切开植物的结论是否适用于原始植物。

　　然而有时候,尽管以这种方式将原始试验单元划分为独立的部分是不现实的,但是有可能多次将每个受试者(植物、动物等)用作试验单元。这通常将消除不同个体之间差异的大部分影响。例如,像 2.4 节中所述,比较不同饮食对奶牛产奶量影响的营养试验通常最好对每头奶牛饲喂一系列饮食,而不是将奶牛作为试验单元并保持每头奶牛饲喂固定的饮食。这种设计引起的特殊问题关系到一个时期内进行的处理的效应可能延伸到后续时期,因此前面讨论的基础假设之一(参见 2.4 节)是不成立的。也就是说,一个试验单元上的观测,即在一个时期内对一个个体获得的观测结果,可能部分地取决于作用在其他单元上的处理,即先前时期内对同一个体进行的处理。

在不同时期对同一受试者应用不同处理的安排称为**交叉**（或转换）**设计**（cross-over designs），在本章中，我们说明由这种安排引发的一些特殊问题。

13.2 没有延滞效应的试验

在使用交叉设计时，或许能够合理地假设不会发生上一节中提到的复杂情况，即，每个处理在使用它的时期之后的时期内都没有效应。例如，在上述关于奶牛的试验中，可以决定将每个试验时期用使用标准处理的时期分开，后面的时期足够长，使得早先处理的任何效应都消失。当然，这样做的缺点是，如果能够观测对象的总时间是固定的，那么每个个体可以形成的试验单元的数量就会减少，且每个个体的精度也会降低。

如果可以假设没有延滞，则不会出现真正的新设计问题。通常可以预计某个时间趋势，因此使用拉丁方或相关设计来同时平衡个体（受试者、动物等）之间以及时段之间的差异是合理的。因此，在一项比较三种饮食 A、B 和 C 对牛奶产量影响的试验中，试验的一部分将由一个随机的 3×3 拉丁方组成，例如

试验时期

	1	2	3
奶牛 1	B	A	C
2	C	B	A
3	A	C	B

每组选择三头奶牛，使其在试验期内具有尽可能相似的泌乳曲线斜率，整个试验由一系列这样的方阵组成。在这种类型的试验中，每只动物的使用次数受到严格限制，因此，如果要比较大量的处理方法，则可能需要尧敦方、格子方或双重混杂。

如果每个受试者可以被多次使用，甚至可以无限次地使用，则情况会有所不同。在某些心理试验以及某些生物测定程序中，例如 Schild（1942）描述的组胺测定技术，情况就是如此。这些生物测定的统计讨论见文献（Finney，Outhwaite，1956）。另一个示例是例 2.6 的工业试验，其中上油处理的可能延滞效应在某些情况下被认为是微不足道的，并且从一套机械设备中就可以获得大量的观测结果。在这些情况下，我们利用一个个体或少数个体就可以获得足够的精度。

接着，我们面临的问题是以适当的顺序安排一个较长的处理序列。常常可以通过随机区组的方法令人满意地完成此操作。即，将时期划分为相当短的部分，每个部分用作一个随机区组。于是，对于四个处理，可能有

$$BCAD \mid ACBD \mid DABC \mid \cdots$$

适当情况下可以使用不完全区组技术。如果试验规模很小，并且试验时期内的时间变化很可能有平稳的趋势，则 14.2 节中描述的特殊类型的设计可能比随机区组方法更合适。

假设已经通过上述方法确保了没有延滞效应，即加入了对个体进行标准处理的足够长的中间阶段，于是试验将得出在所研究的系统中，即在频繁更换处理的条件下，处理之间差异的效应的有效估计。但是我们的实际兴趣通常在于如果连续地对试验对象进行处理会发生什么，例如将连续饲喂饮食 A 的奶牛的产奶量与连续饲喂饮食 B 所能获得的产奶量进行对比。因此必须注意的风险是，通过交叉法可能会获得额外的精度，只是会以所需对比失真为代价。

13.3 每个个体参与的时期数量有限的交叉设计

在上述讨论的产奶量试验中，每只动物通常使用的处理不能超过三到四个，并且为了获得令人满意的安排，必须在试验中使用多只动物。这是很常见的情况，因此首先考虑同时使用若干个个体的设计。

我们须引入一个假设，涉及一个时期内进行的处理可能在后续时期内产生的效应。最简单的是 2.4 节中提到的假设，即在特定时期内对某个个体获得的观测结果为

$$\begin{pmatrix} \text{只依赖于} \\ \text{个体-时期组合} \\ \text{且独立于处理的量} \end{pmatrix} + \begin{pmatrix} \text{依赖应用于} \\ \text{那个时期的} \\ \text{处理的量} \end{pmatrix} + \begin{pmatrix} \text{依赖应用于} \\ \text{先前时期的} \\ \text{处理的量} \end{pmatrix}$$

因此，每个处理被两个量所刻画，一个量在其应用时期表达其**直接效应**（direct effect），另一个量在接下来的时期显示其**延滞效应**（residual effect）。在这种情况下，一种自然的设计为：每个处理在每一个其他的处理之后出现相同的次数。同时，我们希望使用拉丁方设计，以确保每个处理在每个时期和每个受试者上均等出现。

Williams（1949）给出了适当的安排，如下所示。首先假设处理数 n 是偶数。在第一行写下数字

$$1 \quad 2 \quad n \quad 3 \quad n-1 \quad 4\cdots$$

其中序列 $1, n, n-1, \cdots$ 与序列 $2, 3, 4, \cdots$ 交错出现。于是，当 $n=6$ 时，第一行为 1 2 6 3 5 4。

方阵的其他行是通过从第一行开始连续加 1 而获得的，使用大于 6 的数字减去 6 的规则。于是，$n=6$ 的最终方阵为

$$\begin{matrix} 1 & 2 & 6 & 3 & 5 & 4 \\ 2 & 3 & 1 & 4 & 6 & 5 \\ 3 & 4 & 2 & 5 & 1 & 6 \\ 4 & 5 & 3 & 6 & 2 & 1 \\ 5 & 6 & 4 & 1 & 3 & 2 \\ 6 & 1 & 5 & 2 & 4 & 3 \end{matrix}$$

由第一行的特殊选择导致的该方阵的重要属性是，它不仅是拉丁方，而且每个处理紧跟着其余的每个处理仅仅一次。于是，处理五在第一行中紧跟处理三，在第二行中紧跟处理六，以此类推。

为了使用该设计，每组有 6 个受试者，可能会表现出相似的时间趋势和延滞效应。每个组分配一个这样的方阵，每个受试者随机分配到方阵的一行。该行中的 6 个数字确定了 6 个时期中要应用于该受试者的处理，即行对应于受试者，列对应于时期。

为了在处理数量为奇数时获得相似的设计，必须同时考虑成对的方阵。对于一个第一行如下的方阵：

$$1 \quad 2 \quad n \quad 3 \quad n-1 \quad 4 \quad n-2\cdots$$

这一对的另一个方阵的第一行是相反的。因此，当 $n=5$ 时，第一行为

$$1 \quad 2 \quad 5 \quad 3 \quad 4$$

及

$$4 \quad 3 \quad 5 \quad 2 \quad 1$$

这样整个方阵为

$$
\begin{array}{ccccc@{\qquad}ccccc}
1 & 2 & 5 & 3 & 4 & 4 & 3 & 5 & 2 & 1 \\
2 & 3 & 1 & 4 & 5 & 5 & 4 & 1 & 3 & 2 \\
3 & 4 & 2 & 5 & 1 & 1 & 5 & 2 & 4 & 3 \\
4 & 5 & 3 & 1 & 2 & 2 & 1 & 3 & 5 & 4 \\
5 & 1 & 4 & 2 & 3 & 3 & 2 & 4 & 1 & 5 \\
\end{array}
$$

这些方阵具有每个处理紧跟着其余的每个处理仅仅两次的特点。

要使用这些方阵,使行对应于受试者,列对应于时期。于是,对于 5 个处理,取 10 的倍数个受试者是必要的,并且每个受试者必须能够接受 5 个不同的处理。每对方阵中的 10 个受试者应该可能是具有相似的延滞效应的,并且在每 5 个受试者形成的方阵中,周期效应应该尽可能保持恒定。

这些设计的一般性质是,每个处理都以相同次数紧跟除自身之外的其他每个处理。因此,比方说,处理 1 的所有观测值的平均值受除了第一个处理以外的所有处理的延滞效应的影响。这意味着,如果存在不同的延滞效应,那么两个处理的平均观测值之间的差异就其本身而言并不是针对适当的真实的直接处理效应的估计。因此,如果处理 1 具有较大的正延滞效应,而其他处理没有,则相对于其他处理而言,处理 1 的平均观测值会被压低。这一问题可以通过计算与平衡不完全设计所使用的类似的调整来纠正。

例 13.1　Williams(1949)给出了以下示例。将不同浓度的纸浆悬浮液样品在兰磐(Lampén)单球磨机中打浆,以确定浓度对所得片材性能的影响。每次打浆后对磨机状况的观测表明,一定浓度的纸浆会对磨机产生影响,可能会影响到下一次打浆。因此,我们使用一种平衡了延滞效应的设计。使用 6 个处理、运行 6 次以及每次运行包含 6 个周期,获得了表 13.1(a)所示的设计和观测结果(耐破因子):上文给出的 6×6 方阵的行已进行了随机化。

估计处理效应和延滞效应以及寻求估计量精度的公式相当复杂,此处不再赘述。完整的说明在 Williams 的论文以及 Cochran 和 Cox[*](1957,4.6a 节)中给出。

表 13.1　具有延滞效应的 6×6 试验

(a) 设计与观测

	时　　期					
	1	2	3	4	5	6
运行 1	T_3: 56.7	T_6: 53.8	T_2: 54.4	T_5: 54.4	T_4: 58.9	T_1: 54.5
2	T_5: 58.5	T_3: 60.2	T_4: 61.3	T_6: 54.4	T_1: 59.1	T_2: 59.8
3	T_1: 55.7	T_4: 60.7	T_5: 56.7	T_2: 59.9	T_6: 56.6	T_3: 59.6
4	T_2: 57.3	T_1: 57.7	T_6: 55.2	T_4: 58.1	T_3: 60.2	T_5: 60.2
5	T_6: 53.7	T_5: 57.1	T_1: 59.2	T_3: 58.9	T_2: 58.9	T_4: 59.6
6	T_4: 58.1	T_2: 55.7	T_3: 58.9	T_1: 56.6	T_5: 59.6	T_6: 57.5

---

[*] 仅在第 2 版中给出。

续表

（b）未调整以及调整后的效应

	直 接 效 应		延 滞 效 应	
	未调整	调整	未调整	调整
T_1	57.13	57.20	0.92	0.37
T_2	57.67	57.62	−0.48	−0.28
T_3	59.08	59.19	0.24	0.65
T_4	59.45	59.23	−1.62	−1.33
T_5	57.75	57.98	1.22	1.40
T_6	55.20	55.06	−0.26	−0.82

调整过程的效应可以从表 13.1(b) 中进行判断，该表给出了未调整和调整后的直接和延滞效应。例如，T_5 的未经调整的均值只是该处理的 6 个观测值的均值，为 57.75。调整延滞效应后，该值为 57.98。此例中，对直接效应的调整很小；如果存在较大的延滞效应，它们当然会变大，并且在较小的方阵中它们也会倾向于更大。在这个特定的例子中，直接效应和延滞效应在统计上均为显著。

如果没有必要进行调整，则两个处理之间直接效应差异的标准误差将是两个均值（每个均值由 6 个观测值得出）的差异。实际上，由于应用于校正延滞效应的调整中的随机误差，标准误差要略大一些。

可能很值得考虑对表 13.1 设计的各种改动。在某些情况下，与处理相关的直接和延滞效应的总和对于估计"如果连续应用处理将会产生的响应"是有意义的[*]。通过对每个受试者在末尾增加一个额外的时期以重复最后一个处理，可以提高估计这些综合效应的效率。实现此目的的另一种方法是增加一个最终时期，其中对所有受试者进行统一的对照处理。如果延滞效应本身具有意义，那么这将是特别合适的。最后一个可能性是增加一个初始时期，其中使用与第一个试验时期相同的处理，但不进行任何观测。如果主要的花费是进行观测而不是进行处理，那么这个初始时期将提高估计处理效应的效率。

如果怀疑延滞效应会延长一个以上的时期，则需要类似形式的更复杂的设计。我们自然会寻求拉丁方，其中每个处理以相同的次数出现在每对其他处理的有序对之后。Williams(1950) 在另一篇论文中描述了这种设计，其分析相当复杂。

我们正在分析的这种类型的试验中，对每个受试者可以进行观测的次数受到了严格限制。因此，如果涉及大量的处理，那么自然而然地会使用混杂、平衡不完全区组及其相关设计。Patterson(1951) 曾考虑过发展这些设计以允许延滞处理效应的复杂化。

Finney(1956) 仔细考虑了各种类型的假设，这些假设是分析此类试验的基础。Patterson(1950) 描述了一种分析方法，当受试者之间的主要差异是其响应曲线的斜率随时间的变化时，这种方法特别合适。

---

[*] 此处假设，比方说，处理 A，它后面紧跟自身与它后面紧跟其他处理时的延滞效应是相同的。这可能并不正确。

13.4　每个受试者具有大量观测的设计

可能一些情况下不是"有多个受试者，每个处理在每个受试者上最多使用一次"，而是"只有一两个受试者，但是可以对其进行大量处理"。如果处理效应有可能从一个时期延滞到下一个时期，那么仍然会出现类似于 13.3 节中讨论的问题。

一个示例是例 2.6 的纺织品上油试验，其中使用了一套机械（受试者），并且整个试验由该受试者接受的处理序列所指定。另一个示例是本章前面提到的生物测定技术（Schild，1942）。第三个示例涉及注射胰岛素后奶牛的产奶量局部下降，只使用一头奶牛，在一个很长的序列中一次接一次地进行不同剂量和种类的注射。

在这些情况下，一种方法是将试验分成几个独立的部分，各部分之间留有空隙，称每个部分为"受试者"，然后应用 13.3 节的方法。例 13.2* 已经以此方式进行了设置。但是，这通常不是最佳方法，因为如果将试验设计为单个序列，那么除第一个观测外，所有观测都提供了有关处理的延滞效应的信息，因此在相同数量的处理应用中单个序列设计往往比 13.3 节的设计具有更高的精度。

Finney 和 Outhwaite（1956）以及 Sampford（1957）讨论了合适的设计，相关详细信息请查阅其论文。

13.5　其他情形

在前面几节中，我们假设任何一个处理效应从一个时期到另一个时期的延滞都会持续一两个时期，但是在一定程度上必定是有限的。有时候其他形式的处理效应的延滞可能看起来很自然，在这些情况下，必须通过直观方法或者理论分析找到合适的设计。

例如，我们可能怀疑受试者接受的第一次处理对其余所有响应均具有实质性影响，但不存在其他的延滞。

或者，我们可能认为存在与每个处理应用相关联的特征效应，该效应以相对简单的方式取决于受试者之前接受过特定处理的次数。Pearce（1957）考虑了另一种可能性，即将单元分为几组，每个处理都会对其应用的单元产生直接影响，并且对同一组中的所有单元都具有相同的延滞。在所有这些情况下，一般方法是建立一个数学表达式来表示观测，然后，如果可能的话，构建一个设计，使得这个数学表达式中的量能够尽可能简单准确地被估计。为此可能需要专家的建议。

在轮作试验中，对受试者（例如地块）按顺序进行处理，一个处理可能会在随后的时期中产生延滞效应。然而，在这些试验中，以明确的预定顺序应用处理，我们感兴趣的是受试者对处理顺序的响应，而不是对单个处理的响应。轮作试验提出了一些特殊的问题，此处不再赘述，可参见文献（Cochran，1939）。

另一种可能性是，人们可能感兴趣的是在相当长的时间内连续对受试者进行处理所得到的结果。在这里，最简单的方法是保持对每个受试者的处理恒定，并根据每个受试者的观

---

* 译者注：应为例 13.1。

测结果来构建以下量度：（a）受试者平均响应的量度（该受试者所有观测结果的平均值）；（b）观测值随时间增加或减少的速率的量度（关于时间的线性回归系数）。然后分别进行分析。Stevens(1949)给出了一个对多年生作物（咖啡）的试验的有趣例子，其中通过对每个地块的年度观测，他构造了（a）和（b）的量度，以及以两年为周期的产量周期变化幅度的量度。随后分别分析和解释了处理对产量模式上述三个方面的影响。

概　　要

在很大一部分不可控变异是由构成试验单元的单个物理对象（受试者、动物等）的特殊性引起的情况下，一种提高精度的方法是将每个对象多次用作试验单元。也就是说，例如，我们安排每只动物接受多个处理，而不是整个过程都保持相同的处理。

在这种情况下自然使用拉丁方设计。但是，有时会出现一种复杂情况，即在一个时期内获得的观测结果取决于先前时期对对象使用的处理以及当前的处理。当存在这种处理延滞效应时，特殊的拉丁方将很有用。

这些设计存在一些困难。尽管或许会显著提高精度，但是仅在短期内进行每个处理时的处理效应可能与长期进行每个处理时的效应不同。如果我们对后者感兴趣，那么就成了通过回答错误的问题来实现精度的提高。第二个困难是，当存在延滞效应时，对观测结果的完整分析会有些复杂。

参 考 文 献

Cochran,W. G. (1939). Long-term agricultural experiments *J. R. Statist. Soc. Suppl.* ,6,104.

—and G. M. Cox. (1957). *Experimental designs*,2nd ed. New York. Wiley.

Finney,D. J. (1956). Cross-over designs in bioassay. *Proc. Roy. Soc. B*,145,42.

—and A. D. Outhwaite. (1956). Serially balanced sequences in bioassay. *Proc. Roy. Soc. B*,145,493.

Patterson,H. D. (1950). The analysis of change-over trials. *J. Agric. Sci.* ,40,375.

—(1951). Change-over trials. *J. R. Statist. Soc. B*,13,256.

Pearce,S. C. (1957). Experimenting with organisms as blocks. *Biometrika*,44,141.

Sampford,M. R. (1957). Serially balanced designs. *J. R. Statist. Soc. B*,19,286.

Schild,H. O. (1942). A method of conducting a biological assay on a preparation giving gradual responses illustrated by the estimation of histamine. *J. Physiol.* ,101,115.

Stevens,W. L. (1949). Analise estatistica do ensaio de variedades de cafe. *Bragantia*,9,103.

Williams,E. J. (1949). Experimental designs balanced for the estimation of residual effects of treatments. *Austr. J. Sci. Res. A*,2,149.

—(1950). Experimental designs balanced for pairs of residual effects. *Austr. J. Sci. Res.* A,3,351.

第 14 章

一些特殊问题

14.1 引言

在本章中,我们将简要处理一些其他问题,这些问题不能很容易地整合到前面的章节中。14.2 节描述了一些设计,用于预期不可控变异主要由平稳趋势构成的情况。14.3 节提到了一类重要的问题,可以通过理论计算找出许多观测系统中的哪一个将导致最大精度的估计。14.4 节介绍寻找最佳条件的设计。14.5 节介绍关于测定的特殊问题,尤其是生物测定。

14.2 无趋势的系统设计

有时,我们的试验单元数量很少,并且预计不可控变异中的很大一部分都是由平稳趋势构成的,例如空间或时间上的趋势。通常使用第 3 章和第 4 章中介绍的方法的一种来处理这类情况,要么(a)对处理的分配进行随机化并使用 4.3 节介绍的方法针对趋势调整处理均值,要么(b)使用随机区组方法处理趋势以外的变异,然后计算调整后的处理均值以校正趋势,要么(c)使用随机区组方法控制趋势的大部分影响,在第一个区组中放入空间或时间上最先出现的单元,以此类推。使用前两种方法可以直接估计趋势的形式。

如果试验是中等规模的,比方说,每个处理有四个以上的重复,那么这些方法通常会令人满意。但是在较小规模的试验中(尤其是趋势为曲线形的),前两种方法往往会给出不精确的结果。这是因为随机化很可能产生一种关于趋势明显不平衡的安排。第三种方法没有此缺陷,但如果希望尽可能精确地估计趋势的形式,则不能令人满意。

因此,我们需要一种新的设计来应对这种情况,使趋势和处理效应都能够以最大的精度简单地进行估计,并利用到我们对不可控变异的预期形式的了解。

例 14.1 考虑一个试验以研究改变相对湿度对纺织过程的影响,假设要使用三个相对湿度,分别为 50%、60% 和 70%。为了获得统一的试验单元,将取适量的原材料并充分混合,然后分成 9 批,形成 9 个试验单元。第一批将在第一个时期、一个相对湿度下进行处理,第二批将在第二个时期、不同的相对湿度下进行处理,以此类推。由于材料的老化,叠加在任何处理效应和剩余的随机变异上的可能是一个平滑的趋势。通常,我们感兴趣的是清楚地估计这个趋势,并建立试验,表明这一趋势对处理效应的估计几乎没有影响。

可以证明,如果按系统顺序使用处理

$$T_{60} \quad T_{50} \quad T_{70} \quad T_{70} \quad T_{60} \quad T_{50} \quad T_{50} \quad T_{70} \quad T_{60}$$

则：

(a) 时间上的任何线性趋势都不会影响处理的对比。

(b) 趋势中的任何曲率（即二次分量）都不会影响处理效应的线性部分，即 70％相对湿度与 50％相对湿度的对比。

(c) 趋势曲率的估计值与处理响应曲线的曲率的估计值之间存在某种混合，后者是 50％和 70％相对湿度的平均响应减去 60％相对湿度的平均响应。必须进行统计分析才能将这两者区别开来。

要了解第一个性质的含义，可以设想观测值由纯线性趋势组成，其中获得了值 1、2、3、…、9。那么在 T_{50} 上的平均观测值是 $1/3 \times (2+6+7) = 5$，在 T_{60} 上的平均观测值是 $1/3 \times (1+5+9) = 5$，而在 T_{70} 上的平均观测值也是 5。也就是说，这种特定的线性趋势（实际上任何线性趋势都）会使处理差异的估计值保持不变。

可以证明，选择一个在趋势方面具有这些平衡性质的设计可以简化趋势和处理效应的估计以及最大化其估计的效率。

Cox(1951,1952)提出了一种选择设计并进行分析的方法。表 14.1 给出了一些示例。Box 和 Hay(1953)介绍了一种针对类似试验的巧妙而灵活的方法，其中的处理对应于一个至少包含两个定量因子的集合。在这些情况下，因子水平的选择具有足够的自由度，可以将足够的随机化引入设计。但是，在 Cox 考虑的更简单的情况下（如例 14.1），除了可能在命名处理以外并没有进行随机化。这或许是中型或大型试验的缺陷，在那些试验中，可以依靠随机化来确保免受系统性误差的影响以及残差的估计正确。在单个规模非常小的试验中，不使用随机化的情况就不那么严重了，因为在任何情况下，当试验单元的数量很少时，我们在某种程度上都必须依赖于对不可控变异的先验知识。假设由趋势加上随机变异形成了不可控变异的假设是合理的，并且假设所采用的设计不太可能与不可控变异中的模式相对应，那么对于没有进行随机化就不存在合适的反对理由。

表 14.1 某些无趋势设计

处理数	每个处理的单元数	趋势的最高次	设 计
2	3	2	$T_1 T_2 T_2 T_1 T_1 T_2$
2	4	2	$T_1 T_2 T_2 T_1 T_2 T_1 T_1 T_2$
3	3	2	(a) * $T_2 T_1 T_3 T_3 T_2 T_1 T_1 T_3 T_2$ (b) * $T_2 T_3 T_1 T_2 T_1 T_3 T_2 T_3 T_1$
3	4	3	$T_1 T_2 T_3 T_3 T_2 T_1 T_1 T_2 T_3 T_3 T_2 T_1$
4	3	2	$T_2 T_3 T_4 T_1 T_1 T_4 T_3 T_2 T_2 T_3 T_4 T_1$
4	4	3	$T_1 T_2 T_3 T_4 T_4 T_1 T_2 T_3 T_2 T_1 T_1 T_2 T_3 T_4 T_4 T_3 T_2 T_1$

* 设计(a)是例 14.1 中提到的设计，当特别关注 T_3 与 T_1 的对比时，应使用该设计，因为涉及一个定量因子的三个等间隔水平。在其他情况下应使用设计(b)。

可以根据类似的原理来挑选系统的拉丁方，例如，使得处理效应不受方阵的对角线方向上变异的特定模式的影响。当方阵的行和列均与定量因子相对应，两者之间可能存在一个线性×线性部分的交互效应时，这种方法是有用的。

14.3　最佳分配

本节介绍有关如下一类问题的最新工作,这类问题尽管并非全都与我们到目前为止一直在讨论的那种对比试验有关,但确实涉及试验工作最有效的分配。情况可以这样描述:我们能够对许多试验设置进行观测,并且已知如此获得的量是通过某些未知参数以统计方式表达的。为了最精确地估计参数,应该观测哪些设置?

例 14.2　在由高纯度金属铸造合金的某些试验以及其他领域中存在以下情况:试验单元按照运行排列,对应于生产运行,在每次运行中按照时间排序。于是,每次运行对应于20 lb 的熔体,有可能依次浇铸 4 个 5 lb 的铸锭。假设用于对比的处理是不同浓度的合金元素,并且当铸锭时,剩余熔体中合金元素的浓度可以通过添加新的材料来增加,但无法降低。

换句话说,如果我们只考虑一种合金元素,则在运行过程中,从一个单元到另一个单元的因子水平不会降低。这是对可以使用的设计类型的严格限制,因为它排除了(比如说)任何拉丁方。因为如果 T_1、T_2、T_3 和 T_4 表示连续增加的合金元素浓度,则确保每个浓度在每个运行中、每个时期中均等地出现的任何设计必然涉及在某些运行中的顺序颠倒。

因此,如果需要建立一种从处理对比的误差中消除运行和时期影响的设计,则不得不使用不如拉丁方直接的设计。为了简单起见,假设仅存在一个合金元素出现在两个水平 A_{-1} 和 A_1 下。于是对于每次运行有 4 个时期的情况,设计必然由以下 5 种类型的序列混合组成:

$$
\begin{array}{cccc}
\text{类型 I} & A_{-1} & A_{-1} & A_{-1} & A_{-1} \\
\text{II} & A_{-1} & A_{-1} & A_{-1} & A_1 \\
\text{III} & A_{-1} & A_{-1} & A_1 & A_1 \\
\text{IV} & A_{-1} & A_1 & A_1 & A_1 \\
\text{V} & A_1 & A_1 & A_1 & A_1
\end{array}
$$

处理之间的差异会与运行差异和时期差异混合在一起,除非出现以下情况:

(a) 所有序列均属于 III 型,在这种情况下,处理之间的差异完全等同于时期之间的差异;

(b) 当处理之间的差异完全等同于运行之间的差异时,序列的一半为 I 型,一半为 V 型。

因此,如果希望消除时期之间以及运行之间的差异,则必须使用 5 种类型的序列的混合。

现在可以阐述基本问题了。理论上,对于由序列混合形成的任何设计,都可以考虑运行与时期之间的不平衡,调整处理之间的估计差异,也可以算出调整后估计的标准误差。对于指定的观测总数,哪种混合序列会最大限度地减小标准误差,即得到对处理效应的最大精度的估计? 这是一个数学问题,可以证明答案是具有 8 个生产运行的集合,每个集合中包含一个类型为 I、一个类型为 V 的运行,以及其余每个类型的两个运行,即

$$A_{-1} \quad A_{-1} \quad A_{-1} \quad A_{-1}$$
$$A_{-1} \quad A_{-1} \quad A_{-1} \quad A_{1}$$
$$A_{-1} \quad A_{-1} \quad A_{-1} \quad A_{1}$$
$$A_{-1} \quad A_{-1} \quad A_{1} \quad A_{1}$$
$$A_{-1} \quad A_{-1} \quad A_{1} \quad A_{1}$$
$$A_{-1} \quad A_{1} \quad A_{1} \quad A_{1}$$
$$A_{1} \quad A_{1} \quad A_{1} \quad A_{1}$$

Cox(1954)进行了数学讨论并将其推广到了具有多个因子的设计。

关于此例的一般评价是,如果实际考虑严重限制了处理的安排,那么,假如最经济地使用试验材料很重要,则有必要对所有可接受的设计从理论上评估估计的标准误差,并选择使标准误差最小的一个。当然,在特定情况下,采用更简单但效率较低的方案可能会更好。因此,在例 14.2 中,可以在每次运行中保持处理恒定,即,将整个运行用作一个试验单元。这样可以避免使用特殊设计的复杂性,但是要消除一次次运行之间的变化的影响当然将不再可能。

接下来的两个示例介绍了一种截然不同的情况,尽管不存在需要对比的替代方法,但对于不同的试验设置,理论上的精度计算是可能的。

例 14.3 许多情况下,需要估计在某些介质中随机分布的粒子的密度,例如空间中的尘埃颗粒、悬浮液中的细菌或血细胞等。直接方法是计数出已知少量体积的介质中的粒子,但这通常很麻烦。一种避免直接计数的巧妙方法基于以下事实:假设粒子完全随机地分布在整个介质中,例如,这要求粒子所占介质体积的比例可以忽略不计,以免出现"拥挤",并且粒子应不带电,以便粒子彼此之间没有静电作用,则原始介质体积 v 中的平均粒子数为

$$-2.303\log_{10}(大量相同体积 v 的介质中不包含任何粒子的介质占比) \qquad (14.1)$$

因此,如果我们获取大量的体积 v 并观测每个体积 v 中是否包含粒子,则可以估计粒子的密度。在某些情况下,很容易确定特定体积内是否包含粒子。但是,如果是细菌,则有必要假设任何含有至少一个细菌的平板培养基上均会发生细菌生长。

设计的问题是决定在每次试验中应使用多大体积 v 的介质,例如,应采用多大稀释度的原始悬浮液。如果采用相当大的体积 v,则几乎所有试验体积都将包含粒子,利用式(14.1)将得到精度非常低的估计;如果试验体积 v 太小,精度也会降低。可以证明,最大精度对应的体积 v 的选择包含平均 1.6 个粒子(Fisher,1951,p.219;Finney,1952,p.573)。

这个结果本身没有任何用处,因为如果我们知道平均包含 1.6 个粒子的体积是多少,就应该知道粒子的浓度,于是正在考虑的估计将是毫无意义的。不过可以证明,如果测试体积中的平均粒子数在 1~2.5 之间,则可以非常接近最大精度;如果在 0.5~3.5 之间,则可以保持相当高的精度。因此,如果先验的估计值在正确值的 2 或 3 倍以内,则可以使用该方法。

如果不知道这样的先验值,那么还有两种方法可供选用。广泛使用的一种是对一系列体积中的每一个体积进行观测,例如 $v_0, 2v_0, 4v_0, 8v_0, \cdots$(有时也使用一系列以 4 或 10 为

因数的体积进行观测),选择的目标是确保覆盖最优值。这样做的缺点是,经常出现如下情况:在若干体积上的观测值提供很少有关估计密度的信息。第二种方法是在不同的体积上进行小型的初步试验,以估计应该对其进行一系列主要观测的体积。显然,如果必须一次性布置整个试验,则无法使用这种方法。

例 14.4　Andrews 和 Chernoff(1955)讨论了以下与估计细菌菌株毒性有关的问题。可以使用的有 30 只受试动物以及悬浮液中含有这种细菌菌株的 10 毫升(mL)物质。人们认为,该悬浮液中细菌生物体的浓度约为每毫升 4 个生物体,并且一个生物体的剂量施加到受试动物上导致响应的概率约为 1/5。后一个概率将被更准确地估计。

悬浮液的一部分必须用于平板培养基计数以估计其浓度,其余的要分配给受试动物以确定其毒性。

为了解决这个问题,同样有必要建立一个统计模型来表示观测结果。简而言之,一个作用在受试动物上的生物体以一个未知的机会 α 导致阳性反应,而如果使用几个生物体,那么这些生物体会独立发挥作用,没有得到响应是当且仅当每个生物体分别作用均没有响应。此外,假设某个标称剂量下的生物体数量具有特定的、称为泊松分布(Poisson distribution)的随机分布。根据这些假设可以证明,D 个生物体的标称剂量产生阴性反应的概率为 $e^{-\alpha D}$,其中 e 是自然对数的底数。

假如已知生物体悬浮液的浓度,并且有无限量的受试动物和生物体供应,那么在数学上应与例 14.3 的情况相同,最佳剂量为 $1.6/\alpha$,其中最佳初始估计值 0.2 将用于 α,表示 8 个生物体的最佳剂量。然而,我们具有上述附加特征,这使得数学解明显更复杂。Andrews 和 Chernoff 证明最佳方法大致如下:

(a) 每只受试动物接受相同剂量。

(b) 给予受试动物的悬浮液比例大约是 $1/(1+\sqrt{\alpha})$ 和 $1.6s/(\alpha\lambda)$ 中的较小者,其中 α 为单个生物体将导致阳性反应的最佳初始估计,s 为受试动物的数量,λ 为可用悬浮液中生物体总数的最佳初始估计。α 和 λ 的初始估计不必很精确。

例如,α 和 λ 的值分别取 0.2 和 40,$s=30$,则 $1/(1+\sqrt{\alpha})\approx0.69$ 且 $1.6s/(\alpha\lambda)\approx6$,于是应将 69% 的悬浮液分为 30 等份以用于受试动物,将 31% 的悬浮液用于平板培养基计数。根据所得的观测结果对 α 进行估计很简单。

在估计理论关系中的未知参数时会出现等价的问题。例如,在扩散问题中,我们或许能够测量从扩散过程开始到不同时长 t 之后,扩散溶质在不同距离 x 进入扩散介质的浓度。理论上给出了浓度与 x、t 之间的关系,其中还包括作为未知参数的扩散系数和定义边界条件的常数。问题是决定在 x 和 t 的哪些值上观测浓度,以便获得未知参数的最大精度的估计。

这些问题的特征在于,必须假定统计模型可以反映现状,而如果模型严重错误,则关于最佳设计的结论将是错误的。例如,在例 14.4 中,如果严重质疑标称剂量 D 产生阴性反应的可能性公式 $e^{-\alpha D}$,那么所有动物都应接受相同的标称剂量的想法肯定是不可接受的。然而,我们有时可以通过在模型中加入额外的参数来表示与最初假设形式的偏离,从而涵盖这种可能性。第二个特征是,除了特别幸运的情况外,试验中一个或多个量的初始估计值是必须提供的。在刚刚讨论的示例中,量 α 和 λ 就需要这种估计。在每个案例中都要分析这些初始估计值需要达到怎样的精度;如果不知精度值为多少才足够,则可以使用一小部分试验材料来获得粗略估计,然后从中确定使用剩余材料的合适方法。Elfving(1952)和

Chernoff(1953)在假定任何必要的先验估计均已知的情况下,对这些问题进行了一般性的数学讨论。特殊情况下的细节可能会很复杂。

14.4　搜索最佳条件

在前几章讨论的设计中,我们已假定目标是可选处理之间差异的估计。然而尤其是在技术试验中,最终目标往往是选择某一个或某一组在某种意义下是最优的处理。不过可能仍然需要估计所有相关的处理效应,这不仅是为了加深对正在研究的系统的了解,还因为确定最佳条件的标准可能定义得不太准确。如果有几个处理仅在(例如)每单位产量的总成本方面稍有不同,我们可能会决定采用在其他标准下最好的方法,例如,估计长期可靠性(假设在成本计算中没有包含这个考虑)。为了能够令人满意地做到这一点,不仅有必要根据不同的标准估计出最佳处理,而且还需要估计其他处理偏离最佳处理的程度。不过即使在这些情况下,也确实需要对于要选择一组处理或一系列试验条件的设计进行更充分的研究。

因此,我们感兴趣的是研究那些重点放在最佳条件估计而不是处理差异估计上的方法。首先,假设有一个可以变化的定量因子 v。为了确定响应 y 最大化(或最小化)的 v 值,通常最好分两个阶段进行。首先,粗略地确定最大值所在的区域。要做到这一点可以通过设置一个试验,例如,用大约 6 个等间隔的水平覆盖感兴趣的范围,或者通过逐步推进。后一类方法中存在这样一个形式:观测是在两个水平 v_0 和 $v_0+\Delta$ 上进行的;如果第一个水平比第二个水平提供更高的响应,则继续在 $v_0-\Delta$ 水平上进行观测;如果第二个水平给出更高的响应,则观测均在 $v_0+\Delta$ 处进行;而如果两个水平给出几乎相同的响应,则在 $v_0-\Delta$ 和 $v_0+\Delta$ 处都将进行进一步观测。继续该过程,目的是在每一步都将处理转移到可获得更高响应的区域。显然,这个过程的刻画有多种方式,但最好留出特殊考虑的空间,例如处理可以更改的难易程度,以及关于响应曲线斜率的随机变化大小等。

建立响应曲线的一般形式后,试验的第二阶段由一个三水平(或四水平)试验构成,该试验以最大值的可疑位置为中心,尽可能远距离地选择较低和较高的水平使得响应曲线在三个水平覆盖的区域内合理地呈现出抛物线形。然后用第二阶段的结果以及第一阶段的任何相关结果拟合出一个二次方程(6.8节),通过绘图或微分确定拟合方程的最大值。Hotelling(1941)给出了更详细的讨论。

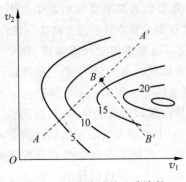

图 14.1　最陡峭的上升路径

在此假设响应曲线在第二阶段研究的范围内近似为某种特殊的数学形式。Kiefer 和 Wolfowitz(1952)介绍了一个非常有趣的方法,其中只需要对响应曲线进行弱假设,然而在大多数实际情况下,似乎可以通过明智地使用抛物线近似来获得最大值位置的更精确的估计。

Box 和 Wilson(1951)[另请参见文献(Davies,1954)]提出了一种存在多个可以独立变化的定量因子 v_1、v_2、$\cdots$ 时使用的方法。他们的想法是,首先通过两水平析因试验确定起点附近的响应曲面上最为陡峭上升的方向。例如在图 14.1 中,如果决定从 A 附近开始,则试验将显示,沿 AA' 方向的变化会产生最大的收益增量。由于该线与代表两个因子的轴约成 $45°$ 角,因此 v_1 和 v_2 的变化应相等,并如此在下一阶段进行试验,以确定沿线 AA' 的最佳位置 B。另一个以 B 为中心的两水平试验确定了从 B 上升最快的线 BB',以此类推。当近似确定了最优解时,将使用三水平试验研究最优解附近的响应曲面的形状。有一个困难是,最陡上升线的方向取决于测量 v_1 和 v_2 的单位。Box 和 Wilson 以及 Davies 给出了有关此方法的完整说明,并提供了示例。

当不同的处理是定性的时候,设计的问题也有所不同,不过按阶段进行的研究可能仍然有用。除了遗传学选择中的特殊问题(Cochran,1951)外,尽管对所谓选择最佳处理的决策规则进行了很多理论研究,但似乎还没有任何针对这种情况的试验设计所进行的工作。

14.5 测定

测定是为测量试验材料的特定性质而设计的一套观测系统。例如,药物的效力、杀虫剂的强度、一批羊毛的平均纤维直径,等等。所有这些测量都涉及最后分析与某种标准的比较。不过,出于实际目的,我们可以区分以下测定:(a)使用与试验材料相似的标准材料,并将其观测结果与对试验材料的观测结果进行比较;(b)不直接使用此类标准材料。在例 1.4 的讨论中,我们已经谈到了这种区别。

例如,在胰岛素标准化的早期尝试中,药效是通过在小鼠身上产生一定响应的必需量来直接测量的,给出了药效的"动物单位"。这是第二种类型的测定,由于在不同批次的小鼠之间以及在不同时段之间存在差异而无法令人满意。尤其是对不同实验者的结果进行比较是不可靠的。引入可以测试试验制剂的国际标准制剂使这一困难得以避免,在每次试验中,给一些小鼠注射标准制剂,给另一些小鼠注射试验制剂。于是这个设置具有我们在本书中讨论过的那种对比试验的形式,目的是通过与标准品直接对比来评估未知量。不同批次的小鼠之间的差异几乎相同地影响到未知量和标准品,从而我们可以获得可重复的药效测量。

作为另一个例子,考虑测量羊毛的平均纤维直径。一种较快的方法是以受控的方式形成纤维塞,当在塞子上施加固定的压降时,测量通过塞子的空气流速。根据流速、压降和塞子中的羊毛质量,可以计算出与平均纤维直径紧密相关的量 Q。在实践中,通过使用校准曲线由 Q 得出平均纤维直径的估计值,该校准曲线是通过测试由已知平均直径的纤维制成的塞子而获得的,而该直径由较费事的光学方法确定。这是不直接使用标准品的第二种测定类型的示例。也就是说,标准品(已知平均直径的纤维)用于构建校准曲线,但是假定该曲线保持固定,在每次单独测定中并非直接引入标准品。实际上可以证明校准曲线非常恒定,从而该方法是令人满意的。

如果不是这样,Q 与平均纤维直径之间的关系会随时间变化,则可以使用第一种类型的测定。我们将采用一系列标准批次的羊毛,每批羊毛均具有已知的平均纤维直径,该系列覆盖纤维直径的一定范围。为了测试新批次,将选择一组两三个标准品,它们的直径跨度很可能会涵盖新批次的直径。对全部羊毛确定试验量 Q,然后利用图形或统计技术估计试验批次的直径。

这些示例是物理和生物科学中广泛使用的方法中的典型代表。物理应用总体上类似于第二个示例,其中可以假设试验测定的量与所需估计的量之间具有固定的关系,或者可以将获得的观测值直接用于测定感兴趣的属性。标准品的使用仅限于初始校准和偶尔的重新校准。生物应用总体上类似于第一个示例,其中希望将标准品明确地引入到测定中。Finney(1952)给出了与此类测定相关的设计和分析上的统计问题的非常彻底和权威的解释,这里仅提及几个要点。

上述胰岛素的测定是**直接**(direct)的,因为对每个试验单元的观测是产生一定响应所必需的药物(未知或标准品)的数量。这种测定不涉及新的设计问题,使用到的是比较两种或更多种可选处理的方法。然而,大多数生物测定是**间接**(indirect)的,因为出于某种原因,必须对每个试验单元施加预定剂量以观测定量或定性的响应结果,直到获得固定的响应之前逐渐地增加剂量。这带来了一些新问题。

间接测定的最简单设计是所谓对称四点测定。使用两种浓度的标准品,一种浓度是另一种的(比如说)λ 倍,以及两种浓度的未知品,一种浓度也是另一种的 λ 倍。应调节浓度,以使得对相应剂量的标准品和未知品的观测结果大致相同。为此,当然需要先验知识。两种浓度之间的比率 λ 应该选择得尽可能大,前提条件是观测和对数剂量之间的关系应在两种药物测定的整个浓度范围内均呈线性(首先假定在建立该方法之前已对剂量-响应进行了相当规模的先验研究)。

现在设计一个试验来比较这四个处理,如果可能的话,可以通过前面章节中讨论的某些技术来提高精度。该试验实际上是一个 2×2 析因试验,一个因子是药物的类型,另一个因子是剂量的水平(高或者低)。由结果可以很容易地估计出未知品和标准品的相对药效。

请注意,我们并不是对处理效应本身感兴趣,而是对使用处理效应来估计处理之间存在的特殊类型的关系感兴趣。该测定所基于的假设有两个。首先,响应和对数剂量之间的关系在使用范围内须是线性的;这一点无法从数据中进行验证。其次,如果要维持测试制剂等同于标准品的未知稀释的假设,则两种制剂的响应曲线必须平行。这一点可以从数据中进行验证。

如果几乎没有关于响应曲线形状的可靠信息,则六点测定是合适的,其中每种制剂均在对数剂量刻度上等距分布的三个水平上出现。从结果来看,可以同时进行线性和平行性检验。这与具有定量因子的普通析因试验相对应,其中需要三个水平才能获得响应曲线曲率的估计。一般在日常工作中不建议超过三个水平。

由于最终试验是作为对比试验进行的,因此我们经常会发现前几章中讨论的所有方法(不完全区组技术、混杂、交叉设计等)都对设计测定有用。应该查阅 Finney 的书以获取详细信息和示例,以及对出现的各种特殊复杂情形的仔细讨论。

概　　要

本章简要讨论了许多互不相关的特殊主题,具体如下:

(a) 可供使用的无趋势的系统设计,有时适用于小型试验,其中有一个平滑趋势叠加在处理效应上;

(b) 当可以对可观测到的许多可能的设置中的每一个进行理论上的精度计算时,有时可以确定观测值的最佳分配;

（c）可以采用特殊的方法以确定最佳条件，即，使得一个合适量最大化的试验条件；

（d）概述了与测定有关的一些问题，尤其是生物测定。

参 考 文 献

Andrews, F. C. , and H. Chernoff. (1955). A large-sample bioassay design with random doses and uncertain concentration. *Biometrika* , 42, 307.

Box, G. E. P. , and W. A. Hay. (1953). A statistical design for the efficient removal of trends occurring in a comparative experiment, with an application in biological assay. *Biometrics* , 9, 304.

——and K. B. Wilson. (1951). On the experimental attainment of optimum conditions. *J . R . Statist . Soc* . B, 13, 1.

Chernoff, H. (1953) Locally optimal designs for estimating parameters. *Ann . Math . Statist* . , 24, 586.

Cochran, W. G. (1951). Improvement by selection. *Proc . 2nd . Berkeley Symp . on Math . Statist , and Prob* , 449. Berkeley: University of California Press.

Cox, D. R. (1951). Some systematic experimental designs. *Biometrika* , 38, 312.

——(1952). Some recent work on systematic experimental designs. *J R . Statist* .

Soc . B, 14, 211.

——(1954). The design of an experiment in which certain treatment arrangements are inadmissible. *Biometrika* , 41, 287.

Davies, O. L. (editor) (1954). *Design and analysis of industrial experiments*. Edinburgh. Oliver and Boyd.

Elfvmg, G. (1952). Optimum allocation in linear regression theory. *Ann . Math . Statist* . , 23, 255.

Finney, D. J. (1952). *Statistical method in biological assay. London*: Griffin.

Fisher, R. A. (1951). *Design of experiments*. 6th ed. Edinburgh: Oliver and Boyd.

Hotelling, H. (1941). Experimental determination of the maximum of a function. *Ann . Math . Statist* . , 12, 20.

Kiefer, J. , and J. Wolfowitz. (1952). Stochastic estimation of the maximum of a regression function. *Ann . Math . Statist* . , 23, 462.

一般参考书目

本书介绍的几乎所有一般性思想都包含或源自罗纳德·费舍尔爵士（Sir Ronald Fisher）的先驱工作，其书的前五章（Fisher,1935）和早期论文（Fisher,1926）为本书的主题做了出色的讲解。其他介绍性的描述来自 Finney(1955)和 Wilson(1952)，后者对科学研究的许多方面进行了可读性极强的说明。

有几本书尽管不是数学方面的，但给出了关于设计的构造和统计分析的完整方法的非常详细的说明。Cochran 和 Cox(1957)给出了许多详细的设计以及有关生物试验的统计分析的数值样例。I. C. I(英国帝国化学工业集团)的工作者所著的书（Davies,1954）对工业试验的设计和分析，包括现代发展，进行了非常详尽的论述。Quenouille(1953)不仅提供了更一般的材料，还讨论了长期试验以及可能引起的各种分析上的复杂性。Federer(1955)非常详尽地阐述了对更复杂设计的分析。应当查阅 Yates(1937)的书，它充分例证说明了析因试验的设计和分析。

了解一些统计理论的读者应阅读 Kempthorne(1952)的书，以详细了解主要设计类型的理论。Mann(1949)专门研究了不完全区组设计和混杂系统构建背后的优雅数学。

有关新设计的更多数学研究参见 *Mathematical Reviews*（《数学评论》）；当前其他有意义的工作请查阅 *Biometrics*（《生物统计学》）和 *Applied Statistics*（《应用统计》）。

Cochran，W. G. ，and G. M. Cox. (1957). *Experimental designs*. 2nd ed. New York：Wiley.

Davies，O. L. （editor）（1954）. *Design and analysis of industrial experiments*. Edinburgh：Oliver and Boyd.

Federer，W. T. (1955). *Experimental design*. New York：Macmillan.

Finney，D. J. （1955）. *Experimental design and its statistical basis*. London：Cambridge University Press.

Fisher，R. A. (1926). The arrangement of field experiments. *J. Min. of Agric*，33，503. Reprinted in *Contributions to mathematical statistics*. New York. Wiley,1950.

Fisher，R. A. （1935）. *Design of experiments*. Edinburgh：Oliver and Boyd （and subsequent editions）.

Kempthorne，O. (1952). *Design and analysis of experiments*. New York：Wiley.

Mann，H. B. (1949). *Analysis and design of experiments*. New York：Dover.

Quenouille，M. H. (1953). *Design and analysis of experiment*. London：Griffin.

Wilson，E. B. (1952). *Introduction to scientific research*. New York：McGraw-Hill.

Yates，F. （1937）. *Design and analysis of factorial experiments*. Harpenden, England：Imperial Bureau of Soil Science.

随机排列表和随机数字表

表 A.1 和表 A.2 给出了随机排列，表 A.3 给出了随机数字。表的使用示例见 5.2 节。

表 A.1　9 的随机排列

5 5 6 7 1	4 3 3 7 3	8 7 4 6 3	9 7 4 9 4	9 2 2 8 8	2 7 9 3 5	8 3 1 9 4
4 1 2 8 2	7 1 1 2 9	9 5 7 8 2	8 9 3 6 6	1 7 7 2 4	4 8 5 7 3	3 7 4 5 6
9 3 3 2 9	8 8 8 4 5	2 4 6 1 6	3 6 7 7 8	7 4 4 7 1	7 3 2 8 6	6 1 2 2 2
7 9 7 4 3	5 5 2 9 2	1 6 5 3 5	7 8 5 1 9	5 1 9 1 3	6 5 1 4 9	2 9 8 7 8
1 6 9 6 5	6 9 4 3 6	4 3 9 2 9	5 1 8 2 3	8 3 3 3 2	8 9 6 1 2	4 5 7 6 9
6 4 4 3 6	2 4 6 8 1	7 9 3 4 1	6 2 6 4 2	2 9 8 5 9	9 2 4 2 8	9 6 9 8 1
8 7 8 1 7	1 2 5 6 8	3 1 2 9 8	4 4 1 8 7	6 5 1 6 7	5 4 3 5 1	1 4 3 1 7
3 2 1 9 4	3 6 7 5 7	6 8 8 7 7	2 5 9 5 1	3 8 5 4 6	3 6 7 9 4	5 2 5 4 5
2 8 5 5 8	9 7 9 1 4	5 2 1 5 4	1 3 2 3 5	4 6 6 9 5	1 1 8 6 7	7 8 6 3 3
7 4 6 1 5	9 2 2 2 9	2 8 1 7 3	2 4 2 1 9	2 4 8 3 1	2 6 5 4 8	8 4 9 4 2
9 3 8 3 2	1 1 1 9 8	9 4 9 5 4	8 8 8 8 6	7 7 5 4 6	5 3 2 7 6	9 3 8 2 1
1 6 3 4 7	6 5 8 4 5	6 1 7 1 9	5 2 5 6 3	8 5 7 5 5	6 9 9 8 1	3 6 7 9 7
6 8 2 8 4	4 8 7 8 6	5 7 5 4 5	9 6 7 5 8	5 9 9 7 7	8 5 3 3 5	6 9 4 6 9
4 1 4 7 8	2 3 9 3 4	4 2 2 3 6	4 7 4 2 5	6 3 3 6 9	1 7 8 5 4	4 5 2 1 4
2 9 1 9 3	7 9 6 6 2	1 6 4 6 1	7 9 9 7 4	1 8 4 1 8	9 2 7 9 3	1 8 3 5 5
5 5 5 5 1	3 7 4 7 7	8 5 8 9 2	1 5 1 3 2	9 6 2 8 4	3 8 1 1 9	5 7 1 3 3
8 2 9 2 9	8 6 5 5 3	7 9 6 8 8	3 1 6 9 7	4 1 6 9 3	4 4 6 6 2	7 2 6 8 8
3 7 7 6 6	5 4 3 1 1	3 3 3 2 7	6 3 3 4 1	3 2 1 2 2	7 1 4 2 7	2 1 5 7 6
9 7 7 5 5	9 9 9 3 8	9 8 6 1 7	5 8 6 1 2	1 9 8 3 3	3 1 7 7 3	7 6 6 5 5
3 8 1 7 2	6 2 7 1 6	4 1 3 4 2	3 6 2 4 3	2 6 1 2 8	8 8 6 2 7	8 9 7 4 7
4 3 4 2 7	7 3 1 7 2	1 5 4 8 6	6 2 1 6 1	7 8 5 1 7	5 9 1 3 6	3 1 2 3 1
5 9 2 8 3	3 7 5 8 9	2 9 1 7 1	2 3 8 3 4	3 5 9 9 9	7 2 3 4 1	5 7 1 7 8
1 6 5 1 1	5 6 4 4 1	7 3 7 2 3	4 7 3 8 8	9 3 2 5 6	6 6 9 5 9	9 8 8 1 2
6 2 8 3 6	8 4 6 2 5	5 2 2 6 8	9 1 7 5 6	4 7 4 6 4	1 7 4 6 4	1 2 8 8 6
2 4 9 6 4	1 8 3 5 4	3 6 5 9 4	8 5 9 7 9	8 1 6 8 1	4 5 5 9 5	2 4 5 9 4
8 5 6 9 9	2 5 2 6 7	8 7 8 3 9	1 9 4 2 5	6 4 7 4 5	2 3 2 8 2	6 3 3 2 3
7 1 3 4 8	4 1 8 9 3	6 4 9 5 5	7 4 5 9 7	5 2 3 7 2	9 4 8 1 8	4 5 4 6 9
7 4 9 8 7	9 7 1 7 1	9 2 3 8 7	7 8 5 3 5	5 1 6 4 9	7 8 6 1 8	2 9 7 3 4
5 6 1 1 2	6 4 6 1 4	5 9 1 2 8	2 4 6 8 7	7 3 7 6 1	5 1 7 4 1	9 3 4 7 7
4 9 3 5 6	1 1 8 4 8	3 5 4 9 3	3 6 1 2 3	2 6 8 7 7	4 5 3 8 5	8 5 9 5 1
3 3 2 2 8	5 2 3 2 2	7 3 8 6 9	4 1 8 6 1	1 9 2 3 6	3 9 5 7 7	1 2 8 1 2
2 1 4 9 4	4 6 2 8 3	2 7 6 5 1	5 7 3 1 2	9 8 4 1 3	6 3 1 2 9	6 1 5 8 8
9 7 5 4 5	3 9 7 9 9	1 4 2 3 4	6 9 7 4 4	3 2 5 2 2	8 4 2 6 3	5 6 3 6 3
6 2 6 3 9	8 8 5 5 5	8 6 7 7 2	9 3 4 5 8	8 7 9 9 4	9 2 4 9 4	4 8 1 2 9
8 5 8 7 1	2 3 9 3 7	4 1 5 1 5	8 5 9 7 6	4 5 3 5 8	1 6 8 5 2	3 4 6 4 5
1 8 7 6 3	7 5 4 6 6	6 8 9 4 6	1 2 2 9 9	6 4 1 8 5	2 7 9 3 6	7 7 2 9 6

84686	21997	22189	51924	52628	16883	81941
99458	44878	87597	36477	38536	44677	66878
66311	68319	75755	65185	24382	51436	49786
73772	73622	38946	47269	79741	38265	35314
28934	15551	54364	78753	95865	82792	53435
37269	86463	41821	19648	47213	63551	22699
51845	99184	19432	82896	63499	27124	98262
45527	32736	93218	93512	16977	95918	77157
12193	57245	66673	24331	81154	79349	14523
86224	54583	96522	49829	86656	35665	11391
22339	81837	65138	36916	37435	93252	58135
75695	42661	74496	13375	94888	54187	22882
54453	75224	59984	58594	61277	11549	44579
68182	86145	47869	74282	25544	48813	97668
19911	39419	33375	65141	48911	29938	86257
91848	17976	21743	82737	79169	66426	65724
33566	28752	82617	27463	53792	87791	33413
47777	63398	18251	91658	12323	72374	79946
65348	95382	16446	84991	43379	93459	32561
23759	61754	84591	37185	71913	69815	64492
74982	47219	67287	55662	88437	25731	55325
52296	72595	32618	62439	65621	34563	93244
47517	29868	59925	93228	29248	42642	79756
89433	36127	28869	48774	12594	76127	28673
11621	84641	91132	21857	37862	58296	47137
38164	13933	75354	19316	56155	87384	11918
96875	58476	43773	76543	94786	11978	86889
74242	12262	86522	61847	12183	97745	46147
85987	83923	11659	77293	54478	34117	65816
96459	31375	74288	99458	29617	46336	98378
17763	66748	97167	15785	65246	62598	14592
22875	59159	55946	23364	76534	25674	71954
59121	48516	69394	34929	91921	79261	33229
63616	77894	38413	56511	88892	53452	57785
41598	25437	43835	82636	47769	88923	22461
38334	94681	22771	48172	33355	11889	89633
97597	32358	11761	22663	73827	41767	89437
25775	26672	27813	48859	81989	79388	92192
72339	51744	53276	73232	38665	83826	56281
44852	49519	82455	99945	14346	95693	78849
53988	15296	64594	55577	96291	68442	37768
66146	93127	48942	67128	47773	54939	11615
39464	74935	99628	31784	62554	16174	44926
88221	67863	76187	86491	29418	37551	23374
11613	88481	35339	14316	55132	22215	65553
25665	42832	48626	42413	98197	47496	13414
81157	65718	77278	31168	37265	85672	41959
49239	36666	34347	58235	81671	32824	32873
78481	94493	56835	19396	62832	53169	54765
54572	23945	99482	93549	15344	64948	25341
32396	18177	65169	75624	76788	11583	67136
16923	57329	23711	67771	53556	98331	76698
63718	89284	11993	24957	24929	26217	98527
97844	71551	82554	86882	49413	79755	89282

注：经作者和出版商许可，摘自 W. G. Cochran 和 G. M. Cox 的《试验设计》第 15.5 节，(John Wiley and Sons, 纽约，1957 年)。

表 A.2　16 的随机排列

7	12	15	15	1	2	7	16	10	2	14	15	7	13	13	10	6	1	8	10
13	3	8	16	7	10	11	10	13	5	11	7	13	16	7	7	5	13	2	14
3	1	4	5	14	13	3	14	9	13	13	2	9	15	6	2	8	4	5	8
11	8	16	14	15	6	2	6	2	16	8	5	12	3	9	13	4	3	10	4
14	9	1	6	3	9	14	13	8	6	5	8	14	7	3	15	13	11	4	7
2	16	10	13	5	5	13	2	11	7	3	12	5	14	12	16	2	2	9	15
4	6	13	7	2	15	1	9	1	4	7	10	6	9	11	9	7	6	16	11
6	14	6	10	4	14	4	15	3	3	4	16	2	6	5	1	12	10	6	9
10	15	2	1	13	12	16	3	4	8	10	1	15	5	14	12	14	12	3	2
12	10	7	12	9	11	9	8	12	14	15	4	11	8	16	8	9	14	14	1
15	7	5	2	10	7	8	12	6	15	6	13	16	12	15	4	11	8	12	6
16	2	11	8	8	8	15	5	16	1	1	9	8	1	8	14	16	5	13	5
9	13	14	3	6	4	10	11	5	12	9	3	10	4	4	3	10	9	1	3
8	11	9	4	11	3	12	7	7	10	12	14	3	10	1	6	15	16	15	12
1	5	12	11	16	16	5	4	14	9	16	11	1	2	10	5	1	15	7	13
5	4	3	9	12	1	6	1	15	11	2	6	4	11	2	11	3	7	11	16

11	8	16	5	5	13	1	13	2	16	14	12	9	8	7	5	13	3	13	3
2	2	8	8	14	16	4	3	8	11	10	14	15	1	2	11	4	5	15	9
6	13	2	13	6	5	9	15	11	10	12	6	16	15	16	9	10	12	16	15
14	12	4	16	16	11	14	10	5	2	3	3	12	14	15	13	6	4	1	16
8	6	3	9	4	10	6	4	16	2	2	9	8	16	4	6	5	15	7	8
9	15	12	10	3	2	12	6	1	15	4	13	7	7	9	12	14	8	8	11
3	10	11	12	13	12	5	11	7	8	9	5	14	11	10	1	3	13	3	5
16	1	13	14	8	14	15	5	3	7	11	15	6	12	5	7	11	1	14	4
1	14	14	2	9	15	16	14	6	14	7	8	3	13	11	8	7	7	12	7
4	4	6	4	12	3	11	8	15	9	8	1	13	6	3	3	15	9	9	12
15	5	1	11	10	6	3	7	10	5	5	11	10	10	12	15	16	14	5	2
5	3	5	6	7	7	13	2	14	3	16	4	5	5	13	4	9	16	2	6
12	7	15	15	15	9	8	12	12	13	15	10	1	4	6	16	2	6	11	1
10	11	10	3	2	4	2	1	4	6	6	7	11	9	14	10	8	11	4	13
7	9	7	7	11	1	7	16	13	1	13	2	4	2	1	2	12	2	10	14
13	16	9	1	1	8	10	9	9	4	1	16	2	3	8	14	1	10	6	10

1	6	7	4	8	6	5	2	8	15	4	6	6	1	4	5	7	13	2	10
9	15	11	3	11	15	9	10	1	3	8	2	15	7	9	8	16	1	14	3
10	16	4	5	12	9	16	11	7	1	7	16	11	8	3	3	12	2	3	4
4	14	1	9	5	5	4	13	6	8	15	5	12	5	7	16	5	11	8	1
7	3	13	14	15	2	1	14	16	5	14	9	2	16	1	12	6	14	4	13
16	11	2	1	14	16	6	9	3	4	16	14	3	15	11	11	3	9	12	5
3	10	16	16	13	7	13	1	11	14	9	10	16	2	10	2	10	7	10	16
11	13	9	13	4	13	8	3	5	13	10	12	5	12	5	14	13	16	5	6
15	2	3	12	9	12	2	4	13	10	3	13	14	4	2	1	14	8	6	12
14	1	14	6	10	1	3	12	4	2	2	4	13	3	16	9	9	3	7	14
13	12	5	11	3	11	15	8	2	7	11	7	8	14	6	4	4	4	15	11
12	5	10	7	2	14	7	15	14	16	13	1	9	10	12	10	11	10	9	8
8	9	8	10	6	4	11	7	10	11	6	8	4	9	8	15	8	6	11	9
2	7	6	2	1	8	10	6	15	12	1	11	7	11	13	6	1	15	13	15
6	4	15	8	16	10	14	16	9	6	12	3	10	6	14	7	2	12	16	7
5	8	12	15	7	3	12	5	12	9	5	15	1	13	15	13	15	5	1	2

13	4	10	4	16	13	16	13	5	3	6	14	1	16	8	7	2	3	3	12
5	14	4	6	8	2	15	1	13	14	16	4	15	4	3	12	12	1	4	7
2	2	2	15	14	16	9	12	16	6	10	15	14	9	10	1	14	8	8	16
7	12	15	8	12	3	5	14	7	12	5	13	16	1	7	5	11	2	9	3
6	9	7	14	9	14	10	11	15	11	12	1	12	12	14	16	3	11	11	8
14	5	16	7	10	8	11	8	14	13	7	11	6	3	11	4	4	6	6	9
15	11	8	9	7	12	8	7	1	15	9	3	3	7	13	11	10	4	5	1
11	6	6	1	4	1	3	16	12	5	4	9	13	13	6	8	15	9	1	14
4	10	3	16	2	11	7	9	6	9	1	8	4	11	5	2	16	10	12	4
1	8	1	13	1	15	4	4	11	4	2	16	5	8	1	9	5	12	16	6
9	7	14	2	6	4	14	10	9	8	15	10	7	10	9	10	6	14	10	11
12	1	9	10	15	5	2	15	10	2	14	2	8	2	4	13	8	5	15	5
3	3	12	11	5	9	6	6	3	10	13	12	9	6	2	15	7	15	7	13
10	15	11	5	13	7	12	5	2	7	11	5	10	15	12	3	1	13	13	10
8	13	13	3	3	10	13	2	4	1	8	6	11	14	15	6	9	16	2	2
16	16	5	12	11	6	1	3	8	16	3	7	2	5	16	14	13	7	14	15
9	16	15	12	2	11	4	16	11	10	2	5	5	14	11	2	14	13	16	6
11	3	2	6	15	13	10	1	4	13	11	8	16	16	4	3	5	15	5	15
14	14	8	16	11	15	5	14	14	11	1	14	15	15	13	5	7	11	11	16
4	13	1	3	5	7	6	2	16	1	14	9	14	3	3	1	6	16	6	10
6	6	10	7	13	10	16	7	2	12	6	12	6	13	8	9	15	9	1	11
2	10	14	9	12	3	3	10	5	6	5	16	12	10	15	10	11	4	9	8
5	15	11	14	10	4	14	13	6	4	12	4	11	5	10	14	16	5	7	9
16	5	13	10	3	9	12	6	3	7	3	7	3	11	14	7	3	14	4	12
8	12	7	11	7	8	13	15	13	9	4	3	8	1	12	6	9	8	15	14
1	8	3	2	1	5	15	9	9	3	10	11	13	8	5	13	12	3	3	5
13	9	9	1	6	2	11	3	8	8	15	1	7	9	7	8	8	6	2	3
15	1	5	5	9	6	9	4	10	5	8	13	10	7	9	15	2	10	8	4
7	4	12	13	16	1	2	11	12	2	16	15	2	4	2	11	1	7	13	1
10	2	4	15	4	16	1	12	7	15	9	10	9	12	16	4	13	2	10	13
3	7	6	8	8	14	7	5	1	14	13	2	4	2	1	16	4	1	12	7
12	11	16	4	14	12	8	8	15	16	7	6	1	6	6	12	10	12	14	2
12	6	13	4	5	7	2	1	9	2	5	1	15	2	14	13	13	11	2	13
6	11	4	15	12	12	6	15	6	15	6	3	12	5	15	14	16	9	8	1
13	5	1	6	7	6	13	5	7	8	15	6	4	15	1	14	5	14	10	4
11	1	11	7	8	15	8	4	12	13	16	9	3	10	7	2	12	3	9	8
3	7	3	14	15	4	12	11	4	10	8	12	1	4	16	6	2	2	16	7
10	12	15	11	4	13	5	10	3	14	11	2	9	11	2	9	9	12	12	11
15	9	16	16	9	2	16	2	15	6	7	15	8	1	8	12	4	13	6	9
14	15	2	13	3	16	10	14	13	9	10	7	14	9	6	5	6	4	11	12
1	2	12	9	1	8	15	3	8	11	2	5	10	3	3	10	10	7	13	10
5	10	5	3	13	9	9	13	10	1	2	8	7	8	9	4	15	15	7	15
7	14	9	2	11	14	11	6	14	12	9	10	16	12	13	3	7	5	4	14
9	8	10	1	6	3	3	8	5	5	14	16	2	7	12	16	14	10	15	5
2	3	7	5	10	1	1	12	2	7	1	4	6	16	10	8	8	1	5	16
16	13	14	10	2	5	7	16	1	16	13	11	11	6	5	1	11	16	3	3
4	4	6	8	14	10	14	7	11	3	4	13	13	13	11	15	3	6	14	6
8	16	8	12	16	11	4	9	16	4	12	14	5	14	4	7	1	8	1	2

续表

3	14	11	8	9	14	14	2	13	1	8	4	15	16	7	6	15	13	13	13
12	9	6	9	8	10	12	13	14	5	11	10	10	12	9	10	5	16	6	3
11	11	7	1	11	13	11	4	2	7	16	5	8	3	11	12	6	12	5	11
1	16	9	3	1	7	8	15	5	4	3	7	16	8	12	15	7	5	9	4
13	3	1	2	13	5	4	9	7	6	5	15	4	6	4	1	10	6	1	14
7	12	10	10	5	15	5	8	16	2	12	3	5	13	14	13	13	2	3	7
10	15	15	4	14	1	16	16	12	11	9	16	1	2	10	11	8	7	16	8
15	7	4	14	7	4	7	10	6	10	1	1	2	11	3	16	2	4	2	1
9	5	2	7	3	3	13	14	15	15	6	12	9	15	15	9	16	15	15	10
8	6	16	5	15	8	2	12	1	3	10	8	3	14	13	2	1	10	8	12
2	10	5	11	4	9	3	6	11	12	15	9	7	5	2	8	14	1	4	5
5	4	3	15	2	2	15	11	10	14	7	14	14	7	6	3	11	11	10	2
4	1	12	12	16	6	1	3	4	16	13	11	11	4	1	7	12	3	7	9
6	13	14	6	12	16	9	1	8	8	4	13	12	10	5	5	4	9	12	16
16	8	8	13	10	11	10	5	9	13	14	2	6	9	8	14	9	14	11	15
14	2	13	16	6	12	6	7	3	9	2	6	13	1	16	4	3	8	14	6
1	2	14	12	4	4	3	6	12	7	11	11	9	13	13	7	4	10	16	9
9	3	10	13	3	5	5	13	15	9	14	13	14	9	9	4	8	4	15	2
13	6	15	10	11	3	15	12	4	5	5	4	3	6	4	5	12	14	14	3
8	5	5	15	8	9	8	8	2	3	1	12	8	3	11	2	9	16	10	12
11	12	9	14	16	11	4	15	1	4	3	15	5	15	7	11	16	15	7	1
10	4	13	6	1	13	12	9	8	6	7	8	15	7	3	8	13	9	8	10
16	11	11	16	7	15	9	5	7	2	6	10	16	10	6	1	3	6	1	13
5	7	4	3	2	1	14	2	10	13	16	1	6	4	15	6	15	12	11	16
3	15	12	2	14	8	11	16	14	16	9	7	13	8	2	16	2	11	2	15
7	9	7	9	13	6	2	4	13	14	15	6	10	11	8	12	10	3	3	8
2	10	8	8	15	14	6	3	5	1	4	3	7	2	14	15	14	2	6	4
15	8	3	1	6	2	10	7	3	10	10	2	4	1	5	3	7	13	13	14
8	13	2	5	5	7	13	10	16	15	12	16	1	14	16	14	6	1	9	7
12	16	16	4	10	10	7	1	9	8	2	5	12	16	12	9	11	7	4	5
4	1	1	7	9	12	16	11	6	11	8	14	2	5	1	10	1	5	12	6
14	14	6	11	12	16	1	14	11	12	13	9	11	12	10	13	5	8	5	11

注：经作者和出版商许可,摘自 W. G. Cochran 和 G. M. Cox 的《试验设计》第 15.5 节,(John Wiley and Sons,纽约,1957 年)。

表 A.3 随机数字

12 67	73 29	44 54	12 73	97 48	79 91	20 20	17 31	83 20	85 66
06 24	89 57	11 27	43 03	14 29	84 52	86 13	51 70	65 88	60 88
29 15	84 77	17 86	64 87	06 55	36 44	92 58	64 91	94 48	64 65
49 56	97 93	91 59	41 21	98 03	70 95	31 99	74 45	67 94	47 79
50 77	60 28	58 75	70 96	70 07	60 66	05 95	58 39	20 25	96 89
00 31	32 48	23 12	31 08	51 06	23 44	26 43	56 34	78 65	50 80
01 67	45 57	55 98	93 69	07 81	62 35	22 03	89 22	54 94	83 31
24 00	48 34	15 45	34 50	02 37	43 57	36 13	76 71	95 40	34 10
77 52	60 27	64 16	06 83	38 73	51 32	62 85	24 58	54 29	64 56
36 29	93 93	10 00	51 34	81 26	13 53	26 29	16 94	19 01	40 45

续表

94 82	03 96	49 78	32 61	17 78	70 12	91 69	99 62	75 16	50 69
23 12	21 19	67 27	86 47	43 25	25 05	76 17	50 55	70 32	83 36
77 58	90 38	66 53	45 85	13 93	00 65	30 59	39 44	86 75	90 73
92 37	51 97	83 78	12 70	41 42	01 72	10 48	88 95	05 24	44 21
28 93	48 44	13 02	49 32	07 95	26 47	67 70	72 71	08 47	26 18
09 68	01 98	80 27	49 78	56 67	49 22	13 66	61 33	53 18	36 03
61 73	92 33	89 48	20 42	32 33	79 37	68 88	44 59	35 17	97 61
82 35	37 33	53 42	52 04	16 54	08 25	48 89	57 87	59 89	96 76
39 20	77 72	55 19	66 58	57 91	38 43	67 97	52 66	45 29	74 67
51 90	71 05	82 38	37 40	94 52	24 09	35 44	37 33	35 20	65 89
97 49	53 79	17 25	02 65	77 70	88 45	53 51	63 30	89 66	42 03
73 18	91 38	25 82	29 71	56 89	86 74	68 58	75 36	93 13	33 31
17 79	34 97	25 89	01 17	67 92	62 25	54 70	52 88	28 05	61 17
97 27	26 86	17 67	59 56	95 07	49 05	70 06	70 35	21 35	26 18
56 06	63 00	07 40	65 87	09 49	70 34	67 02	33 39	04 40	01 51
43 83	39 24	50 74	10 05	38 11	25 80	44 14	98 31	87 41	02 74
63 19	91 27	08 59	02 28	47 11	05 53	02 28	81 96	46 90	95 52
23 87	60 31	98 97	76 57	82 47	64 87	50 45	73 54	26 47	62 10
07 04	47 34	36 03	87 67	03 28	72 19	98 99	32 98	78 76	85 40
98 61	67 62	09 89	73 50	06 81	29 09	43 43	30 21	32 69	82 19
36 86	50 21	42 18	20 55	00 90	01 96	42 12	68 18	45 93	52 99
70 64	92 95	09 09	79 63	09 29	69 99	98 26	19 83	94 88	95 37
41 71	91 61	31 86	38 01	71 79	44 75	67 69	35 31	69 47	81 64
23 48	32 36	88 50	29 07	27 32	21 28	73 41	77 39	00 78	92 65
13 32	99 81	00 28	87 13	00 86	56 16	81 20	63 29	37 45	08 91
70 55	85 27	24 96	91 83	89 17	89 98	51 31	17 29	05 77	62 95
12 50	84 01	63 40	74 86	88 90	63 76	97 74	08 70	88 88	98 96
97 00	24 63	47 63	47 66	21 79	28 66	67 24	33 20	01 52	09 59
16 99	63 29	67 89	14 55	70 31	45 56	05 71	84 30	48 32	90 94
57 95	93 54	30 74	11 18	31 26	75 39	81 28	63 34	31 23	77 67
01 32	91 11	23 65	44 58	69 77	58 86	35 20	92 12	48 15	56 67
00 30	26 68	89 38	13 99	47 38	06 82	49 47	40 33	23 72	01 50
48 15	27 13	97 70	18 48	14 28	26 30	74 16	13 07	36 21	94 84
58 86	65 76	67 05	99 53	33 56	92 61	63 98	55 39	15 77	61 67
75 07	14 81	41 16	12 21	79 82	16 42	70 43	73 33	78 22	63 25
86 19	97 09	64 04	21 26	65 11	20 32	82 38	52 94	79 21	85 07
66 17	52 10	35 14	21 89	54 32	61 49	63 06	36 25	63 84	78 24
56 70	95 77	25 19	21 15	29 88	57 75	51 19	31 06	48 50	09 65
14 43	67 32	81 78	19 72	32 70	34 86	11 90	37 02	54 39	45 87
04 17	91 71	96 90	85 68	32 35	77 20	71 43	55 95	28 90	51 69

注：经伦敦大学学院和作者许可，摘自《随机抽样数字表》，《计算机绘图》第二十四期，M. G. Kendall 和 B. Babington Smith 著，剑桥大学出版社，1939 年）。

后　　记

　　本书原名 *Planning of Experiments*，我认为译作《实验规划》最为贴切。它不是"试验"(test)，也不是"设计"(design)。然而为了尊重行业翻译惯例，在征求了"中国现场统计研究会试验设计分会"理事长刘民千教授的意见之后，我决定将书名改为《试验设计》。书中几乎全部的"experiment"都译作了"试验"。关于"试验"和"实验"的区别，每一届选修我这门"实验设计和分析"课程的学生都会热烈探讨，十分有趣。因此为了防止读者可能也会产生的困惑，在此作出说明。

　　非常感谢刘民千教授欣然应允为这本译著作序。希望这本书能为国内的试验设计教学贡献一份力量。祝愿祖国的试验设计研究蒸蒸日上！

译　者

2024 年 6 月于清华园